21世纪高等学校土木建筑类
创新型应用人才培养规划教材

土 力 学 (第三版)

主编　侍倩

WUHAN UNIVERSITY PRESS
武汉大学出版社

图书在版编目(CIP)数据

土力学/侍倩主编 . —3 版. —武汉:武汉大学出版社,2017. 9
21 世纪高等学校土木建筑类创新型应用人才培养规划教材
ISBN 978-7-307-19538-7

Ⅰ. 土…　Ⅱ. 侍…　Ⅲ. 土力学—高等学校—教材　Ⅳ. TU43

中国版本图书馆 CIP 数据核字(2017)第 188599 号

责任编辑:胡　艳　　责任校对:李孟潇　　版式设计:马　佳

出版发行:**武汉大学出版社**　　(430072　武昌　珞珈山)
　　　　　(电子邮件:cbs22@ whu. edu. cn 网址:www. wdp. com. cn)
印刷:湖北睿智印务有限公司
开本:787×1092　1/16　印张:19.75　　字数:482 千字　插页:1
版次:2004 年 10 月第 1 版　　　2010 年 9 月第 2 版
　　2017 年 9 月第 3 版　　　2017 年 9 月第 3 版第 1 次印刷
ISBN 978-7-307-19538-7　　　定价:39.00 元

再版前言

　　《土力学》第一版于 2001 年 10 月出版发行，是高等学校土木建筑工程类系列教材，经过十几年来的使用，历经两版的修正，积累了丰富的经验，也发现了不少问题，特此修订。本次修订，加强土质学内容，适当引进国内外教材新内容，以基本理论为主，兼顾实践知识，结合现行规范标准，反映成熟观点，力求达到系统性，深入浅出，便于教和学。主要修订内容如下：

　　第 1 章"土的物理性质"第 7 节"土的工程分类"进行了重新编写；

　　第 2 章"土的渗透及工程问题"进行了重新编排；

　　第 3 章"土中的应力"调出"各向异性地基情况"、"均质土中附加应力的量测"；

　　第 4 章"土的变形性质和地基沉降计算"第 3 节"土的应力历史"调至第 2 节，调出"用 e-$\lg p$ 曲线法或压缩指数 C_c 计算沉降量"；

　　第 6 章"土压力"第 1 节修改为"产生土压力的条件"；第 4 节"库仑土压力理论"进行了改写，内容更丰富、编排更合理；

　　第 7 章"地基稳定性"，在第 2 节对"汉森公式"内容进行了修正；对第 5 节进行了重新编写；

　　第 8 章"土坡的稳定性分析"，在第 2 节增加了"简布法"和"有限元法"的内容；

　　第 9 章"地基设计、桩基础和地基处理"内容进行了重新编写；

　　本教材由武汉大学冯国栋教授和 刘祖德 教授主审，遗憾的是，刘祖德教授没有等到正式出版就不幸逝世，在此表示沉痛的悼念和由衷的感激。在此也特别感谢冯国栋教授对本书的悉心指导和详细审阅。

编　者

2017 年 6 月

目　　录

第 1 章　土的物理性质

　　土是各种矿物颗粒的集合体，在天然状态下，一般为三相系，即土是由固体颗粒、水（水溶液）和气体三相所组成。三者之间的相互作用以及它们之间的比例关系，反映出土的物理性质与物理状态，可以用来对土进行分类和鉴定。同时，这些指标又都与土的力学性质有关。

　　地壳表层的岩石长期受自然界的风化作用，因而大块岩体不断地破碎与分解，再经搬运、堆积而成为大小、形状和成分都不相同的松散颗粒集合体——土。

　　物理风化只能引起岩块的机械破碎，其产物基本上保持与母岩相同的成分，称为原生矿物，如石英、长石和云母等；砂、砾石和其他粗粒的土，主要是物理风化的产物。化学风化则使岩石发生质变，改变其原有的矿物成分，形成了次生矿物；各种组成黏性土的黏土矿物（蒙脱石、伊利石和高岭石等）都属次生矿物。生物风化则是动物和植物的活动对岩石的破坏。这三种风化作用往往是同时或相互交替进行的。在自然界中，土是从岩体经过长期风化作用而逐渐形成的自然产物。因此，评价土的工程性质时，必须重视土的形成历史、环境及存在条件对土性的影响。

　　大部分的土是岩石风化的产物，通常称为无机土。但在自然界中，常有动、植物残骸等有机质混入土中，由于有机质易于分解变质，故土中含有过量的有机质时，对土的物理力学性质将产生不利影响。因而在实际工程中，常对所用土料的有机质含量提出一定的限制。

1.1　土 的 组 成

1.1.1　土的三相组成

　　土是由固相、液相和气相三相组成的松散颗粒集合体。固相部分即为土粒，由矿物颗粒或有机质组成，构成土的骨架。骨架之间有许多孔隙，而孔隙可以被液体或气体或二者共同填充；水及其溶解物为土中的液相；空气及其他一些气体为土中的气相。如果土中的孔隙全部被水所充满，称为饱和土；如果孔隙全部被气体所充满，称为干土；如果孔隙中同时存在水和空气，称为湿土。饱和土和干土都是二相系。湿土为三相系。这些组成部分的相互作用和它们在数量上的比例关系，将决定土的物理力学性质。

1.1.2　土的固相

　　土的固相物质包括无机矿物颗粒和有机质，它们组成了土的骨架。土的组成成分对土的物理力学性质起着决定性的作用。研究固体颗粒就要分析粒径的大小及其在土中所占的百分比，称为土的颗粒级配；另外，还要研究固体颗粒的矿物成分及颗粒的形状。这三者是密切相关的。

1. 矿物成分

土中的矿物成分可以分为原生矿物和次生矿物两大类。

原生矿物是指岩浆在冷凝过程中形成的矿物，如石英、长石、云母等。

次生矿物是指由原生矿物经过风化作用后形成的新矿物，如三氧化二铝、三氧化二铁、次生二氧化硅、黏土矿物以及碳酸盐等。次生矿物按其在水中的溶解程度，可以分为易溶的、难溶的和不溶的，次生矿物的水溶性对土的性质有极其重要的影响。黏土矿物的主要代表性矿物为高岭石、伊利石和蒙脱石，由于其亲水性不同，当其含量不同时，土就显示出不同的工程性质。

在以物理风化为主的风化过程中，岩石破碎而并不改变其成分，岩石中的原生矿物得以保存下来；但在化学风化的过程中，易风化的矿物，如长石、云母等，就分解成次生的黏土矿物，石英等难风化的矿物得以保存下来。黏土矿物是很细小的扁平颗粒，表面具有极强的和水相互作用的能力。颗粒愈细，比表面积愈大，这种亲水的能力就愈强，对土的工程性质的影响也愈大。

风化过程中，在微生物作用下，土中产生复杂的腐殖质矿物，此外还会有动、植物残骸等有机物，如泥炭等。有机质颗粒紧紧地吸附在矿物颗粒的表面，形成了颗粒之间的连接，但是这种连接的稳定性较差。

从外表上看到的土的颜色，在很大程度上反映了土的固相的不同成分和不同含量。红色、黄色和棕色一般表示土中含有较多的三氧化二铁，说明氧化程度较高；黑色表示土中含有较多的有机质或锰的化合物；灰蓝色和灰绿色的土一般含有亚铁化合物，是在缺氧条件下形成的；白色或灰白色则表示土中有机质较少，主要含石英或高岭土等黏土矿物。当然，湿度也会影响土的颜色的深浅，风干的土颜色较浅。一般描述的是土在潮湿状态下的颜色。

2. 土的粒度成分

天然土是由大小不同的颗粒组成的，土粒的大小称为粒度，土颗粒的大小相差悬殊，从大于几十厘米的漂石到小于几微米的胶粒。由于土粒的形状往往是不规则的，很难直接测量其大小，只能用间接的方法来测量土粒的大小及各种颗粒的相对含量。常用的方法有两种，对粒径大于 0.075 mm 的粗粒常用筛分析的方法，而对小于 0.075 mm 的细粒则用沉降分析的方法。实际工程中常用不同粒径颗粒的相对含量来描述土的颗粒组成情况，这种指标称为颗粒级配。

1) 土粒粒组划分

颗粒大小和矿物成分的不同，可以使土具有不同的性质。例如颗粒粗大的卵石、砾石和砂，大多数为浑圆或棱角状的石英颗粒，具有较大的透水性，不具粘性。颗粒细小的粘粒，则是针状或片状的黏土矿物，具有粘性，且透水性较低。

为了描述方便，也为了实际工程应用中更加科学和简便，常常把土粒在性质上表现出明显差异的分界粒径作为划分粒组的依据。所谓粒组，是指相邻两分界粒径之间性质相近的土粒。可以说，粒组之间的分界粒径的确定带有人为划定的性质，划分时应力求使粒组界限与粒组性质的变化相适应，并按一定的比例递变。

　　对粒组的划分，各个国家，甚至某个国家的各个部门都有不同的规定。我国习惯采用的粒组划分标准见表 1-1-1。同一个粒组的颗粒具有相近的特性。

表 1-1-1　　　　　　　　　　　　我国习惯采用的粒组划分标准

粒组名称	粒组范围（mm）
漂石（块石）粒组	>200
卵石（碎石）粒组	60~200
砾石粒组	2~60
砂粒粒组	0.075~2
粉粒粒组	0.005~0.075
粘粒粒组	<0.005

　　过去的粒组划分标准中，砂粒与粉粒的划分界限是 0.05mm，这一粒径需要用沉降分析方法（比重计法）测定，试验不太方便，从 20 世纪 70 年代末到 80 年代末这 10 年中，我国的粒组划分标准有了一些变化。《建筑地基基础设计规范》（GB50007—2011）和《岩土工程勘察规范》（GB 50021—2001）[2009 版]在编制和修订过程中经充分论证，将砂粒粒组与粉粒粒组之间的界限从 0.05mm 改为 0.075mm。这一粒径和欧美一些国家的 200 号筛是一致的，便于与国际接轨，同时我国也生产出筛孔直径为 0.075mm 的筛，可以用筛分法测定，比沉降分析方法方便。《土的工程分类标准》（GBT 50145—2007）和《土工试验规程》（SL237—1999）在砂粒粒组与粉粒粒组的界限上取与上述规范相同的标准，但将卵石粒组与砾石粒组的界限改为 60mm，其粒组划分标准见表 1-1-2 所示。

　　2）颗粒分析试验方法

　　实际上，土体常常是多种不同粒组的混合物。较笼统地说，以砾石和砂粒为主要成分的土称为粗粒土，也称为无黏性土。以粉粒、粘粒和胶粒为主的土，称为细粒土。显然，土的性质取决于各不同粒组的相对含量。为了确定各粒组的相对含量，必须用试验的方法将各粒组区分开来，这种试验方法统称为颗粒分析试验。颗粒分析试验法分为筛分法和沉降分析法（或称为比重计法），粗粒土应采用筛分法，而细粒土则应当用沉降分析法。粗粒土和细粒土的分界粒径为 0.075mm。

　　（1）筛分法。该方法适用于粒径大于 0.075mm 的土。用一套不同孔径的标准筛，从上到下，筛孔逐渐减小，将事先称过重量的干土样过筛，称出留存在各筛子上的土粒的重量，然后标出这些土粒重量占总重量的百分数。

　　筛分法和建筑材料的粒径级配筛分试验是一样的。但很细的粒组却无法用筛分法分离出来，这是因为很细的土粒较易互相联结在一起的缘故。按我国原有的标准，最小孔径的筛是 0.1mm，但是新的筛孔标准已改为 0.075mm（即现行的粗、细粒土的分界粒径），这相当于美国 ASTM 标准的 200 号筛（即在 1 平方英寸面积上有 200 个孔）。这是在国际上比较通用的标准，因此我国也采用了这一标准。在采用最小孔径的筛作筛分试验时，应采用水筛的方法，用水冲方法把联结在一起的细颗粒分开，才能正确地测定细颗粒的含量。

表 1-1-2   土粒粒组的划分

粒组名称		粒径范围 （mm）	一般特征
漂石或块石颗粒		>200	透水性很大，无粘性，无毛细水
卵石或碎石颗粒		200～60	
圆砾或角砾颗粒	粗 中 细	60～20 20～5 5～2	透水性大，无粘性，毛细水上升高度不超过粒径大小
砂粒	粗 中 细 极细	2～0.5 0.5～0.25 0.25～0.1 0.1～0.075	易透水，当混入云母等杂质时透水性减小，而压缩性增加；无粘性；遇水不膨胀，干燥时松散；毛细水上升高度不大，随粒径变小而增大
粉粒	粗 细	0.075～0.01 0.01～0.005	透水性小；湿时稍有粘性，遇水膨胀小，干时稍有收缩；毛细水上升高度较大较快，极易出现冻胀现象
粘粒		<0.005	透水性很小，湿时有粘性、可塑性；遇水膨胀大，干时收缩显著；毛细水上升高度大，但速度较慢

注：1. 漂石、卵石和圆砾颗粒均呈一定的磨圆形状（圆形或亚圆形）；块石、碎石和角砾颗粒都带有棱角；

2. 黏粒或称黏土粒；粉粒或称粉土粒；

3. 黏粒的粒径上限也有采用 0.002mm 的；

4. 粉粒的粒径上限也有直接以 200 号筛的孔径 0.074mm 为准的；

5. 卵石或碎石颗粒范围下限：国标水利类为 60mm；建筑、勘察、地方标准类为 20mm。

（2）比重计法。该方法是将少量细粒土放入水中，大小不同的土粒在水中下沉的速度各不相同，大粒下沉快而小粒下沉慢，根据土粒在水和土粒混合悬液中沉降的速度与粒径的平方成正比的关系来确定各粒组相对含量。

设有一个球形颗粒在无限大的、不可压缩的粘滞性液体中，在重力作用下产生沉降，其沉降速度可以用司托克斯（Stokes）公式计算：

$$v = \frac{2}{g} \cdot r^2 \cdot \frac{\rho_s - \rho_w}{\eta} \qquad (1-1-1)$$

式中：v——球形颗粒在液体中的稳定沉降速度，cm/s；

g——重力加速度，cm/s^2；

r——球形颗粒的半径，cm；

ρ_s、ρ_w——分别为颗粒和液体的密度，g/cm^3；

η——液体粘滞系数，Pa。

实际上，土粒并不是球形颗粒，因此公式（1-1-1）计算中所用的并不是实际的土粒的尺寸，而是与实际土粒有相同沉降速度的理想球体的等效直径，称为水力直径。

在进行土粒粒度分析时，把一定质量的干土加水制成一定体积的悬液，搅拌均匀后静置，悬液中不同粒径的颗粒以不同速度下沉，在不同的深度处悬液的密度就不同。经过时间 t，在深度 L 处，最大的粒径为 d，则三者的关系式为

$$d = \sqrt{\frac{18\eta \cdot L}{(\rho_s - \rho_w) \cdot t}} \tag{1-1-2}$$

上式表明，粒径为 d 的土粒经历时间 t 正好从悬液表面沉到深度 L 处。由于假定土粒在悬液中匀速下沉，因此在深度 L 范围内已经没有粒径大于 d 的土粒了，或者说粒径大于 d 的土粒已经沉到 L 深度以下了。在深度 L 附近一个小范围内粒径等于及小于 d 的土粒分布密度与开始时均匀悬液中粒径等于及小于 d 的土粒分布密度是一样的。这个密度可以表达为

$$\rho = \frac{1}{1000}\left[M_s + \left(1000 - \frac{M_s}{\rho_s}\right)\rho_w\right] \tag{1-1-3}$$

式中：ρ——深度 L 处的悬液密度，g/cm^3；

　　　M_s——土样中粒径等于及小于 d 的土粒质量，g；

　　　其余符号意义同前。

只要能测得深度 L 处的悬液密度 ρ，便可以按式（1-1-3）求得 M_s，并可以按下式计算土样中粒径等于及小于 d 的土粒质量占总质量的百分比：

$$x = \frac{M_s}{M} \times 100\% \tag{1-1-4}$$

式中：M——土总重量，g。

3）土的颗粒级配

土中各种粒组的相对含量，用土粒总重的百分比表示，称为土的颗粒级配。颗粒级配的表达可以用三种方式，即表格法、曲线法、三角法。下面简要介绍表格法和曲线法。

（1）颗粒级配表格法，是以列表的形式直接表达各个粒组的相对含量的方法。该方法用于粒度成分的分类十分方便，表 1-1-3 给出了 3 种土样的颗粒级配，根据第 1.7 节的方法可以进行土的分类和定名。

表 1-1-3　　　　　　　　　　　颗粒级配的表格法

粒径（mm）	土样 A		土样 B		土样 C	
	粒组含量（%）	累计含量（%）	粒组含量（%）	累计含量（%）	粒组含量（%）	累计含量（%）
10~5	0		0		29	100
5~2	0		0		14	71
2~0.5	0		12	100	7	57
0.5~0.25	8	100	13	88	20	50
0.25~0.075	88	92	27	75	30	30
0.075~0.005	4	4	44	48	0	0
<0.005	0	0	4	4	0	0
d_{60}	0.165		0.115		3.00	
d_{10}	0.11		0.012		0.15	
d_{30}	0.15		0.044		0.25	
C_u	1.5		9.6		20.0	
C_c	1.24		1.40		0.14	

（2）颗粒级配曲线法，可以更直观地表达土粒的级配。通常用半对数纸绘制，横坐标（按对数比例尺）表示土的粒径，纵坐标表示小于某一粒径的土粒质量累计百分含量，采用这种横坐标，可以把粒径相差数千倍的粗、细粒含量都表示出来，尤其能把占总重量小，但对土的性质可能有重要影响的微小土粒部分清楚地表达出来。土的颗粒级配曲线是岩土工程中最常用的曲线，从这种曲线上可以直接了解土粒的粗细、粒径分布的均匀程度和级配的优劣。

表 1-1-3 中的三种土的颗粒级配曲线示于图 1-1-1 中，三种土的粒度成分不同，粒径曲线的形态不同。为了定量地描述颗粒级配曲线，需要引入能反映曲线特征的指标。

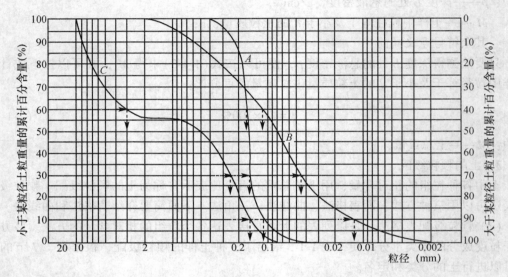

图 1-1-1　土的颗粒级配曲线

图 1-1-1 中曲线 A 及曲线 B 所代表的两种土的颗粒大小分布都是连续的，曲线坡度是渐变的，这样的级配称为连续级配或正常级配。曲线 C 所代表的土则缺乏某些粒径的土粒，曲线出现水平段，这样的级配不连续。与曲线 A 相比较，曲线 B 形状平缓，土粒大小分布范围广。表示土粒大小不均匀，因而各级粒组均有，级配良好。曲线 A 形状较陡，土粒大小分布范围窄，表示土粒均匀，级配不良。这样，在颗粒级配曲线上，可以确定如下两个描述土的级配的指标：

不均匀系数
$$C_u = \frac{d_{60}}{d_{10}}$$
（1-1-5）

曲率系数
$$C_c = \frac{d_{30}^2}{d_{60} \times d_{10}}$$
（1-1-6）

式中：d_{60}，d_{10}，d_{30}——分别为颗粒级配曲线纵坐标上小于某粒径的累计含量为 60%、10%、30% 时所对应的粒径；d_{10} 称为有效粒径；d_{60} 称为控制粒径。

不均匀系数 C_u 反映大小不同粒组的分布情况。C_u 越大，表示土粒大小的分布范围越广，其级配越良好，作为填方工程的土料时，则比较容易获得较大的密实度。曲率系数 C_c 描述的是颗粒级配曲线是否连续，反映曲线的整体形状。

在一般情况下，实际工程中把 C_u<5 的土看做匀粒土，属级配不良；C_u>10 的土属级配良好。实际上，单独只用一个指标 C_u 来确定土的级配情况是不够的，要同时考虑颗粒级配曲线的整体形状，所以还需参考曲率系数 C_c。从实际工程观点来看，土的级配不均匀（$C_u \geqslant 5$）且级配曲线连续（$C_c = 1 \sim 3$）的土，方可称为级配良好的土。不能同时满足上述两个要求的土，称为级配不良的土。

颗粒级配可以在一定程度上反映土的某些性质。对于级配良好的土，较粗颗粒之间的孔隙被较细的颗粒所充填，因而土的密实度较好，相应的地基土的强度和稳定性也较好，透水性和压缩性较小，也可以作为堤坝或其他土建工程的填方土料。

【例 1-1-1】　如图 1-1-1 和表 1-1-3 所示，A、B、C 表示三种不同粒径组成的土。试问：每种土中的砾石、砂粒、粉粒及粘粒等粒组的含量各为多少？它们的不均匀系数 C_u 及曲率系数 C_c 各为多少？对各曲线所反映的土的级配特征加以分析。

【解】　（1）按曲线 A 得知：

砂粒占 88+8 = 96(%)；

粉粒占 4%。

$$C_u = \frac{d_{60}}{d_{10}} = \frac{0.165}{0.110} = 1.5 < 5，土粒大小均匀；$$

$$C_c = \frac{d_{30}^2}{d_{60} \cdot d_{10}} = \frac{(0.15)^2}{0.165 \times 0.11} = 1.24，在 1 \sim 3 之间。$$

虽然 C_c 在 1~3 之间，但曲线的不均匀系数 C_u<5，故为级配不良的土。

（2）按曲线 B 得知：

砂粒占 12+13+27 = 52(%)；

粉粒占 44%；

黏粒占 4%。

$$C_u = \frac{d_{60}}{d_{10}} = \frac{0.115}{0.012} = 9.6 > 5，土粒大小不均匀；$$

$$C_c = \frac{d_{30}^2}{d_{60} \cdot d_{10}} = \frac{(0.044)^2}{0.115 \times 0.012} = 1.4，在 1 \sim 3 之间。$$

C_u 和 C_c 同时满足条件，故为级配良好的土。

（3）按曲线 C 得知：

砾粒占 29+14 = 43(%)；

砂粒占 7+20+30 = 57(%)。

$$C_u = \frac{3}{0.15} = 20 > 5，土粒大小不均匀；$$

$$C_c = \frac{(0.25)^2}{3 \times 0.15} = 0.14，不在 1 \sim 3 之间。$$

虽然 C_u>5，但因缺乏中间颗粒，C_c 不在 1~3 之间，故为级配不良的土。

1.1.3 土的液相

在自然条件下，土中总是含水的，土的液相就是指水及水溶液。土中水可以处于液态、固态或气态。土中细粒愈多，即土的分散度愈大，水对土的性质的影响也愈大。研究土中的水，必须考虑水的存在状态及其与土粒的相互作用。

土中水可以分为下列各类：

土中水
- 结晶水——土粒矿物内部的水
- 结合水——与土粒表面结合的水
  - 强结合水
  - 弱结合水
- 自由水
  - 毛细管水
  - 重力水

1. 结晶水

存在于矿物的晶体格架内部或是参与到矿物构造中的水，称为结晶水。结晶水只有在比较高的温度(80~680℃，随土粒的矿物成分不同而异)下，才能化为气态水而与土粒分离。从土的工程性质上分析，可以把结晶水当做矿物颗粒的一部分。

2. 结合水(吸附水)

1) 双电层

结合水是指受电分子吸引力吸附于土粒表面的土中水。这种电分子吸引力高达几千到几万个大气压，使水分子和土粒表面牢固地粘在一起。

黏土矿物颗粒具有较强的与水相互作用的能力，称为亲水性。实验证明，这种亲水性的土粒表面一般带有负电荷，电荷大小直接与土粒表面积大小有关。常用比表面积(单位质量的土粒总表面积)来表示电荷对土粒性能的相对影响。原生矿物一般颗粒较粗，呈粒状，即颗粒的 3 个方向的尺度基本上是同一数量级，如图 1-1-2 所示。黏土颗粒细微，多呈片状，如图 1-1-3 所示。单位质量土颗粒所拥有的表面积之和称为比表面积 A_s，比表面积与颗粒大小及形状有关，可用下式表示：

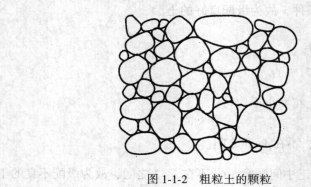

图 1-1-2　粗粒土的颗粒

$$A_s = \frac{\sum A_i}{m} \qquad (1\text{-}1\text{-}7)$$

式中：$\sum A_i$——全部土颗粒的表面积之和，m^2；

　　　m——全部土颗粒的质量，g。

例如，当颗粒都是直径 0.1mm 的圆球时，比表面积约为 $0.02m^2/g$。而高岭石的比表面积为 $10\sim20m^2/g$，伊利石为 $65\sim100m^2/g$，蒙脱石可高达 $800m^2/g$。

图 1-1-3　黏土的颗粒（显微镜下）

如前所述，黏土颗粒的带电性质都发生在颗粒的表面上，所以，对于黏性土，比表面积的大小直接反映土颗粒与四周介质（特别是水）相互作用的强烈程度，是代表黏性土特征的一个很重要的指标。

对于粗粒土，由于表面不具有带电性质，比表面积没有很大的意义。研究颗粒的形状应着重于研究其中针片状颗粒的比例和颗粒的磨圆度，因为它们影响到颗粒间的排列和粗糙度，从而影响土的抗剪强度。

比表面积越大，电荷的作用就越强。土粒表面的负电荷围绕土粒形成电场，在土粒电场范围内的水分子和水溶液中的阳离子（如 Na^+、Ca^{2+}、Al^{3+} 等，统称为水化阳离子）被一起吸附在土粒表面。因为水分子是极性分子（氢原子端显示正电荷，氧原子端显示负电荷），水分子受土粒表面电荷或水溶液中离子电荷的吸引而定向排列。如图 1-1-4 所示。

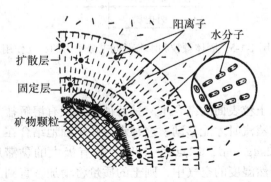

图 1-1-4　结合水分子定向排列简图

土粒周围水溶液中的阳离子，一方面受到土粒所形成电场的静电引力作用，另一方面又受到布朗运动(热运动)的扩散力作用。在最靠近土粒表面处,静电引力最强,把水化阳离子和极性水分子牢固地吸附在颗粒表面上形成固定层。在固定层外围,静电引力比较小,因此水化阳离子和极性水分子的活动性比在固定层中大一些,形成扩散层。固定层和扩散层中所含的阳离子(反离子)与土粒表面负电荷一起即构成双电层(见图1-1-4)。

水溶液中的反离子(阳离子)的原子价愈高,离子与土粒之间的静电引力愈强,则扩散层厚度愈薄。在实践中可以利用这种原理来改良土质,例如用三价及二价离子(如 Fe^{3+}、Al^{3+}、Ca^{2+}、Mg^{2+})处理黏土,使得离子的扩散层变薄,从而增加土的稳定性,减少膨胀性,提高土的强度;有时,可以用含一价离子的盐溶液处理黏土,使扩散层增厚,而大大降低土的透水性。

从上述双电层的概念可知,反离子层中的结合水分子和交换离子,愈靠近土粒表面,则排列得愈紧密和整齐,活动性也愈小。因而,结合水又可以分为强结合水和弱结合水两种。强结合水是存在于反离子层的内层(固定层)中的水,而弱结合水则是存在于扩散层中的水。如图1-1-5所示。

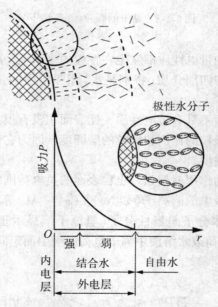

图 1-1-5　固体颗粒和水分子间电分子力的相互作用

2) 强结合水

强结合水是指紧靠土粒表面的结合水。其特征是:没有溶解盐类的能力,不能传递静水压力,只有吸热变成蒸汽时才能移动。这种水极其牢固地结合在土粒表面,其性质接近于固体,密度为 $1.2 \sim 2.4 \, g/cm^3$,冰点为 $-78\,℃$,具有极大的黏滞度、弹性和抗剪强度。如果将干燥的土移至天然湿度的空气中,则土的质量将增加,直到土中吸着的强结合水达到最大吸着度为止。土粒愈细,土的比表面积愈大,则最大吸着度就愈大。砂土的最大吸着度约占土粒质量的1%,而黏土则可达17%。黏土中只含有强结合水时,呈固体状态,磨碎后则呈粉末状态。强结合水与结晶水的差别在于,当温度略高于100℃时可以蒸发。

3）弱结合水

弱结合水紧靠于强结合水的外围形成一层结合水膜。这种水膜仍然不能传递静水压力，但水膜较厚的弱结合水能向邻近的较薄的水膜缓慢转移。当土中含有较多的弱结合水时，土则具有一定的可塑性。砂土比表面积较小，几乎不具有可塑性，而黏性土的比表面积较大，其可塑性范围就大。

当两土粒之间被弱结合水所分隔时，由于受到表面引力的作用，因而在土粒之间表现出一定的联结强度。弱结合水愈薄，土粒间距愈小，引力愈高，这时联结性就愈强，土粒就愈不容易发生相对移动；反之，弱结合水愈厚，引力降低，联结性减弱，土粒就易于相对移动。因此，弱结合水膜厚度的变化，就会使土的物理力学性质发生改变。

3. 自由水

弱结合水距离土粒表面愈远，其受到的电分子引力愈小，并逐渐过渡到自由水。自由水的性质和普通水一样，能传递静水压力，冰点为0℃，有溶解能力。

自由水按其移动所受作用力的不同，可以分为重力水和毛细水。

1）重力水

重力水是存在于地下水位以下的透水土层中的地下水，是在重力或压力差作用下运动的自由水，对土粒有浮力作用。重力水对土中的应力状态、开挖基槽、基坑以及修筑地下构筑物时所应采取的排水、防水措施有重要的影响。

2）毛细水

分布在土粒内部的相互贯通的孔隙，可以看成是许多形状不一、直径各异、彼此连通的毛细管，如图 1-1-6 所示。按物理学概念，在毛细管管壁，水膜与空气的分界处存在着表面张力 T，其作用方向与毛细管壁成夹角 α。由于表面张力的作用，毛细管内的水被提升到自由水面以上高度 h_c 处。分析高度为 h_c 的水柱的静力平衡条件，因为毛细管内水面处即为大气压，若以大气压力为基准，则该处压力 $p_a=0$，即

$$\pi r^2 h_c \gamma_w = 2\pi r T \cos\alpha$$

或
$$h_c = \frac{2T\cos\alpha}{r\gamma_w} \tag{1-1-8}$$

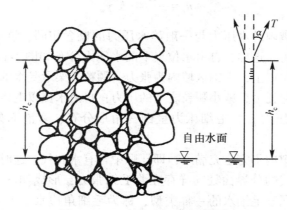

图 1-1-6　土中的毛细水上升高度

式中，水膜的张力 T 与温度有关。当温度为 10℃ 时，$T=0.0756g/cm$；当温度为 20℃ 时，$T=0.0742g/cm$。方向角 α 的大小与土颗粒和水的性质有关。r 是毛细管的半径，γ_w 为水的重度。式(1-1-8)表明，毛细水上升高度 h_c 与毛细管半径 r 成反比。显然，土颗粒的直径愈小，孔隙的直径(也就是毛细管的直径)愈细，则毛细水的上升高度愈大。不同土类，土中的毛细水上升高度不相同，大致范围如表 1-1-4 所示。在黏性土中，因为土中水受颗粒四周电场作用力所吸引，毛细水升高不能简单由式(1-1-8)计算。

表 1-1-4   不同土中的毛细水上升高度

土名称	颗粒直径 d_{10}(mm)	孔隙比	毛细水头(cm)	
			毛细水上升高度	饱和毛细水头
粗 砾	0.82	0.27	5.4	6
中 砾	0.20	0.45	28.4	20
细 砾	0.30	0.29	19.5	20
粉 砾	0.06	0.45	106.0	68
粗 砂	0.11	0.27	82	60
中 砂	0.03	0.36	165.5	112
细 砂	0.02	0.48~0.66	239.6	120
粉 土	0.006	0.95~0.93	359.2	180

若弯液面处毛细水的压力为 u_c，下面分析该处水膜受力的平衡条件。取铅直方向力的总和为零，则有

$$2T\pi r\cos\alpha + u_c\pi r^2 = 0 \tag{1-1-9}$$

若取 $\alpha=0$，由式(1-1-8)可知，$T=\dfrac{h_c r\gamma_w}{2}$，代入式(1-1-9)得

$$u_c = \frac{-2T}{r} = -h_c\gamma_w \tag{1-1-10}$$

上式表明毛细区域内的水压力与一般静水压力的概念相同，该水压力与水头高度 h_c 成正比，负号表示张力。这样，自由水位上下的水压力分布如图 1-1-7 所示。自由水位以下，为压力；自由水位以上，毛细区域内为张力。颗粒骨架承受水的反作用力，因此自由水位以下，土骨架受浮托力，减小颗粒之间的压力；自由水位以上，毛细区域内，颗粒之间受张力，称为毛细压力 p_c，毛细压力呈倒三角形分布，弯液面处最大，自由水面处为零。

如果土骨架的孔隙内不完全充满水，即孔隙中含有水和气，这时水多集中于颗粒之间的缝隙处。在水和空气的分界面处同样存在着毛细张力，形成如图 1-1-8 所示的弯液面。这时，孔隙中的水也属于毛细水的一种类型，称为毛细角边水。毛细角边水受拉力 T 作用，颗粒则受压力 p_c 作用。由于压力 p_c 的作用，使颗粒联结在一起，这就是稍湿的砂土颗粒之间也存在着某种粘结作用的原因。但是，这种粘结作用并不像黏性土一样是因为粒

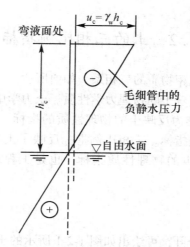

图 1-1-7　毛细水中的张力分布图

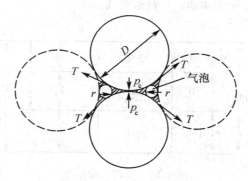

图 1-1-8　球状颗粒之间缝隙处的弯液面

间分子力所引起，而是由毛细水所引起。当土中的水增加，孔隙被水占满，或者水分蒸发，变成干土，毛细角边水消失，颗粒之间的压力也消失，就变成完全的散粒体。

1.1.4　土的气相

土的气相是指充填在土的孔隙中的气体，包括与大气相通和不相通的两大类。

在粗粒的沉积物中，常见到与大气相通的空气，这部分与大气相通的气体对土的工程性质没有多大的影响，其成分与空气相似。当土受到外力作用时，这种气体很快从孔隙中挤出。而在细粒土中则常存在与大气隔绝的封闭气体，封闭气体对土的工程性质有很大的影响。封闭气体的成分可能是空气、水汽或天然气。在压力作用下，封闭气体可以被压缩或溶解于水中；而当压力减小时，气泡又会恢复原状或重新游离出来。封闭气体的存在，可以使土的渗透性减小、弹性增大，并且拖延土的压缩和膨胀变形随时间的发展过程。

含气体的土，称为非饱和土。非饱和土的工程性质比较复杂，非饱和土力学已成为土力学的一个新分支。在一般土力学中，通常研究饱和土的物理力学性质及计算，常忽略气体的影响。

1.2 土的三相比例指标

土是兼含固相、液相和气相物质的三相系。如前所述，三相组成部分的性质与数量以及它们之间的相互作用，决定着土的物理力学性质。土力学中，使用各相之间在体积上和质量(重量)上的比例关系，作为反映土的物理性质的指标。这类指标统称为土的三相比例指标，也称为土的物理性质指标。三相比例指标反映了土的干燥与潮湿、疏松与紧密，是评价土的工程性质的最基本的物理性质指标，也是工程地质勘察报告中不可缺少的内容。

1.2.1 土的三相草图

抽象地把土体中的三相分开，可绘出如图 1-2-1 所示的土的三相草图，它将有助于更直观地研究土中三相之间相互的定量关系。图右边标明体积(V)，左边标明质量 M(或重量 W)，下标 s 表示土粒，w 表示水，a 表示空气。

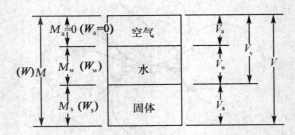

图 1-2-1 土的三相草图

图 1-2-1 中符号的意义如下：

V——土的总体积，cm^3；

V_v——土的孔隙部分体积，cm^3；

V_s——土的固体颗粒实体的体积，cm^3；

V_w——水的体积，cm^3；

V_a——气体体积，cm^3；

M——土的总质量，g 或 kg；

M_w——水的质量，g 或 kg；

M_s——固体颗粒质量，g 或 kg；

W——土的总重量，N 或 kN；

W_w——水的重量，N 或 kN；

W_s——固体颗粒重量，N 或 kN。

在上述的这些量中，独立的有 V_s、V_w、V_a、M_w、M_s 这 5 个量。$1cm^3$ 水的质量等于 1g，故在数值上 $V_w = M_w$。此外，当我们研究这些量的相对比例关系时，总是取某一定数量的土体来分析。例如，取 $V=1\mathrm{cm}^3$，或 $M=1\mathrm{g}$，或 $V_\mathrm{s}=1\mathrm{cm}^3$，等等，因此又可以消去一个未知量。这样，对于一定数量的三相土体，只要知道其中 3 个独立的量，其他量就可以从图 1-2-1 中直接计算出。所以，三相草图是土力学中用以计算三相比例关系的一种简单而又很有用的工具。

土的三相比例指标很多，其中有 3 个基本指标是必须通过试验测定的，称为直接测定指标；其余指标则可以根据这 3 个基本指标换算得出，以下分别讨论这两类指标。

1.2.2　直接测定指标

通过试验测定的直接指标有土的密度、土的比重和土的含水率。

1. 土的密度和重度

单位体积土的质量，称为土的密度，即

$$\rho=\frac{M}{V}=\frac{M_\mathrm{s}+M_\mathrm{w}+M_\mathrm{a}}{V}\quad(\mathrm{kg/m^3}\ 或\ \mathrm{g/cm^3})\qquad(1\text{-}2\text{-}1)$$

测定土的密度的方法一般用"环刀法"，即用已知内腔体积的环刀，切取试样，用天平称量出试样的质量 M，便可以按式(1-2-1)计算出土的密度。若现场测定，则可以采用灌水法、灌砂法或蜡封法。

在天然状态下，土的密度值变化范围颇大，ρ 值一般介于 $1.6\sim2.2\mathrm{g/cm^3}$ 之间。其中，一般黏性土 $\rho=1.8\sim2.0\mathrm{g/cm^3}$；砂土 $\rho=1.6\sim2.0\mathrm{g/cm^3}$；腐殖土 $\rho=1.5\sim1.7\mathrm{g/cm^3}$。在指标计算中还会用到水的密度 ρ_w，从物理学得知在温度为 4℃时，纯水的密度为 $1\mathrm{g/cm^3}$。

土的重度是在土力学中常会遇到的一个指标，也就是单位体积土的重量，用 γ 表示，即

$$\gamma=\frac{W}{V}=\frac{W_\mathrm{s}+W_\mathrm{w}+W_\mathrm{a}}{V}\quad(\mathrm{kN/m^3})\qquad(1\text{-}2\text{-}2)$$

由于重量＝质量×重力加速度，故土的密度与土的重度的关系式为

$$\gamma=\rho\times g=9.8\rho\qquad(1\text{-}2\text{-}3)$$

在地球表面上重力加速度一般取 $g=9.8\mathrm{m/s^2}$，但在实际工程中为简化计算，常近似地取重力加速度 $g=10\mathrm{m/s^2}$。

2. 土粒的比重(土粒相对密度)

一个体积为 V 的物体的重量或质量与同体积水的重量(在 4℃时的纯水)或质量之比，称为这种物体的比重。土力学中用到的土粒比重为土粒质量与同体积的 4℃时纯水的质量之比，即

$$G_\mathrm{s}=\frac{M_\mathrm{s}}{V_\mathrm{s}\cdot\rho_\mathrm{w}}\qquad(1\text{-}2\text{-}4)$$

或

$$G_\mathrm{s}=\frac{W_\mathrm{s}}{V_\mathrm{s}\cdot\gamma_\mathrm{w}}\qquad(1\text{-}2\text{-}5)$$

土粒的比重常用比重瓶法测定，其操作技术可以参考《土工试验规程》(SL237—1999)和《土工试验方法标准》(GB/T50123—1999(2007 版))。土粒比重的大小，视土粒矿物成分的不同而不同。其数值一般为 $2.6\sim2.8$；砂粒的比重平均值为 2.65；黏性土为 $2.67\sim2.74$，平均为 2.70；有机质土为 $2.4\sim2.5$；泥炭土为 $1.5\sim1.8$。实践中，同一种类的土的

比重变化幅度不大。因此，若不便进行试验，初步估算时，可以按经验值选用，参见表 1-2-1。

表 1-2-1   土粒比重的经验取值

土 名	砂 土	砂质粉土	黏质粉土	粉质黏土	黏 土
土粒比重	2.65~2.69	2.70	2.71	2.72~2.73	2.74~2.76

3. 含水率

土中水的重量（质量）与土粒重量（质量）之比，称为土的含水率，用 ω 表示，常以百分数计，即

$$\omega = \frac{W_w}{W_s} = \frac{M_w}{M_s} \tag{1-2-6}$$

土的含水率在试验室内通常用烘干法测定。其原理是，将天然土样的重量称出，然后放入烘箱中加热，并保持在温度 105℃ 下将土样烘干，称得干土重；由于烘干而失去的重量即为土中的水重 W_w；于是可以按式（1-2-6）计算得含水率。在野外若无烘箱或要求快速测定含水率时，可以依土的性质和实际工程情况用酒精燃烧法或比重法。

不同土的天然含水率可以在很大范围内变动。土的天然含水率与土的种类、埋藏条件及所处的自然地理环境有关。例如，砂土的含水率为 0~40%，一般干的粗砂土其含水率接近于 0，而饱和砂土，则接近 40%；黏土的含水率为 3%~100% 及以上。我国内地曾发现一种泥炭土，其含水率甚至高达 600%。

土的含水率表示土的干湿程度，含水率愈高，说明土愈湿，一般来说也就愈软。这说明含水率发生变化时，土（尤其是黏性土）的力学性质也会随之而变，对同一类土而言，当其含水率增大时，则其强度就降低。

1.2.3 换算指标

除了上述 3 个直接测定指标外，还有 6 个可以计算求得的指标。

1. 孔隙比与孔隙率

土中孔隙的体积与土粒体积之比称为孔隙比，用 e 表示，以小数计，即

$$e = \frac{V_v}{V_s} \tag{1-2-7}$$

土的孔隙比主要与土粒大小、排列松密程度、颗粒级配和应力历史等有关。例如，砂土的孔隙比为 0.4~0.8；黏性土的孔隙比为 0.6~1.5，甚至在 2 以上；黏土若含大量有机质，孔隙比可以达到 4 或 5。同一类土的孔隙比愈大，说明土愈松软；孔隙比愈小，说明土愈密实。实际工程中，可以用孔隙比来评价同一种土在天然状态下的松密程度，或者通过孔隙比变化来反映土所受到的压密程度。一般，$e < 0.6$ 的土是密实的低压缩性土，$e > 1.0$ 的土是疏松的高压缩性土。

【例 1-2-1】 如图 1-2-2 所示，已知 3 个直接测定指标 γ、G_s、ω，试计算孔隙比 e。

【解】 设土的颗粒体积 $V_s = 1$，根据孔隙比定义得

$$V_v = V_s \cdot e = e, \qquad V = 1+e$$

根据土粒比重定义，$G_s = \dfrac{W_s}{V_s \cdot \gamma_w}$，得

$$W_s = G_s \cdot V_s \cdot \gamma_w = G_s \cdot \gamma_w$$

根据含水率定义，$\omega = \dfrac{W_w}{W_s}$，得

$$W_w = \omega \cdot W_s = \omega \cdot G_s \cdot \gamma_w$$

$$W = W_w + W_s = (1+\omega) G_s \gamma_w$$

将以上结果填入图 1-2-1 中，而得经过简化了的三相草图 1-2-2，实质上就是将图 1-2-1 中左右两侧分别除以土的实际体积 V_s，这样做土中各相的相对比例关系是不变的，有了这张三相图，就可以直接导出用其他指标表达的求算孔隙比的公式。

图 1-2-2　土的三相图

根据土的重度的定义，$\gamma = \dfrac{W}{V}$，得 $V = \dfrac{W}{\gamma} = 1+e$，则

$$e = \frac{W}{\gamma} - 1 = \frac{(1+\omega) G_s}{\gamma} \cdot \gamma_w - 1 \tag{1-2-8}$$

土中孔隙的体积与土的总体积之比，称为孔隙率，用 n 表示。也就是单位体积的土体中孔隙所占的体积，常以百分数计，即

$$n = \frac{V_v}{V} \tag{1-2-9}$$

从三相图中容易得出，孔隙率与孔隙比的换算关系为

$$n = \frac{e}{1+e} \quad 或 \quad e = \frac{n}{1-n} \tag{1-2-10}$$

2. 土的饱和度

饱和度的定义是土中被水充填的孔隙体积与孔隙总体积之比，用 S_r 表示，以百分数计。即

$$S_r = \frac{V_w}{V_v} \times 100\% \tag{1-2-11}$$

饱和度变化范围为 0% ~ 100%，土的干湿程度对于细砂或粉砂的强度有很大影响，因为饱和粉、细砂在振动或渗流作用下，容易丧失其稳定性。我国规范《建筑地基基础设计规范》(GB50007—2011)规定，砂类土的湿度按饱和度划分为三种状态：$S_r \leqslant 50\%$，稍湿

的；$50\% < S_r \leqslant 80\%$，很湿的；$S_r > 80\%$，饱和的。

根据简化的三相图，即设土粒体积 V_s 为 1 时，水的重量 $W_w = \omega G_s \gamma_w$，可以得到水的体积 $V_w = \dfrac{W_w}{\gamma_w} = \omega G_s$，$V_v = e$，代入式(1-2-11)得

$$S_r = \frac{V_w}{V_v} = \frac{\omega G_s}{e} \times 100\% \tag{1-2-12}$$

对于完全饱和土：

$$S_r = \frac{\omega G_s}{e} \times 100\% = 100\%$$

故

$$e = \omega \cdot G_s \tag{1-2-13}$$

3. 不同状态下土的密度与重度

1）湿密度与湿重度

式(1-2-1)及式(1-2-2)分别表示土在天然状态下以三相状态存在时的密度及重度。这一状态的密度或重度，常被称为湿密度或湿重度(也可称为天然密度或天然重度)。

2）饱和密度与饱和重度

当土中孔隙完全被水充满时的密度(重度)，称为土的饱和密度(饱和重度)，其表达式为

$$\rho_{sat} = \frac{M_s + V_v \cdot \rho_w}{V} \tag{1-2-14}$$

而

$$\gamma_{sat} = \frac{W_s + V_v \cdot \gamma_w}{V} \tag{1-2-15}$$

3）浮密度与浮重度

在地下水位以下，土的密度(重度)是土受淹时的有效密度(重度)，分别以 ρ' 及 γ' 表示，这时由于土受到水的浮力作用，故单位土体积中土粒的质量扣除同体积水的质量后，即为单位土体积中土粒的有效质量，称为浮密度(浮重度)，即

$$\rho' = \frac{M_s - V_s \cdot \rho_w}{V} = \rho_{sat} - \rho_w \tag{1-2-16}$$

而

$$\gamma' = \frac{W_s - V_s \cdot \gamma_w}{V} = \gamma_{sat} - \gamma_w \tag{1-2-17}$$

4）干密度与干重度

当土中不存在水时的密度(重度)，其表达式为

$$\rho_d = \frac{M_s}{V} \tag{1-2-18}$$

而

$$\gamma_d = \frac{W_s}{V} \tag{1-2-19}$$

事实上，自然界中土的孔隙内总含有一定的水分，故在自然界中干密度(干重度)是

不存在的。但这一指标可以用以反映出单位体积内固体颗粒数量的多少，也就反映出土的松密程度，故在填土工程中(如填筑堤坝)用来评定填土的松密以控制填土工程的施工质量。

根据以上所述，可见同一种土的各种密度和重度在数值上有如下关系：

$$\rho_{sat} > \rho > \rho_d > \rho' \tag{1-2-20}$$

$$\gamma_{sat} > \gamma > \gamma_d > \gamma' \tag{1-2-21}$$

为了便于计算时参考，表 1-2-2 列出了各种指标的换算公式。这些公式不必死记，只要知道各个指标的定义，借助三相图，就不难推导出这些关系。

表 1-2-2　　　　　　　　　　土的三相比例指标换算公式

名　称	符　号	三相比例表达式	常用换算公式	单位	常见的数值范围
土粒比重	G_s	$G_s = \dfrac{m_s}{V_s \rho_{w1}}$	$G_s = \dfrac{S_r e}{\omega}$		黏性土：2.72~2.75 粉　土：2.70~2.71 砂类土：2.65~2.69
含水率	ω	$\omega = \dfrac{m_w}{m_s} \times 100\%$	$\omega = \dfrac{S_r e}{G_s}$ $\omega = \dfrac{\rho}{\rho_d} - 1$		20%~60%
密　度	ρ	$\rho = \dfrac{m}{V}$	$\rho = \rho_d(1+\omega)$ $\rho = \dfrac{G_s(1+\omega)}{1+e}\rho_w$	g/cm^3	1.6~2.0g/cm^3
干密度	ρ_d	$\rho_d = \dfrac{m_s}{V}$	$\rho_d = \dfrac{\rho}{1+\omega}$ $\rho_d = \dfrac{G_s}{1+e}\rho_w$	g/cm^3	1.3~1.8g/cm^3
饱和密度	ρ_{sat}	$\rho_{sat} = \dfrac{m_s + V_v \rho_w}{V}$	$\rho_{sat} = \dfrac{G_s + e}{1+e}\rho_w$	g/cm^3	1.8~2.3g/cm^3
有效密度	ρ'	$\rho' = \dfrac{m_s - V_v \rho_w}{V}$	$\rho' = \rho_{sat} - \rho_w$ $\rho' = \dfrac{G_s - 1}{1+e}\rho_w$	g/cm^3	0.8~1.3g/cm^3
重　度	γ	$\gamma = \dfrac{m}{V} \cdot g = \rho \cdot g$	$\gamma = \dfrac{G_s(1+\omega)}{1+e}\gamma_w$	kN/m^3	16~20kN/m^3
干重度	γ_d	$\gamma_d = \dfrac{m_s}{V} \cdot g = \rho_d \cdot g$	$\gamma_d = \dfrac{G_s}{1+e}\gamma_w$	kN/m^3	13~18kN/m^3
饱和重度	γ_{sat}	$\gamma_{sat} = \dfrac{m_s + V_v \rho_w}{V}g = \rho_{sat} \cdot g$	$\gamma_{sat} = \dfrac{G_s + e}{1+e}\gamma_w$	kN/m^3	18~23kN/m^3
有效重度	γ'	$\gamma' = \dfrac{m_s - V_v \rho_w}{V}g = \rho' \cdot g$	$\gamma' = \dfrac{G_s - 1}{1+e}\gamma_w$	kN/m^3	8~13kN/m^3

名 称	符 号	三相比例表达式	常用换算公式	单位	常见的数值范围
孔隙比	e	$e = \dfrac{V_v}{V_s}$	$e = \dfrac{G_s \rho_w}{\rho_d} - 1$ $e = \dfrac{G_s(1+\omega)\rho_w}{\rho} - 1$		黏性土和粉土: 0.40~1.20 砂类土: 0.30~0.90
孔隙率	n	$n = \dfrac{V_v}{V} \times 100\%$	$n = \dfrac{e}{1+e}$ $n = 1 - \dfrac{\rho_d}{G_s \rho_w}$		黏性土和粉土: 30%~60% 砂类土: 25%~45%
饱和度	S_r	$S_r = \dfrac{V_w}{V_v} \times 100\%$	$S_r = \dfrac{\omega G_s}{e}$ $S_r = \dfrac{\omega \rho_d}{n \rho_w}$		0~100%

【例 1-2-2】 用体积为 50cm^3 的环刀取得原状土样,经用天平称量出土样的总质量为 95g,烘干后为 75g。经比重试验得 $G_s = 2.68$。试问:该土的天然含水率 ω、重度 γ、孔隙比 e、孔隙率 n 及饱和度 S_r 各为多少?

【解】 绘三相图,将已知值填入,如图 1-2-3 所示,按各指标的定义进行计算。

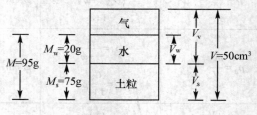

图 1-2-3

(1) 已知 $V = 50\text{cm}^3$,$M = 95\text{g}$,则 $\rho = \dfrac{M}{V} = \dfrac{95}{50} = 1.90\text{g/cm}^3$,从而 $\gamma = 9.8\rho = 18.6\text{kN/m}^3$。

(2) 已知 $M_s = 75\text{g}$,则 $M_w = 95 - 75 = 20\text{g}$,所以 $\omega = \dfrac{M_w}{M_s} \times 100\% = \dfrac{20}{75} \times 100\% = 26.7\%$。

(3) 从式(1-2-4)知 $V_s = \dfrac{M_s}{G_s \cdot \rho_w} = \dfrac{75}{2.68 \times 1} = 28\text{cm}^3$,则

$$V_v = 50 - 28 = 22\text{cm}^3$$

可得

$$e = \dfrac{V_v}{V_s} = \dfrac{22}{28} = 0.79$$

(4) 按式(1-2-9)得 $n = \dfrac{V_v}{V} = \dfrac{22}{50} \times 100\% = 44\%$。

（5）因 $V_\mathrm{w}=\dfrac{W_\mathrm{w}}{\gamma_\mathrm{w}}=\dfrac{20}{1}=20\mathrm{cm}^3$，故

$$S_\mathrm{r}=\frac{V_\mathrm{w}}{V_\mathrm{v}}\times100\%=\frac{20}{22}\times100\%=91\%$$

【例 1-2-3】　某原状土样的基本指标为：土粒比重 $G_\mathrm{s}=2.76$，含水率 $\omega=12.9\%$，重度 $\gamma=16.4\mathrm{kN/m}^3$，试求该土样的孔隙比 e 和饱和度 S_r。

【解】　（1）按三相图求解。

按图 1-2-4，令土粒体积 $V_\mathrm{s}=1\mathrm{cm}^3$，则从图中的三相关系可见：

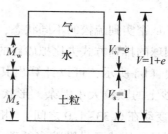

图 1-2-4

固体土粒的重量　　$W_\mathrm{s}=G_\mathrm{s}\gamma_\mathrm{w}=2.76\times9.81\times10^{-3}=2.708\times10^{-5}\mathrm{kN}$

水的重量　　$W_\mathrm{w}=\omega W_\mathrm{s}=0.129\times2.708\times10^{-2}=3.49\times10^{-5}\mathrm{kN}$

土的总重量　　$W=W_\mathrm{s}+W_\mathrm{w}=27.08\times10^{-3}+3.49\times10^{-3}=3.06\times10^{-5}\mathrm{kN}$

总体积　　$V=\dfrac{W}{\gamma}=\dfrac{3.06\times10^{-2}}{0.0164}=1.87\mathrm{cm}^3$

孔隙体积　　$V_\mathrm{v}=V-V_\mathrm{s}=1.87-1.0=0.87\mathrm{cm}^3$

水的体积　　$V_\mathrm{w}=\dfrac{W_\mathrm{w}}{\gamma_\mathrm{w}}=0.356\mathrm{cm}^3$

将上式结果全部填入图 1-2-4 中，则根据式（1-2-8）得

$$e=\frac{V_\mathrm{v}}{V_\mathrm{s}}=\frac{0.87}{1}=0.87$$

根据式（1-2-11）得

$$S_\mathrm{r}=\frac{V_\mathrm{w}}{V_\mathrm{v}}\times100\%=\frac{0.356}{0.87}\times100\%=41\%$$

上述解题中假设 $V_\mathrm{s}=1\mathrm{cm}^3$，实际上可以假设其他值为 1（如 $V=1\mathrm{cm}^3$ 或 $M_\mathrm{s}=1\mathrm{g}$ 等）来计算，并不影响指标的最终计算结果。

（2）用换算公式求解。

根据表 1-2-2，孔隙比及饱和度的换算公式为

$$e=\frac{G_\mathrm{s}(1+\omega)\gamma_\mathrm{w}}{\gamma}-1=\frac{2.76(1+0.129)\times9.81}{16.4}-1=0.87$$

$$S_\mathrm{r}=\frac{\omega G_\mathrm{s}}{e}=\frac{0.129\times2.76}{0.87}=0.41=41\%$$

虽然，用换算公式比按三相图简便迅速；但学习中必须熟练地通过三相图推导出土的主要物理性质指标，掌握土的三相图的概念，在此基础上利用换算公式就不会概念模糊，或是出现错误。

1.3 无黏性土的密实度

土的密实度通常表征单位体积中固体颗粒的含量大小。土颗粒含量多，土就密实；土颗粒含量少，土就疏松。

1.3.1 砂土的状态

天然条件下，砂土可以处于从密实到疏松的不同状态，这与土粒的大小、形状、沉积条件和应力历史有关。可以用圆球的排列方式去比拟砂粒的排列，大小相同的圆球最松与最密的排列分别如图 1-3-1(a)、(b)所示，可以计算出其孔隙比变化在 0.91(疏松)与0.35(密实)之间。但实际上，砂土的颗粒大小混杂，形状也非球形，故孔隙比的变化自有不同(天然的砂土孔隙比大致变动在 0.33~1.0 之间)。相关试验表明，一般粗粒砂多处于较密实的状态，而细粒砂特别是含片状云母颗粒多的砂，则易疏松。从沉积环境来讲，一般静水中沉积的砂土要比流水中的土疏松，新近沉积的砂土要比沉积年代较久的土疏松。

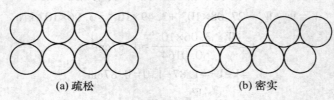

(a) 疏松　　　　　　　　　　　　(b) 密实

图 1-3-1　砂土的结构示意图

砂土的密实程度对其工程性质具有重要的影响，密实的砂土具有较高的强度和较低的压缩性，是良好的建筑物地基；松散的砂土，尤其是饱和的松散砂土，不仅强度低，而且其水稳定性差，容易产生流砂、液化等工程事故。

1.3.2 砂土密实状态的指标

判断砂土的密实程度，最简便的方法是直接根据孔隙比的大小来判定。但这样做也有其不足之处，因为颗粒的形状和级配对孔隙比有很大的影响，故孔隙比不能准确表明某一土的松密。只有拿相同的土处于最松与最密状态的孔隙比，与所要研究的土的天然孔隙比做比较，才能判定砂土的松密。因此，常用相对密度 D_r 来反映砂土的密实度，即

$$D_r = \frac{e_{max} - e}{e_{max} - e_{min}} \tag{1-3-1}$$

式中：D_r——砂土的相对密度；

e——砂土在天然状态或某种控制状态时的孔隙比；

e_{max}——砂土在最松状态时的孔隙比，即最大孔隙比；

e_{min}——砂土在最密实状态时的孔隙比，即最小孔隙比。

显然，$D_r = 0$ 即 $e = e_{max}$，表示砂土处于最松状态；$D_r = 1$ 即 $e = e_{min}$，表示砂土处于最密实状态。根据相关经验，砂土的松密标准如下：

当 $D_r < 0.33$ 时，砂土是疏松的；

当 $D_r = 0.33 \sim 0.67$ 时，砂土是中密的；

当 $D_r > 0.67$ 时，砂土是密实的。

对于粒径大于 5mm 的粗粒土，我们一般测定其干密度，用干密度表示土的相对密度，即

$$D_r = \frac{(\rho_d - \rho_{dmin}) \cdot \rho_{dmax}}{(\rho_{dmax} - \rho_{dmin}) \cdot \rho_d} \tag{1-3-2}$$

式中：ρ_d——相当于天然孔隙比 e 时的干密度，g/cm^3；

　　　ρ_{dmin}——相当于孔隙比为 e_{max} 时土的干密度，即最松干密度，g/cm^3；

　　　ρ_{dmax}——相当于孔隙比为 e_{min} 时土的干密度，即最密干密度，g/cm^3。

用相对密度表示砂土密实度时，可以综合地反映土粒级配、土粒形状和结构等因素。应当指出，目前虽然已有一套测定最大孔隙比和最小孔隙比的试验方法，但是要在实验室条件下测得各种土理论上的 e_{max} 和 e_{min} 却十分困难。在静水中很缓慢沉积形成的土，孔隙比有时可能比实验室能测得的 e_{max} 还大。同样，在漫长的地质年代中，受各种自然力作用下堆积形成的土，其孔隙比有时可能比实验室能测得的 e_{min} 还小。此外，埋藏在地下深处，特别是地下水位以下的粗粒土的天然孔隙比，很难准确测定。因此，相对密度这一指标理论上虽然能够更合理地用以确定土的密实状态，但由于上述原因，通常多用于填方的质量控制中，对于天然土尚难以应用。

因为 e、e_{max} 和 e_{min} 都难以准确测定，天然砂土的密实度只能通过在现场进行标准贯入试验、静力触探试验等现场原位测试方法加以确定。砂土可以根据标准贯入试验锤击数 $N_{63.5}$，按表 1-3-1 中的标准间接判定。

表 1-3-1　　　　　　　　　　　　　　砂类土密实度的划分

砂土密实度	松　散	稍　密	中　密	密　实
标准贯入击数 $N_{63.5}$	$N_{63.5} \leqslant 10$	$10 < N_{63.5} \leqslant 15$	$15 < N_{63.5} \leqslant 30$	$N_{63.5} > 30$

细粒土（黏性土）无法在实验室测定 e_{max} 和 e_{min}，实际上也不存在最大孔隙比和最小孔隙比，因此只能根据其孔隙比 e 或干密度 ρ_d 来判断其密实度。

碎石类土可以根据野外鉴别方法划分为密实、中密、稍密三种密实度状态。其划分标准如表 1-3-2 所示。

表 1-3-2　　　　　　　　　　　　碎石类土密实度野外鉴别方法

密实度	骨架颗粒含量和排列	可挖性	可钻性
密 实	骨架颗粒含量大于总重的70%,呈交错排列,连续接触	锹、镐挖掘困难,用撬棍方能松动;井壁一般较稳定	钻进极困难;冲击钻探时,钻杆、吊锤跳动剧烈;孔壁较稳定
中 密	骨架颗粒含量等于总重的60%～70%,呈交错排列,大部分接触	锹、镐可挖掘;井壁有掉块现象,从井壁取出大颗粒后,能保持颗粒凹面形状	钻进较困难;冲击钻探时,钻杆、吊锤跳动不剧烈;孔壁有坍塌现象
稍 密	骨架颗粒含量小于总重的60%,排列混乱,大部分不接触	锹可以挖掘;井壁易坍塌;从井壁取出大颗粒后,填充物砂土立即坍落	钻进较容易;冲击钻探时,钻杆稍有跳动;孔壁易坍塌

注:碎石类土密实度的划分,应按表列各项要求综合确定。

1.4　黏性土的物理状态

在生活中经常可以看到这样的现象,雨天土路泥泞不堪,车辆驶过便形成深深的车辙;而在天晴后土路却异常坚硬。这种现象说明土的工程性质与土的含水率有着十分密切的关系,需要定量加以研究。

1.4.1　黏性土的稠度状态

土从流动到坚硬经历了若干个不同的物理状态,也就是说,当含水率变化时,可以使黏性土具有不同的状态。含水率很大时,土表现为浆液状;随着含水率的减少,土浆变稠,逐渐变成可塑的土块(可塑态),这种性质称为可塑性,即指土体在一定条件下,受外力作用时形状可以发生变化,但不产生裂缝,外力移去后仍能保持既得的形状的特性。黏土的可塑性是一个十分重要的性质,对于陶瓷工业、农业和土木工程都具有重要的意义。含水率继续减少,土就进入半固体状态(半固态),再而成为固体状态(固态),如图1-4-1 所示,这些状态的变化,反映了土粒与水相互作用的结果,如图1-4-2 所示。当土中含水率较大时,土粒被自由水隔开,土就处于液态;当水分减少到多数土粒被弱结合水隔开时,土粒在外力作用下相互错动而颗粒之间的联结并不丧失,土处于可塑状态,具有可塑性。当水分再减少时,弱结合水水膜变薄,粘滞性增大,土即向半固态转化。当土中主

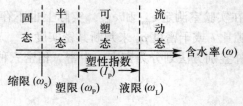

图 1-4-1　黏性土稠度界限

要含强结合水时，土则处于固态。

(a) 固态和半固态　　(b) 可塑状态　　(c) 流动状态

图 1-4-2　黏性土中水与稠度状态示意图

1.4.2　界限含水率

在研究黏性土的稠度状态时，必须研究土由某一种物理状态过渡到另一种物理状态的界限含水率，以作为定量的区分标准。如图 1-4-3 所示，土由流动状态转到可塑状态的界限含水率，称为液限（也称为塑性上限含水率或流限），用 ω_L 表示；由可塑态转到半固态的界限含水率称为塑限（也称为塑性下限含水率），用 ω_P 表示。土由半固态不断蒸发水分，则体积逐渐缩小，直到体积不再缩小时，土转入固态，此时的界限含水率是缩限，用 ω_S 表示。所有界限含水率都以百分数表示。瑞典科学家阿特堡（Atterberg A. 1911）首先进行了这方面的研究。因此，又称为阿特堡界限。

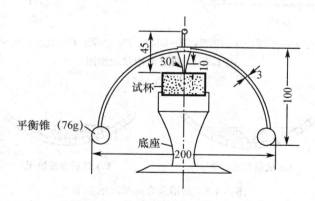

图 1-4-3　锥式液限仪（单位：mm）

土中粘粒含量越多，土的可塑性就越大，液限、塑限和塑性指数都相应增大，这是由于黏粒部分含有较多的黏土矿物颗粒和有机质的缘故。

我国采用锥式液限仪来测定黏性土的液限 ω_L，如图 1-4-3 所示，将调成均匀的浓糊状的试样装满试杯内，刮平杯口表面，将 76g 重圆锥体轻放在试样表面的中心，使其在自重作用下徐徐沉入试样，若圆锥体经 5 秒钟恰好沉入 10mm，这时杯内土样的含水率就是液限 ω_L 值。为了避免放锥时的人为晃动影响，可以采用电磁放锥的方法，提高其测试精度，实践证明效果较好。

美国、日本等国家通常使用碟式液限仪来测定黏性土的液限。该方法是将调成浓糊状的试样装在碟内，刮平表面，用切槽器（即划刀）在土中成槽，槽底宽度为 2mm，如图 1-4-4 所示，然后将碟底抬高 10mm，使碟下落，连续下落 25 次后，若土槽合拢长度为 13mm，这时试样的含水率就是液限，如图 1-4-5 所示。

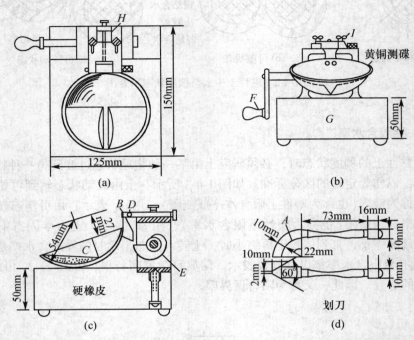

A—划刀；B—销子；C—土碟；D—支架；E—蜗轮；F—摇柄；G—底座；H—调整板；I—螺丝

图 1-4-4　碟式液限仪示意图

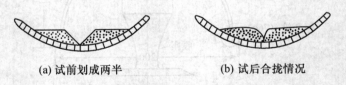

(a) 试前划成两半　　　　　　(b) 试后合拢情况

图 1-4-5　划槽及合拢状况示意图

黏性土的塑限 ω_P 采用"搓条法"测定，即用双手将天然湿度的土样搓成小圆球（球径小于 10mm），放在毛玻璃板上再用手掌慢慢搓滚成小土条，若土条搓到直径为 3mm 时恰好开始断裂，这时断裂土条的含水率就是塑限 ω_P 值。

上述测定塑限的搓条法存在较大的缺点，主要是由于采用手工操作，受人为因素的影响较大，因而成果不稳定。近年来，许多单位都在探索一些新方法，以便取代搓条法，如以联合法测定液限和塑限。

联合测定法求液限、塑限是采用锥式液限仪以电磁放锥法对黏性土试样以不同的含水率进行若干次试验，并按测定结果在双对数坐标纸上作出 76g 圆锥体的入土深度与含水率的关系曲线(见图 1-4-6)。根据大量试验资料,该曲线接近于一根直线。如果与采用圆锥仪法及搓条法所得到的液限、塑限试验结果进行比较,可以确定该土的液限和塑限。

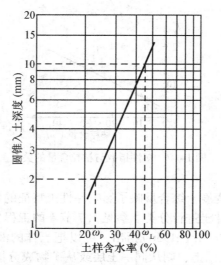

图 1-4-6　圆锥入土深度与含水率关系

因此,在工程实践中,为了准确、方便、迅速地求得某土样的液限和塑限,则需用电磁放锥的锥式液限仪对土样以不同的含水率做几次(一般做三次)试验,即可在坐标纸上以相应的几个点近似地定出直线,然后可以在直线上求出液限和塑限。

不论用以上何种方式确定土样的液限、塑限,可以按两种试验标准取值:按《建筑地基基础设计规范》(GB50007—2011)、《岩土工程勘察规范》(GB50021—2001)[2009 版]两种规范,取圆锥入土深度为 10mm 和 2mm 时土样的含水率为液限和塑限。按《土的工程分类标准》(GBT50145—2007)和《土工试验规程》(SL237—1999)两种规范,取圆锥入土深度为 17mm 及 2mm 时土样的含水率为液限和塑限。而在《土工试验方法标准》(GB/T50123—1999)[2007 版]中,圆锥下沉 17mm 所求得的 ω_L 对应于卡氏碟式仪所得的 ω_L,而 10mm 下沉量则相应于瓦氏 ω_L。

1.4.3　黏性土的塑性指数和液性指数

可塑性是区分黏性土和砂土的重要特征之一。黏性土可塑性的大小,是以土处在可塑状态的界限含水率变化范围来衡量的。这个范围就是液限和塑限的差值,称为塑性指数 I_P。即

$$I_P = \omega_L - \omega_P \tag{1-4-1}$$

塑性指数 I_P 习惯上用百分数的绝对值表示,而不带%符号。显然,塑性指数愈大,土处于可塑状态的含水率范围也愈大。换言之,塑性指数的大小与土中结合水的含量有关,亦即与土的颗粒组成、土粒的矿物成分以及土中水的离子成分和浓度等因素有关。

图 1-4-7 是我国积累的资料。土的塑性指数与粘粒含量之间成近似直线关系。其他资料表明:如果土含有多种黏土矿物成分时,则随着黏土矿物特别是蒙脱石含量的增加,塑性指数急剧地增大。这些都说明黏性土的可塑性,是与粘粒的表面引力有关的一种现象。

粘粒含量越多，土的比表面积越大，可能的结合水含量就越大，塑性指数也就越大。亲水性大的矿物的含量增加，塑性指数也就相应地增大。所以，塑性指数能综合地反映土的矿物成分和颗粒大小的影响。

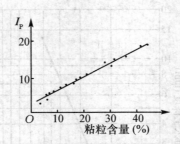

图 1-4-7 塑性指数与粘粒含量的关系

由于塑性指数在一定程度上综合反映了影响黏性土特征的各种重要因素，因此，实际工程中常按塑性指数对黏性土进行分类。参见 1.7 节土的工程分类。

卡萨格兰德(Casagrande A.，1936)指出，可以把土样的液限、塑性指数画在同一坐标系中，即图 1-4-8 的塑性图上，则从同一土层或从矿物成分极为相似的土层中取出的土样的点，都落在大致平行于 A 线的直线上。无机黏土的阿特堡界限通常落在 A 线以上，而有机黏土和无机粉土则落在 A 线以下。含不同数量高岭石、伊利石和蒙脱石的各种人工制备土的阿特堡界限，都落在被两根虚线所限的范围内。因而塑性图就成为许多国家用以对细粒土进行分类的基础。

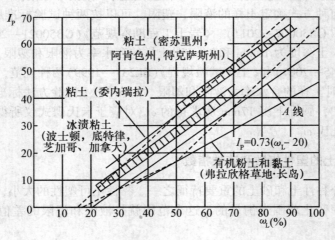

图 1-4-8 ω_L 与 I_P 的关系

土的天然含水率在一定程度上也说明黏性土的软硬与干湿状况。但是，仅有含水率的绝对数值，却不能说明土处于什么状态。例如有若干个含水率相同的土样，若它们的塑限、液限不同，则这些土样所处的状态就可能不一样。因此，黏性土的稠度状态，需要一个表征土的天然含水率与界限含水率之间相对关系的指标，即液性指数 I_L 来加以判定。I_L 的表达式为

$$I_{L} = \frac{\omega - \omega_{P}}{\omega_{L} - \omega_{P}} = \frac{\omega - \omega_{P}}{I_{P}}$$ (1-4-2)

我国《岩土工程勘察规范》(GB50021—2001)[2009 版]规定根据液性指数可以将黏性土划分为：

$\omega < \omega_{P}$，即 $I_{L} < 0$ 时，土是坚硬的。

$\omega_{P} \leqslant \omega \leqslant \omega_{L}$ 时，$0 \leqslant I_{L} \leqslant 0.25$，土是硬塑的；$0.25 < I_{L} \leqslant 0.75$，土是可塑的；$0.75 < I_{L} \leqslant 1.0$，土是软塑的。

$\omega > \omega_{L}$，即 $I_{L} > 1.0$ 时，土是流塑的。

由于 ω_{L}、ω_{P} 是由扰动土样确定的指标，所以用 I_{L} 来判别黏性土的软硬程度的缺点就是未考虑土的原有结构的影响。保持原状结构的土即使天然含水率大于液限，但仍有一定强度，并不呈流动的性质，可以称为潜流状态。这就是说，虽然原状土并不流动，但一旦天然结构被破坏，强度立即丧失而出现流动的性质。因此，用上述标准判别扰动土的软硬状态是合适的，但对结构性强的原状土就偏于保守。

1.4.4　土体体积与含水率的关系

当饱和黏性土中含水率发生变化时，不仅土的状态会随之而异，其体积也会发生变化。如果土的含水率由多变少时，包围着土粒的弱结合水厚度因而变薄，土粒互相移近，土的体积因而变小；这时土的体积的变化等于减少的水的体积，土仍然是饱和的。含水率减少到比缩限小时，空气便会进入土中，土的体积也不再减小。必须注意，在收缩过程中，可能因土体各部分收缩不一致，从而产生不均匀应力，导致土体产生裂缝。反之，当土中的含水率由少变多时，水分子楔入使水膜变厚，推开相邻土粒，土体因而发生体积膨胀，使土的强度降低。有时土体在水中发生膨胀时，使相邻土粒的距离超过土粒间引力范围，这时粒间结构联结便受到破坏，土体就会崩解（称为湿化）。收缩、膨胀和湿化对土

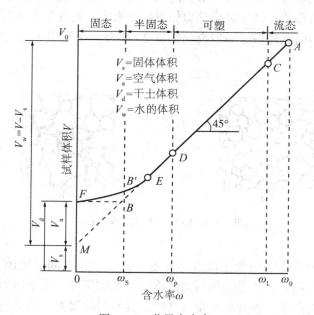

图 1-4-9　分界含水率

的工程性质都具有明显的影响。

图 1-4-9 表示了一个饱和黏土试样含水率逐步减少的过程。该土样在塑限含水率之前都是饱和的。土样在 A 点的含水率为 ω_0，总体积为 V_0，呈流态。随着含水率的减少，土样的体积收缩，呈 AE 的直线关系。其中 C 点对应于液限，D 点对应于塑限。在 E 点之后，二者为非线性关系，一般取 B 点对应的含水率为缩限 ω_S，M 点是直线 AD 的延长线与纵坐标的交点，所以它对应的体积 V_S 是固体颗粒的总体积。

1.5 土 的 结 构

许多相关试验资料表明，同一种土，原状土样和重塑土样(将原状土样破碎，在实验室内重新制备的土样，称为重塑土样)的力学性质有很大的区别。甚至用不同方法制备的重塑土样，尽管组成一样，密度控制也一样，但其性质却有所差别。这就是说，土的组成和物理状态尚不是决定土的性质的全部因素。另一种对土的性质很有影响的因素就是土的结构。土的结构是指土粒或团粒(几个或许多个土颗粒联结成的集合体)在空间的排列和它们之间的相互联结，联结也就是粒间的结合力。土的天然结构是在其沉积和存在的整个历史过程中形成的。土因其组成、沉积环境和沉积年代不同而形成各种各样很复杂的结构。

1.5.1 粗粒土(无黏性土)的结构

粗粒土的比表面积小，在粒间作用力中，重力起决定性的作用。粗颗粒在重力作用下下沉时，一旦与已经稳定的颗粒相接触，找到自己的平衡位置，稳定下来，就形成单粒结构。这种结构的特点是颗粒之间点与点的接触。当颗粒缓慢沉积，没有经受很高的压力作用，特别是没有受过动力作用时，所形成的结构为松散的单粒结构如图 1-5-1(a)所示。松散结构受较大的压力作用，特别是受动力作用后变密实，则成为如图1-5-1(b)所示的密实单粒结构。单粒结构的孔隙率 n 一般变化为 $0.2 \sim 0.55$。级配很不均匀的土，孔隙率还可能更小。

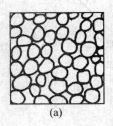
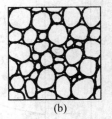

(a)   (b)

图 1-5-1   粗粒土单粒结构示意图

地下水位以上一定范围内的土以及饱和度不高、颗粒之间的缝隙处存在着毛细水的土，颗粒除受重力作用外，还受毛细压力的作用。如前所述，毛细压力增加了土粒之间的联结，所以散粒状的砂土，当含有少量水分时，具有假粘聚力，但是当土饱和时，这种联结作用即消失。因此，由于毛细力而呈现的粘性是暂时性的，在实际工程中，其有利的作用一般不予考虑。

呈紧密状单粒结构的土，由于其土粒排列紧密，在动、静荷载作用下都不会产生较大的沉降，所以强度较大，压缩性较小，是较为良好的天然地基。

具有疏松单粒结构的土，其骨架是不稳定的，当受到震动及其他外力作用时，土粒易发生移动，土中孔隙剧烈减少，引起土的很大变形，因此，这种土层若未经处理一般不宜作为建筑物的地基。

1.5.2　细粒土的结构

1. 粒间联结力

土中的细颗粒，尤其是黏土颗粒，比表面积很大，颗粒很细且呈薄片状，重量很轻，在沉积过程中，重力并不起重要的作用。在结构形成中，其他的粒间力起主导作用。这些粒间力包括：

1）范德华力

范德华力是分子之间的引力。力的作用范围很小，只有几个分子的距离。因此，这种粒间引力只发生于颗粒之间紧密接触点处。距离很近时，范德华力很大，但该力随距离的增加而迅速衰减，经典概念的范德华力与距离的 7 次方成反比。但有的学者研究表明，土中的范德华力与距离的 4 次方成反比。总之，距离稍远，这种力就不存在了。范德华力是细粒土粘结在一起的主要原因。

2）库仑力

库仑力即静电作用力。黏土颗粒表面带电荷，上、下平面带负电荷而边角处带正电荷。所以如图 1-5-2 所示，当颗粒按平衡位置，面对面叠合排列时，颗粒之间因同号电荷而存在静电斥力。一般库仑力的大小与电荷之间距离的平方成反比，但是两个带同号电荷的平面之间的斥力（见图 1-5-2(a)）与平面之间的距离则呈现更为复杂的关系，但是作用力随距离而衰减的速度却远比范德华力慢。当颗粒之间的排列是边对面（见图 1-5-2(b)）或角对面（见图1-5-2(c)）时，接触点处或接触线处因异号电荷而产生静电引力。因此静电力可以是斥力也可以是引力，视颗粒的排列情况而异。

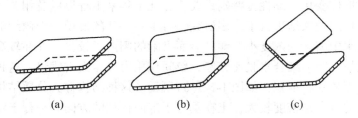

(a)　　　　　　(b)　　　　　　(c)

图 1-5-2　片状颗粒的联结示意图

3）胶结作用力

土粒之间可以通过游离氧化物、碳酸盐和有机质等胶体而联结在一起，一般认为这种胶结作用力是化合键，因而具有较高的强度。

4）毛细压力

毛细压力的概念前面已经述及。细粒土的直径很小，若按式(1-1-9)计算，将存在相当大的毛细压力。不过,由于细粒土的外面包围着结合水膜,结合水的性质与自由水有很大的不同,结合水膜不能传递静水压力,因此细粒土之间的毛细压力该如何计算目前尚缺少研究。饱和土体的内部则不存在毛细压力。

2. 细粒土结构

细粒土的天然结构就是在其沉降过程中由以上这些力共同作用而形成的。

1)蜂窝结构

蜂窝结构是主要由粉粒(0.075~0.005mm)组成的土的结构形式。据相关研究,粒径在0.075~0.005mm 的土粒在水中沉积时,基本上是以单个土粒下沉,当碰上已沉积的土粒时,由于它们之间的相互引力大于其重力,因此土粒就停留在最初的接触点上不再下沉,形成具有很大孔隙的蜂窝状结构,如图1-5-3所示。

2)絮状结构

絮状结构是由黏粒(<0.005mm)集合体组成的结构形式。黏粒能够在水中长期悬浮,不因自重而下沉。当这些悬浮在水中的黏粒被带到电解质浓度较大的环境中(如海水)时,黏粒凝聚成絮状的集粒(粘粒集合体)而下沉,并相继和已沉积的絮状集粒接触,从而形成类似蜂窝而孔隙更大的絮状结构,如图1-5-4所示。

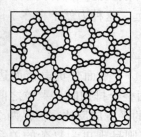

图1-5-3 蜂窝结构

图1-5-4 絮状结构

3)片堆结构和片架结构

絮状结构的形成变化对黏性土特别重要。近几十年来工程界以及相关学界对黏土颗粒的成分、形状和粒间的联结进行了许多研究,有了一些新的发现。当微细的颗粒在淡水中沉积时,因为淡水中离子的浓度小,颗粒表面吸附的阳离子较少,存在较高的未被平衡的负电位,因此颗粒之间的结合水膜比较厚,粒间作用力以斥力占优势,这种情况下沉积的颗粒常形成面对面的片状堆积,如图1-5-5(a)所示。这种结构称为分散结构,也称为片堆结构。分散结构的特点是密度较大,土在垂直于定向排列的方向和平行于定向排列的方向上的性质不同,即具有各向异性。

当细颗粒在海水中沉积时,海水中含有大量的阳离子,浓密的阳离子被吸附于颗粒表面,平衡了相当数量的表面负电位,使颗粒得以相互靠近,因此斥力减少而引力增加。这种情况下容易形成以角、边与面或边与边搭接的排列形式,如图1-5-5(b)所示,称为凝聚结构,也称为片架结构。凝聚结构具有较大的孔隙,对扰动比较敏感,性质比较均匀,且各向同性。

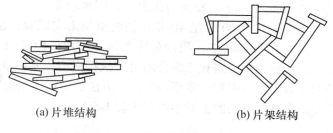

(a) 片堆结构　　　　　　　　(b) 片架结构

图 1-5-5　黏土的结构示意图

　　总的说来，当孔隙比相同时，凝聚结构较之分散结构具有较高的强度、较低的压缩性和较大的渗透性。因为当颗粒处于不规则排列状态时，粒间的吸引力大，不容易相互移动；同样大小的过水断面，通道少而孔隙的直径大。

　　但天然条件下，任何一种土类的结构，并不像上述基本类型那样简单，而常呈现为以某种结构为主的、由上述各种结构混合组成的复合型式。同时，还应指出，当土的结构受到破坏或扰动时，不仅改变了土粒的排列情况，也不同程度地破坏了土粒之间的联结，从而影响土的工程性能。所以，研究土的结构类型及其变化，对理解和进一步研究土的工程特性很有意义。

1.6　土的击实性

　　人们很早就用土作为建筑材料来修筑道路、堤坝和用土作为某些建筑物(如挡土墙、地下室)周围的回填料，而且知道要把松土夯实或用机具压密。例如公元前二百多年，我国秦朝修建驰道(行车大道)，就有"用铁椎筑土坚实"的记载，说明人们那时候已经认识到土的密度与土的工程特性有关。

　　在地基、路基、堤坝和填海造陆等填土工程中，常采用碾压或夯实等方法，使松土得到压实，以提高土的密度和强度，减少压缩性和渗透性，达到设计要求的稳定标准，安全经济地建成建筑物。干密度 $\rho_d(\mathrm{g/cm^3})$ 不能作为衡量压实质量高低的指标，实践中采用压实度表示压实的好或不好，压实度 K_c 是指填料压实后的干密度 ρ_d 与该土料的标准最大干密度 ρ_{dmax} 之比，用百分数表示

$$K_c = \frac{\rho_d}{\rho_{dmax}} \times 100\% \tag{1-6-1}$$

　　确定标准最大干密度的常用方法为击实试验法。在实验室内，用以研究土的击实性的试验称为击实试验，即用击实仪模拟现场压实机械的试验。研究击实试验的目的，就是研究如何利用最小的功，使土颗粒克服粒间阻力，产生位移，土中水、气体排出，孔隙率减小，把土击实到所要求的密度。

1.6.1　击实试验及土的击实特性

　　击实试验的主要仪器——击实仪如图 1-6-1 所示，由击实筒、击锤和护筒组成。各国

使用的击实试验方法大同小异，基本上可以分为两类，一类是轻型击实试验方法，以开始于 20 世纪 30 年代初的标准 Proctor 试验法为代表，我国水利系统水库、堤防填土等多采用轻型击实试验；另一类是始于 20 世纪 40 年代初的重型击实试验方法，以修正 Proctor 试验法为代表，亦称为修正 Proctor 法，我国公路系统多采用该标准（1982 年 3 月国家交通部要求在当时新建、改建一级公路和二级公路时应执行重型压实标准）。单位体积击实功为锤重、锤落高与击数三者的乘积，重型击实试验方法的单位体积击实功能为轻型击实方法的 4.5 倍，两类击实试验方法的主要参数列于表 1-6-1。

表 1-6-1 击实仪主要部件尺寸规格表（SL237—1999）

| 试验方法 | 锤质量（kg） | 锤底直径（mm） | 落高（mm） | 击实筒 | | | 锤击层数 | 每层锤击次数 | 单位体积击实功能（kJ/m³） | 容许最大粒径（mm） |
				内径（mm）	筒高（cm）	容积（cm³）				
重型	4.5	51	457	152	116	2103.9	5	56	2684.9	20
轻型	2.5	51	305	102	116	947.4	3	25	592.2	5

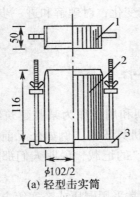
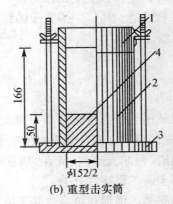

(a) 轻型击实筒　　　　　　　　(b) 重型击实筒

1—护筒；2—击实筒；3—底板；4—垫块

图 1-6-1　击实筒（单位：mm）

试验方法：将风干土样过 5mm 筛（轻型试验）或过 20mm 筛（重型试验），将筛下土样拌匀后按依次相差约 2% 的含水率制备 5 个以上土样。将制备好的一份试样分 3 层（轻型试验）或 5 层（重型试验）放入击实筒中，每放一层，用击锤打击至规定的锤击次数。将土层分层击实至满筒后，取出试样称重，称量准确至 1g，测定击实后试样的湿密度 ρ（g/cm³）；从试样中心处取 2 个土样平行测定其含水率 ω，称量准确至 0.01g，含水率允许平行误差为 1%。按式（1-6-2）计算土样的干密度 ρ_d（g/cm³）：

$$\rho_d = \frac{\rho}{1+0.01\omega} \tag{1-6-2}$$

以干密度为纵坐标，以含水率为横坐标，将每一个土样击实后的含水率与干密度绘入图 1-6-2 中，连接这些数据点就可以获得反映击实特性的曲线，称为击实曲线，又称为含水率-密度曲线。

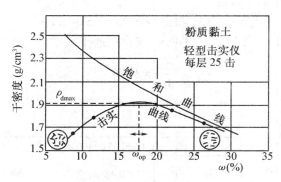

图 1-6-2 击实曲线

击实曲线出现一个峰值，这说明只有当含水率为某一值时，土才能被击实至最密状态，曲线顶点的纵、横坐标分别称为土的最大干密度 ρ_{dmax} 和最优含水率 ω_{op}。若试验点不足以连成完整的驼峰曲线，则应进行补充试验。当土的含水率小于最优含水率时，称为偏干状态；当土的含水率大于最优含水率时，则称为偏湿状态。在偏干或偏湿状态下，击实后土的干密度都小于最大干密度。

将不同含水率所对应的土体达到饱和状态时的干密度也点绘于图 1-6-2 中右上侧，得到理论上所能达到的最大压实曲线，即饱和度 $S_r = 100\%$ 的压实曲线，该曲线的表达式（根据饱和时土中各相的关系推出）为

$$\omega = \left(\frac{\rho_w}{\rho_d} - \frac{1}{G_s}\right) \times 100\% \qquad (1\text{-}6\text{-}3)$$

式中：ω——土在饱和状态下的含水率，%；

　　G_s——土粒比重；

　　ρ_w——水的密度，g/cm^3；

　　ρ_d——土的干密度，g/cm^3。

从图 1-6-2 可见，饱和曲线与击实曲线不相交，这是因为在任何含水率下，土都不会被击实到完全饱和状态，亦即击实后土内总留存一定量的封闭气体，故土是非饱和的。试验表明，相应于最大干密度的击实土样的饱和度一般在 80% 左右。因而可以利用饱和曲线是否与击实曲线相交来验证击实试验成果是否合理。

土样除了用干法制备外，还可以用湿法制备。这两种制样法求得的击实成果有较大的差别，对于最大干密度，干土法求得的大，湿土法求得的小；对于最优含水率，干土法小，湿土法大。

【例 1-6-1】 某土料场土料的分类为中液限粘质土 "CI"，天然含水率 $\omega = 21\%$，土粒比重 $G_s = 2.70$。室内标准功能击实试验得到最大干密度 $\rho_{dmax} = 1.85g/cm^3$。设计中取压实度 $D_c = 95\%$，并要求压实后土的饱和度 $S_r \leqslant 90\%$。试问土料的天然含水率是否适于填筑？碾压时土料应控制多大的含水率？

【解】 （1）求压实后土的孔隙比

按式(1-6-1)求填土的干密度

$$\rho_d = \rho_{dmax} \times K_c = 1.85 \times 0.95 = 1.76 \ (g/cm^3)$$

绘三相草图,如图 1-6-3 所示,设 $V_s = 1.0$,根据干密度 ρ_d,由三相草图求孔隙比 e。

$$\frac{G_s}{1+e} = 1.76$$

$$e = 0.534$$

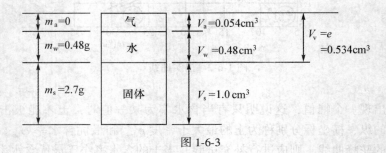

图 1-6-3

(2)求碾压含水率。根据题意按饱和度 $S_r = 0.9$ 控制含水率。由式(1-2-11)计算水的体积

$$V_w = S_r V_v = 0.9 \times 0.534 = 0.48 cm^3$$

因此,水的质量 $m_w = \rho_w \cdot V_w = 0.48g$。由式(1-2-6)求含水率

$$\omega = \frac{m_w}{m_s} \times 100\% = \frac{0.48}{2.70} \times 100\% = 17.8\% < 21\%$$

即碾压时土料的含水率应控制在18%左右。料场含水率为3%以上,不适于直接填筑,应进行翻晒处理。

1.6.2 土的击实机理

土体变得密实是土受到击实时孔隙减少所致。孔隙减少的原因有:土团被击散,土粒排列方向更有规则(定向性);土粒(尤其是粒状颗粒)棱角破碎,粒间联结力被破坏以及水被挤出;气被挤出或被压缩等。

当黏性土的含水率小时,在一定击实功作用下,由于这时土粒外围水膜较薄,粒间联结力较大,可以抵消部分击实功的作用,土团不易被打散;同时,这时土的排列方向很不规则(呈片架结构),所以干密度较小。然而,在含水率增加到最优含水率之前,总的来说,土中气体大都与外界连通,在击实功作用下,气体可被排出,随着含水率的增加,薄膜水和粒间联结力对击实功的抵消作用愈来愈小。加之土团之间水分的润滑作用使土粒易于移动,因而出现图1-6-2击实曲线左侧段的关系,即土的干密度随含水率增加而增大。

当土的含水率接近最优含水率时,土中仍存在封闭气体,击实时水、气不易被排出,土中出现孔隙压力。该压力会抵抗击实功的作用,这时含水率的变化对干密度的影响就不那么显著(击实曲线坡度平缓),但这时土粒的水膜较厚,粒间联结力就较小,这就使得土粒在击实功作用下排列更为定向。

若土的含水率超过最优含水率,土中的水占据大部分孔隙并将气体封闭,水分的增多就会使击实前土的干密度变小。在击实瞬时荷载作用下，水与封闭气泡不能被挤出，此时压实部位下陷而其余表面向上隆起，成为"橡皮土"，土中水和气的孔隙压力又对击实功起抵消作用，故击实效果不显著。同时水膜加厚，土粒更易被击成定向排列（呈片堆结构），土层内部产生许多类似"千层饼"的剪切面。击实的效果如图1-6-2右侧段所示，即土的干密度随含水率增加而减小。

通过击实试验，任何可以自由排水而不表现出孔隙压力的材料（如砂砾、砂等）都可以得到如图1-6-4所示的击实曲线，一般在完全干燥或者充分洒水饱和情况下容易压实到较大干密度，不存在一个最优含水率。压实粗粒土时，宜采用振动碾压机械并充分洒水，粗粒土的压实标准一般用相对密度 D_r 控制：砂土的相对密度不低于0.70，砂砾料的相对密度不低于0.75，高烈度区的相对密度设计标准还应提高。

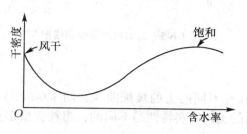

图 1-6-4 砂砾土的击实曲线

1.6.3 影响击实特性的因素

1. 含水率的影响

在击实过程中，土的含水率对所能达到的密实度起着非常大的作用，细粒土只有在一定的含水率条件下才能被击实到最大干密度。各种不同土的最优含水率和最大干密度是不同的。一般而言，土中粉粒和黏粒含量愈多，土的塑性指数愈大，土的最优含水率也愈大，同时其最大干密度愈小。

在施工现场，当细粒土填料的含水率与最优含水率相差较大时，要达到较高的压实度是很困难的，碾压时，必须对填土进行必要的晾晒或洒水。细粒少的土如块石、碎石、颗粒均匀砂等对碾压时的含水率不敏感，不需规定碾压时的含水率。

2. 击实功的影响

图1-6-5表明，对同一种土料，击实功增加时，其最优含水率减小，而最大干密度增加。但干密度的增大不与击实功增大成正比，且当土偏湿时，由于孔隙压力的出现，更使增大击实功的效果减小，故企图单纯用增大击实功以提高干密度是不经济的。

用同一碾压机械进行碾压施工时，最初的若干遍碾压，对提高填料的干密度影响很大；碾压遍数继续增加，干密度的增长率就逐渐减小；碾压遍数超过一定数值后，干密度实际上不再增加。碾压遍数一般取偶数，即取6遍或8遍。大型工程中，碾压速度应通过压实试验来确定，一般建议为3～4km/h，对于碾压层较厚及难以压实的填料，应采用较低的碾压速度。

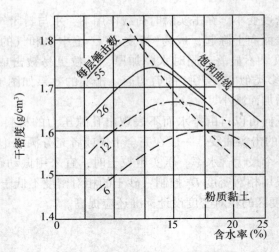

图 1-6-5 击实功的影响曲线图

3. 不同土类的影响

图 1-6-6(a)所示是五种不同的土的级配曲线,图 1-6-6(b)所示是它们的击实曲线。从图 1-6-6 中可见,不同的土的击实特性是不同的,粗粒含量多且级配较好的土,其最大干密度大而最优含水率小。

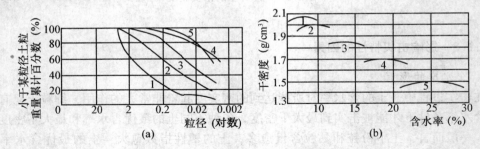

图 1-6-6 不同土料的击实曲线

4. 土中粗粒含量的影响

当土中粒径大于 5mm 的土的质量小于土的总质量的 3% 时,粗粒(粒径大于 5mm)散布在细粒之中,其对细粒压实性质几乎没有影响,故此时可以采用常规击实仪的试验成果。

当土中粒径大于 5mm 的土的质量增加,但其质量不超过总质量的 30% 时,可以采用常规击实仪进行试验,但应对轻型击实试验得到的最大干密度和最优含水率进行校正,并按与细粒料相同要求的压实度控制。

当粒径大于 5mm 土的含量超过 30% 时,必须采用大型击实仪来进行击实试验。

1.6.4 压实度的现场检测方法

在施工现场通常采用灌砂法或灌水法来检测压实度,该方法具有检测准确、适用面广的特点,对于细粒土、粗粒土等均可以采用;但检测速度慢,不能及时得出数据。

20 世纪 80 年代，核子水分-密度仪在美国和苏联得到应用，近年来使用核子水分-密度仪的国家逐渐增加，核子水分-密度仪的应用也日趋普遍。该仪器具有检测方便、快捷的优点，能进行碾压过程的控制，可以测出每碾压一遍压实度的变化，容易确定碾压机械的碾压速度和最佳碾压遍数，及时指导施工。使用时，应尽量选取相对平整的平面来钻孔，以保证核子水分-密度仪的底面与测点表面紧密接触。

核子水分-密度仪在使用前应与灌砂法进行对比试验，按数理统计方法找出两种结果的相关性和关系式，进行修正后方可使用，即应将核子水分-密度仪的测试结果换算为灌砂法的试验结果。

1.7　土的工程分类

土的工程分类就是根据工程实践经验，把工程性能近似的土划为一类，并给定名称，达到"土以类聚"，使人们可以大致判断其工程特性，便于正确选择对土的研究方法，也便于对土的工程性能作出合理的评价，又能使工程人员对土有共同的概念，便于经验交流。但不同的工程将岩土用于不同的目的，如建筑工程将岩土作为地基，隧道工程将岩土作为环境，堤坝工程将岩土作为材料。不同的应用目的，对岩土评价的侧重面有所不同，如用做地基的碎石土主要评价其天然密度，而用做材料时其级配则是一个重要的指标。这就形成了不同行业的不同分类习惯和不同的分类标准。

1.7.1　土的分类在国内外发展过程

20 世纪初，瑞典土壤学家 A. Attrberg 提出了土的粒组划分和液限、塑限测定方法，为近代土分类系统的形成奠定了基础，到 20 世纪 40 年代末 50 年代初，土的工程分类逐步成熟，并形成了不同体系。但迄今为止，尚无土分类的国际标准。

20 世纪 70 年代以来，国外在土的分类方法研究方面进展较快。世界各主要国家（美、英、法、德、日等）都先后制定了各自国家土的分类的国家标准。除苏联的分类法外，其余的分类法均是以美国的统一分类法（USCS）为基础而制定的。他们都运用具有明确含义的文字符号的组合来表示土类名称。这不仅可望文生义，而且为运用计算机进行检索带来方便。

我国土的分类体系主要引用了苏联的土的分类方法。20 世纪 60 年代，随着国家建设的进一步发展，国家水利部于 1962 年颁布了《土工试验操作规程》，其中含有"土的工程分类法"，简称"规程分类法"。20 世纪 70 年代，为适应建筑设计标准化的要求，国家建委于 1974 年颁布了《工业与民用建筑地基基础设计规范》（TJ7—1974），于 1977年颁布了《工业与民用建筑工程地质勘察规范》（TJ21—1977），土的分类是这两个规范的重要内容之一，称为"规范分类法"。20 世纪 70 年代，国家水利电力部于 1978 年在广泛调查国内外土的分类方法基础上，提出了新的"SDS01—1979"分类，该分类将粗、细粒土统一于一个分类体系之中，故简称其为"统一"分类法。20 世纪 90 年代，国家水利部结合水利、水电工程中利用土作为建筑材料或地基的特点，于 1999 年颁布了《土工试验规程》（SL237—1999），其中土的分类方法是在充分总结我国经验的基础上，吸取国外分类方法的原则而制定的。

1.7.2　分类的基本原则

岩土分类的原则为分类目的服务，不同的使用部门具有不同的目的，因而形成了服务于不同类型工程的分类体系。这种差异的存在是正常的，不必要也不可能去强求统一。

将岩土作为工程对象进行分类，必然遵循以下原则：

（1）同类土的工程性质最大程度相似，异类土的工程性质存在显著差异。应选用对土的工程性质最有影响、最能反映土的基本性质和便于测定的指标作为分类依据。

（2）规律的重现性及科学逻辑性。同一分类界限应在不同工程性质指标上重现，并在地区上重现，尤其是全国性规范的分类方法，强调地区重现。逻辑性要求土的分类要形成体系，纲目分明，简单易记。最后要强调的是分类只能提供最基本的信息，指导工程师选择合适的勘察方法与试验方法、明确评价的重点，建议必要的施工措施，绝不能代替试验和评价，分类依据的是土的工程性质的变化规律，并不是为每一类土提供具体的工程指标。

1.7.3 《土工试验规程》(SL237—1999)分类法

《土工试验规程》(以下简称《规程》)所依据的土的特性指标分别为土的颗粒组成及其特性，土的塑性指标，包括液限 ω_L、塑限 ω_P、塑性指数 I_P 及土中有机质含量。

该规程的分类体系如下：

$$土的分类\begin{cases}无机土\begin{cases}巨粒土\\粗粒土\\细粒土\end{cases}\\有机土\end{cases}$$

1. 巨粒土的分类和定名

试样中巨粒组质量大于总质量 50% 的土称为巨粒类土。粗粒组的划分参见本章1.1节。其分类方法及土样代号、名称如表 1-7-1 所示。

表 1-7-1　　　　　　　　　　　巨粒土和含巨粒土的分类

土　类	粒组含量		土代号	土名称
巨粒土	巨粒含量 75%~100%	漂石粒含量>50%	B	漂石
		漂石粒含量≤50%	C_b	卵石
混合巨粒土	巨粒含量 50%~75%	漂石粒含量>50%	BSl	混合土漂石
		漂石粒含量≤50%	C_bSl	混合土卵石
巨粒混合土	巨粒含量 15%~50%	漂石含量>卵石含量	SlB	漂石混合土
		漂石含量≤卵石含量	SlC_b	卵石混合土

注：表中代号构成规定为：当只有 1 个基本代号即表示土的名称；若由 2 个基本代号构成时，则第 1 个基本代号表示土的主要成分，第 2 个基本代号表示土的特性指标(如土的液限或级配)；若由 3 个基本代号构成时，则前 2 个基本代号同上，第 3 个基本代号表示土中所含次要成分。

各基本代号分别为：B—boulder 漂石(块石)；C_b—cobble 卵石(碎石)；G—gravel 砾(角砾)；S—sand 砂；M—silt(mo)粉土；C—clay(cohesive)黏土；F—fine grained soil 细粒土(C 和 M 合称)；Sl—混合

土（粗、细粒土合称）；O—organic 有机质土；W—well graded 级配良好；P—poorly graded 级配不良；H—high 高液限；L—low 低液限。

下述各表含义同上。

《规程》提出，若试样中巨粒组质量小于总质量的 15%，可以扣除巨粒，按粗粒土或细粒土的相应规定分类、定名。

2. 粗粒土的分类和定名

试样中粗粒组质量大于总质量 50% 的土称为粗粒类土。粗粒类土又依据试样中砾粒组相对含量分砾类土和砂类土。即该粗粒类土中砾粒组质量大于总质量 50% 的土称为砾类土，若砾粒组质量小于或等于总质量 50% 的土称为砂类土。其分类方法及土样代号、名称如表 1-7-2、表 1-7-3 所示。

表 1-7-2　　　　　　　　　　　　砾类土的分类

土　类	粒组含量		土代号	土名称
砾	细粒含量小于 5%	级配：$C_u \geq 5$ $C_c = 1 \sim 3$	GW	级配良好砾
		级配：不同时满足上述要求	GP	级配不良砾
含细粒质砾	细粒含量 5% ~ 15%		GF	含细粒土砾
细粒土质砾	15% < 细粒含量 ≤ 50%	细粒为黏土	GC	黏土质砾
		细粒为粉土	GM	粉土质砾

表 1-7-3　　　　　　　　　　　　砂类土的分类

土　类	粒组含量		土代号	土名称
砂	细粒含量小于 5%	级配：$C_u \geq 5$ $C_c = 1 \sim 3$	SW	级配良好砂
		级配：不同时满足上述要求	SP	级配不良砂
含细粒质砂	细粒含量 5% ~ 15%		SF	含细粒土砂
细粒土质砂	15% < 细粒含量 ≤ 50%	细粒为黏土	SC	黏土质砂
		细粒为粉土	SM	粉土质砂

3. 细粒土的分类和定名

试样中细粒组质量大于或等于总质量 50% 的土称为细粒类土。细粒类土又依据试样中粗粒组或有机质相对含量分为细粒土和含粗粒的细粒土及有机质土。即该细粒类土中粗粒组质量小于总质量 25% 的土称为细粒土，若粗粒组质量为总质量的 25% ~ 50% 的土称为含粗粒的细粒土。细粒土依据塑性图进行分类。塑性图是采用土的塑性指数 I_p 和液限 ω_L 作为纵、横坐标，用 A、B 二条线划分为四个区域，每个区域都标出一种或两种土类，如图 1-7-1 所示，按试样指标落在图中的位置确定土的类别。其分类方法及土样代号、名称如表1-7-4所示。

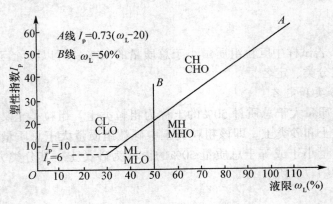

图 1-7-1　塑性图

表 1-7-4 　　　　　　　　　　　　　　　　　　　　细粒土的分类

土的塑性指标在塑性图中的位置		土代号	土名称
塑性指数（I_p）	液限（ω_L）		
$I_p \geqslant 0.73(\omega_L - 20)$	$\omega_L \geqslant 50\%$	CH	高液限黏土
和 $I_p \geqslant 10$	$\omega_L < 50\%$	CL	低液限黏土
$I_p < 0.73(\omega_L - 20)$	$\omega_L \geqslant 50\%$	MH	高液限粉土
和 $I_p < 10$	$\omega_L < 50\%$	ML	低液限粉土

含粗粒土的细粒土先按表 1-7-4 中的规定确定细粒土名称，再按下列规定最终定名：

（1）粗粒中砾粒占优势，称为含砾细粒土，并在细粒土名代号后缀以代号 G。如 CHG 表示含砾高液限黏土。

（2）粗粒中砂粒占优势，称为含砂细粒土，并在细粒土名代号后缀以代号 S。如 CHS 表示含砂高液限黏土。

若试样中含有部分有机质（有机质含量 $5\% \leqslant O_u \leqslant 10\%$）的土称为有机质土。其定名方法亦先按表 1-7-4 中的规定确定细粒土名称，再在各相应土类代号之后缀以代号 O。如 CHO 表示有机质高液限黏土。

1.7.4 《建筑地基基础设计规范》（GB 50007—2011）分类法

这种分类体系将土分为碎石土、砂土、粉土、黏性土和人工填土五大类。人工填土是由于人为的因素形成，只是成因上与其他土不同，因此，天然土实际上被分为碎石土、砂土、粉土和黏性土四大类。碎石土和砂土属于粗粒土，粉土和黏性土属于细粒土。粗粒土按粒径级配分类，细粒土则按塑性指数 I_p 分类。具体标准如下：

1．碎石土

碎石土指粒径于 2mm 的颗粒含量超过颗粒全重 50% 的土。根据粒组含量及颗粒形状，可细分为漂石、块石、卵石、碎石、圆砾和角砾六类，见表 1-7-5。

表 1-7-5　　　　　　　　　　　　　　　碎石土的分类

土的名称	颗粒形状	粒组含量
漂石 块石	圆形及亚圆形为主 棱角形为主	粒径大于 200mm 的颗粒超过全重 50%
卵石 碎石	圆形及亚圆形为主 棱角形为主	粒径大于 20mm 的颗粒超过全重 50%
圆砾 角砾	圆形及亚圆形为主 棱角形为主	粒径大于 2mm 的颗粒超过全重 50%

注：分类时应根据粒组含量由大到小以最先符合者确定。

2. 砂土

砂土指粒径大于 2mm 的颗粒含量不超过全重的 50%，而粒径大于 0.075mm 的颗粒含量超过全重的 50% 的土。砂土根据粒组含量不同又细分为砾砂、粗砂、中砂、细砂和粉砂五类，如表 1-7-6 所示。

表 1-7-6　　　　　　　　　　　　　　　砂土的分类

土的名称	粒组含量
砾砂	粒径大于 2mm 的颗粒含量超过全重 25% ~ 50%
粗砂	粒径大于 0.5mm 的颗粒含量超过全重 50%
中砂	粒径大于 0.25mm 的颗粒含量超过全重 50%
细砂	粒径大于 0.075mm 的颗粒含量超过全重 85%
粉砂	粒径大于 0.075mm 的颗粒含量超过全重 50%

注：分类时应根据粒组含量由大到小以最先符合者确定。

3. 粉土

指粒径大于 0.075mm 的颗粒含量不超过全量的 50% 而塑性指数 $I_p \leqslant 10$ 的土。它既不具有砂土透水性大、容易排水固结、抗剪强度较高的优点，又不具有黏性土防水性能好、不易被水冲蚀流失、具有较大黏聚力的优点。在许多工程问题上，表现出较差的力学性质，如受振动容易液化、湿陷性大、冻胀性大和易被冲蚀等。因此，在规范中，它既不属于黏性土，也不属于砂土，将其单列一类，以利于工程上正确处理。

4. 黏性土

黏性土指塑性指数 $I_p > 10$ 的土。其中，$10 < I_p \leqslant 17$ 的称为粉质黏土，$I_p > 17$ 的称为黏土。

此外，自然界中还分布有许多具有一般土所没有的特殊性质的土，如黄土、红土、冻土、软土、胀缩性土(或称膨胀土)、分散性土等。它们的分类一般都各有自己的规范。

淤泥和淤泥质土属于软土，是地基基础工程中常遇到的土。淤泥为在静水中或者缓慢的流水环境中沉积，并经生物化学作用形成的，是天然含水量大于液限，天然孔隙比大于或等于 1.5 的黏性土。天然含水量大于液限，孔隙比小于 1.5，但大于或等于 1.0 的黏性土或者粉土为淤泥质土。

1.7.5 土的工程分类体系(见图1-7-2)

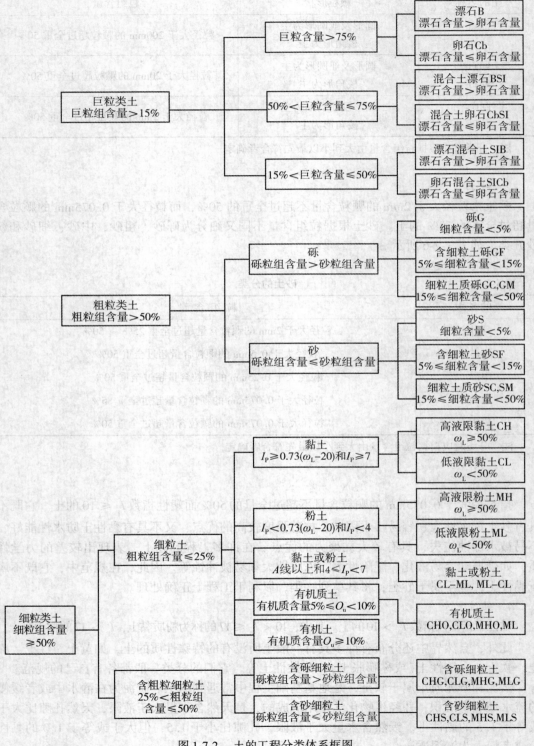

图1-7-2 土的工程分类体系框图

1.7.6　特殊土的分类

我国幅员辽阔，从沿海到内陆，从山区到平原，经度、纬度跨度大，土类分布多种多样，有奇特的山川，有蜿蜒的河谷，它们或挺拔，或俊秀，都是由于不同的地理环境、气候条件、地质成因、历史过程等自然界各种因素与土的物质成分发生变化相互之间作用的结果，因而各具有与一般土显然不同的特殊性质。当它们用做建筑物地基或材料时，若不注意这些特性，就会造成事故。其天然分布，在地理上有一定规律性，表现出一定的区域性，所以又称之为区域性特殊土。主要有沿海的淤泥土，黄土高坡的湿陷性黄土，分散各地的膨胀土、红黏土、盐渍土，以及高纬度、高海拔区的多年冻土、人工填土，等等。

遇到上述土类，应具体问题具体分析，对症下药，将前人已积累的许多经验作为参考。

1.8　黏性土的物理化学性质

1.8.1　黏土颗粒的矿物成分、形状和比表面积

黏性土的性质与粗颗粒土很不相同，主要是由于矿物成分不同，以及粒度成分不相同。黏性土的矿物成分主要是次生矿物，包括黏土矿物和可溶性盐类。黏土颗粒则主要由黏土矿物组成，代表性的黏土矿物是高岭石、蒙脱石和伊利石，黏土矿物的成分与含量不同形成了土的不同的工程性质。

高岭石是在酸性条件下形成的黏土矿物，具有不活动的双层晶格构造，呈六角形鳞片状。高岭石是比较稳定的黏土矿物，亲水性较弱，浸水时膨胀量不大，表面吸附能力也较低。主要含高岭石的黏性土具有较好的工程性质。

蒙脱石是在碱性条件下形成的黏土矿物，具有很大活动性的三层晶格构造，呈鳞片状，无一定轮廓。蒙脱石具有很强的亲水性和可塑性，吸水时强烈膨胀。当土中含有较多的蒙脱石时，会呈现不良的工程性质，过大的粘着性和可塑性，强烈的干缩与湿胀，水稳定性很差。

伊利石也是三层晶格构造，其性质介于蒙脱石与高岭石之间，是一种过渡性的矿物。

上述三种黏土矿物的主要特性如表 1-8-1 所示。

表 1-8-1　　　　　　　　　三种主要黏土矿物的特性

	硅铝率 K	比表面积 （m^2/g）	离子交换量 （meq/100g）	等电 pH 值	液限 ω_L	塑性指数 I_p	活动性指数 a_c	压缩指数 C_c	内摩擦角 $\varphi_d(°)$
高岭石	2	10 ～ 20	3 ～ 15	5	50	20	0.2	0.2	20 ～ 30
伊利石	2-3	65 ～ 100	10 ～ 40		100 ～ 120	50 ～ 65	0.6	0.6 ～ 1	20 ～ 25
蒙脱石	> 4	700 ～ 840	80 ～ 150	< 2	150 ～ 700	100 ～ 650	1 ～ 6	1 ～ 3	12 ～ 20

在表 1-8-1 中给出了 3 种黏土矿物的物理化学性质指标和力学性质指标,其中压缩指数和内摩擦角是土的变形和强度指标,将在第 4 章和第 5 章中讨论。硅铝率是反映黏土矿物中二氧化硅和三氧化二铝、三氧化二铁含量之比,根据矿物的硅铝率可以粗略地判别黏土矿物的类型,此外,黏土颗粒的比表面积是非常重要的指标,比表面积愈大,亲水性愈强烈。比表面积是单位质量的黏土矿物颗粒的总表面积,土粒愈细,比表面积愈大,例如,一个边长为 1mm 的立方体的表面积是 $6mm^2$,假如将其分割边长为 0.1mm 的小立方体,则其总表面积为 $60mm^2$,如分割边长为 0.0001mm 的立方体,则其表面积高达 $6 \times 10^4mm^2$。当然土粒并不是立方体,但扁平黏土颗粒的比表面积比立方体的比表面积还要大。黏土矿物,特别是蒙脱石,具有如此大的比表面积,使黏性土呈现胶体分散系的特征,具有一系列的胶体性质。

1.8.2 黏性土的胶体性质

1. 黏土颗粒的带电性

著名的列依斯(Reuss)实验证明黏土颗粒是带电的。把两根带有电极的玻璃管插在潮湿的黏土块内。在玻璃管内撒一些干净的砂,再加水,接通直流电源经过一段时间以后,发现下列现象:

(1)在阳极的玻璃管中,水自下而上地混浊起来,水面逐渐下降;

(2)在阴极的玻璃管中,水仍然十分清澈,但水位在逐渐升高。

上述实验说明黏土颗粒是带负电的,阳极管中水的混浊表明黏土颗粒向阳极移动,这种现象称为电泳;而水分向阴极移动的现象称为电渗。电泳和电渗统称为黏性土的电动现象。

2. 土中水的水化离子

虽然水分子电荷是中和的,但因其正、负电荷的分布不对称,形成具有正极和负极的极性分子。极性水分子的负极和土中水溶液的阳离子结合构成水化离子。阳离子带着水分子一起向阴极移动,形成电渗现象。

3. 双电层和结合水膜

当土粒表面与水溶液相互作用达到平衡时,在土粒周围形成一定的电场。电场的强度随距离的增大而衰减,衰减的快慢取决于土粒表面的静电引力和布朗运动扩散力相互之间作用的结果。在最靠近土粒表面的地方,静电引力最强,将极性水分子和水化离子紧紧地吸附在土粒表面,形成吸附层,吸附层中的强结合水因处于强大表面引力的作用下而失去一般水的特征;在土粒表面处,阳离子的浓度最大,随着离土粒表面距离的加大,阳离子的浓度逐渐降低,直至达到孔隙中水溶液的正常浓度为止,这个范围称为扩散层。扩散层中的离子电荷与土粒表面电荷相反,因此亦称为反离子层,土粒表面的负电荷和反离子层合起来称为双电层。在土粒表面上的电位称为热力电位,在吸附层外界面上的电位称为电动电位,在直流电作用下,土粒带着吸附层一起向阳极移动,电动性质取决于电动电位的大小。土的矿物成分不同,是热力电位不同的主要原因;但在一定的热力电位条件下,即矿物成分一定的条件下,溶液中离子成分以及离子浓度的不同使电动电位发生变化,从而改变了土的胶体性质。可见土的胶体性质既取决于土的矿物成分,也取决于环境条件。

4. 胶溶和凝聚

胶溶和凝聚是十分重要的胶体性质，对黏性土的工程性质有很大的影响。胶溶和凝聚是土粒之间引力和斥力相互作用的结果。两个带负电荷的土粒之间同时存在着范德华力和静电力，范德华力是土粒之间相互吸引的力，静电力是带同性电荷的土粒之间相互排斥的力，当土粒之间的距离减小时，这两种力都增大，但范德华力增大得比较快；静电力的变化受外界因素的影响比较大，例如当溶液的离子成分与浓度变化时，电动电位以及斥力都会发生相应的变化，而范德华力对这些因素的变化却不太敏感。

引力和斥力同时存在，当互相平衡以后的净作用力为斥力时，土粒互相排斥，处于胶溶状态，形成的结构称为平行结构；若净作用力为引力，则土粒互相吸引，产生凝聚，形成絮状结构。当介质的 pH 值改变时，或者改变了离子成分和浓度时，都会改变胶体的状态，从胶溶向凝聚变化，或者发生相反的变化。例如增大离子浓度可以使土由原来的分散状态转变为凝聚状态；按照凝聚能力的大小，可以把土中可能存在的阳离子排成下列顺序：

$$Al^{3+} > Fe^{3+} > H^+ > Ca^{2+} > Mg^{2+} > K^+ > Na^+$$

可以看出，除了氢离子是例外，一般是离子价数愈高，凝聚能力愈强。一种离子能把其他离子驱出反离子层而自己进入反离子层的现象称为离子交换，凝聚能力强的离子，交换能力也强，因此上述顺序也是离子交换能力从强到弱的顺序。土的离子交换量是指 pH 值 = 7 时每 100g 干土可置换的阳离子毫克当量数，以毫克当量 /100g 表示。

1.8.3　黏性土胶体性质对工程性质的影响

1. 土在形成过程中的胶体物理化学现象

土的结构和构造、土的物理力学性质都与土在形成过程中的胶体物理化学作用有关，而这种作用是土的成分、环境介质相互影响的结果。例如当江河夹带着泥沙进入大海的时候，由于介质中 pH 值改变，产生凝聚反应，悬浮在水中的细土粒互相靠拢，形成絮状物下沉，在河口沉积成具有絮状结构的淤泥或淤泥质土。在盐渍化过程中，由于水分蒸发，盐分聚集，钠离子浓度急剧增大，形成盐渍土。盐渍土不仅危害农业，而且也是工程性质非常差的土。

2. 对黏性土可塑性的影响

可塑性是黏性土区别于砂土的重要特征，亦是黏性土分类的依据。黏土颗粒表面上的物理化学作用越强烈，扩散层的厚度越厚，土的可塑性也越大。因此影响土的表面物理化学作用的因素，如矿物成分、土粒的大小、水溶液的成分与浓度等都对土的可塑性有影响。

3. 对土的触变性的影响

胶体的凝聚和胶溶过程可逆并可反复交替出现的现象称为触变性。黏性土亦有触变性，泥浆或土膏的凝聚和胶溶过程在温度和湿度不变的条件下亦几乎是完全可逆的，但具有原状结构的黏性土则不完全相同。在土的形成过程中生成的原状结构强度在受到扰动时被破坏，在静置一定时间以后强度能部分恢复，但不会完全恢复到原来的强度，这种触变性是不完全可逆的。因此必须在钻探取土、施工开挖过程中注意保护土的结构不受扰动，一旦破坏了土的原状结构，使其强度降低，则不可能恢复到天然强度。

4. 黏性土的胀缩性

黏性土的胀缩性是指黏性土吸水膨胀、失水收缩这种在含水率变化时体积变化的性质，胀缩性的大小取决于黏土矿物的成分与含量，也取决于溶液离子的成分与浓度。高岭石的饱和吸水率只有干土质量的 90% 左右，钙蒙脱石的吸水率约为干土质量的 300%，而纳蒙脱石的吸水率为干土质量的 700% 左右。可见，黏性土的胀缩性与矿物成分及离子成分密切有关。对膨胀和收缩量危及工程安全的土，必须注意判别和处理。

1.8.4 在工程实践中的应用

对黏性土物理化学性质的研究，既是土的基本性质和基本理论问题，又具有明确的工程应用的目的，在工程勘察、设计和施工中得到广泛的运用。

1. 触变性质的利用

在沉井下沉、顶管顶进过程中，为了减小施工时的阻力，在井、管壁和土体之间注入含蒙脱石为主的膨润土制备的触变泥浆，施工时在动力作用下，泥浆呈胶溶状态，阻力很小；但施工结束以后由于强度的触变恢复，使沉井或顶管与土之间的摩阻力又能得到恢复，保证了结构的稳定性。

2. 离子交换性质的利用

在公路工程中，利用土的离子交换规律。在土中采用掺入高价电解质的方法，以改善黏性土的工程性质。例如，用石灰稳定土就是利用石灰中的钙离子去置换土中的低价钠离子，产生凝聚以提高土的水稳定性。

在土工试验中，为了制备可供粒度成分分析用的悬液，常在悬液中加一些氨水或六偏磷酸钠等分散剂，使土粒周围的扩散层增厚以破坏团粒结构，并保持悬液的胶溶状态。

3. 电渗、电泳规律的利用

利用土的电渗规律，通过施加直流电场将黏土里的水分集中到阴极管附近，然后排出以降低黏土层中地下水位的方法称为电渗降水。同时，用做阳极的铁棒或铝棒在电场作用下产生电解，提高了溶液中高价的铁离子或铝离子浓度以置换低价离子，产生凝聚以达到提高强度的目的，这种加固土的方法称为电动铁（铝）化法。

如在阴极管中注入水玻璃，在阳极管中注入氯化钙溶液，在电场作用下带负电荷的硅酸（水玻璃水解后的产物）离子渗向阳极，带正电荷的钙离子渗向阴极，两种离子在土中相遇，生成新的硅酸盐填充土的孔隙并把土粒胶结起来。同时，钙离子也能置换土中的低价离子，也使黏性土得到加固，这种方法称为电动硅化法。

4. 路基冻胀的机理分析

北方路基的冻胀和翻浆是道路工程的严重病害，冻胀是冻结时土中水分向冻结区迁移和集聚的结果。由于结合水的过冷现象，即使地温在零度以下，结合水仍然处于液体态，成为水分向冰晶体补充的通道；冰晶体附近的结合水膜因失水而使离子浓度增大，与未冻结区的结合水膜中原来的离子浓度构成浓度差，浓度差形成的渗附压力驱使水化离子从离子浓度低处向高处渗流，源源不断地从未冻结区向冻结区补充水分，便会产生冰的积聚现象。只要地下水位比较高且从地下水面至冻结区之间存在毛细通道，便具备了冻胀的地质条件，负温持续的时间愈长，冻胀就愈严重。对冻胀机理的正确分析，为预防冻胀病害提供了理论依据和有针对性的处理方法。

习　题　1

一、思考题

1. 什么是颗粒级配曲线？该曲线有什么用途？

2. 无黏性土和黏性土在结构、构造和物理形态方面有何重要区别？

3. 土的结构有哪几种类型？各对应哪类土？

4. 液性指数 I_L 是否会出现大于 1 和小于 0 的情况？试说明其理由。若某天然黏土层的 I_L 大于 1，可是该土并未出现流动现象，仍有一定的强度，这是否可能？试解释其原因。

5. 无黏性土(如砂、砾、矿石渣)是否也具有最大干重度和最优含水率的关系？它们的干重度与含水率关系曲线是否与黏性土的曲线相似？

6. 以下提法是否正确？为什么？

(1) A 土的饱和度如果大于 B 土的饱和度，则 A 土必定比 B 土软；

(2) C 土的孔隙比大于 D 土的孔隙比，则 C 土的干重度应大于 D 土的干重度，C 土必定比 D 土疏松；

(3) 土的天然重度越大，则土的密实性越好。

7. 试简述细粒土的击实特性与双电层的关系。

二、习题

1. 根据下表所列的颗粒分析试验成果，试作出颗粒级配曲线，并计算出该土的 C_u 和 C_c 值，同时对该土的级配良好与否加以判定。

粒径 (mm)	20 ~ 10	10 ~ 5	5 ~ 2	2 ~ 1	1 ~ 0.5	0.5 ~ 0.25	0.25 ~ 0.10	0.10 ~ 0.075	0.075 ~ 0.01	0.01 ~ 0.005	< 0.005
粒组含量 (%)	1	3	5	7	20	28	19	8	4	3	2

2. 某土层中，用体积为 $72cm^3$ 的环刀取样。经测定，土样重 1.266N，烘干后重 1.192N；土粒比重为 2.70，试问：该土样的含水率 ω，湿重度 γ，饱和重度 γ_{sat}，浮重度 γ'，干重度 γ_d 各为多少？按上述计算结果，试比较该土各种重度值的区别。

3. 某原状土样，经试验测得天然密度 $\rho = 1.67g/cm^3$，含水量 $\omega = 12.9\%$，土粒比重 $G_s = 2.67$，试求孔隙比 e，孔隙率 n 和饱和度 S_r。

4. 某饱和土样的含水率 $\omega = 40\%$，饱和重度 $\gamma_{sat} = 18kN/m^3$，试求该土的孔隙比 e 和土粒比重 G_s，并绘出三相图。

5. 已知两个土样的指标如下表，下列说法正确与否？为什么？

物理性质指标	土样 A	土样 B
液限 ω_L	30%	9%
塑限 ω_P	12%	6%
含水率 ω	15%	6%
土粒比重 G_s	2.70	2.68
饱和度 S_r	100%	100%

(1) A 土样中含有的粘粒比 B 土样多；

(2) A 土样的天然重度比 B 土样的大；

(3) A 土样的干重度比 B 土样的大；

(4) A 土样的孔隙比较 B 土样的大。

6. 某原状土样处于饱和状态，测得其含水率为 32.45%，密度 $\rho = 1.8\text{g/cm}^3$，土粒比重 $G_s = 2.65$，液限 $\omega_L = 36.4\%$，塑限 $\omega_P = 18.9\%$，试问：

(1) 土样的名称及物理状态？

(2) 若将土样密实，使其干密度达到 1.58g/cm^3，此时土的孔隙比将减少多少？

7. 经测定得知，某中砂层在地下水位以下的饱和重度 $\gamma_{sat} = 19.9\text{kN/m}^3$，$G_s = 2.65$。试求该砂层的天然孔隙比；又若经试验测得该砂层的最松和最密的孔隙比分别是 0.64 和 0.56，试求其相对密度 D_r；并按 D_r 确定该砂层所处的密实状态。

8. 某黏性土的标准击实试验(用轻型击实仪，锤击数每层为 25) 成果如下表所示。

含水率(%)	14.7	16.5	18.4	21.8	23.7
干密度(g/cm³)	1.59	1.63	1.66	1.65	1.62

该土的土粒比重 $G_s = 2.70$，试绘出该土的击实曲线，并确定其最优含水率 ω_{op} 和最大干密度 ρ_{dmax}，同时求出相应于击实曲线峰值点的饱和度 S_r 和孔隙比 e。又若试验时将每层锤击数减少，所得的 ω_{op} 与 ρ_{dmax} 会与上述结果有什么不同？为什么？

9. 某一施工现场需要填土，基坑的体积为 2000m^3，土方来源是从附近土丘开挖，经勘察，土粒比重为 $G_s = 2.70$，含水率为 $\omega = 15\%$，孔隙比 $e = 0.60$，要求填土的含水率为 17%，干密度 $\rho_d = 1.76\text{g/cm}^3$，试问：

(1) 取土场土的重度 γ，干重度 γ_d 和饱和度 S_r 各是多少？

(2) 应从取土场开采多少方土？

(3) 碾压时应洒多少水？填土的孔隙比是多少？

10. 某土料场土料为中液限黏质土，天然含水率 $\omega = 21\%$，土粒比重 $G_s = 2.70$。室内标准击实试验得到最大干密度 $\rho_{dmax} = 1.85\text{g/cm}^3$，设计中取填土的干密度为室内试验的 95%，并要求击实后土的饱和度 $S_r \leqslant 90\%$。试问：土料的天然含水率是否适合于填筑？碾压时土料应控制多大的含水率？

11. 某土样的颗粒级配分析成果如下表所示，且测得 $\omega_L = 10.1\%$，$\omega_P = 2.5\%$，试确定该土样的名称。

粒径范围(mm)	> 0.25	0.25 ~ 0.075	< 0.075
各粒组占干土总质量的百分数(%)	5.6	39.3	55.1

第 2 章　　土的渗透及工程问题

　　由于土的碎散性和多相性，在土力学中存在一个"土骨架"的概念。土骨架是由相互接触的土颗粒组成的，它具有整块土体的体积与截面积，但不包括孔隙中的气体与液体。正如一块丝瓜瓤或者海绵一样，只考虑它所占据的全部空间中的固体部分。土骨架中含有连通的孔隙，孔隙中包含有流体，这些流体在势能差的作用下会在孔隙中流动，这就是土中的渗流(图 2-0-1)。土具有被水等液体透过的性质称为土的渗透性。非饱和土的渗透性与土的饱和度关系很大，问题较复杂，实用性也较小，本章主要研究饱和土的渗透性。

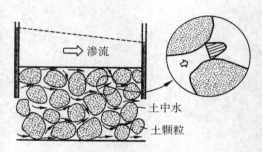

图 2-0-1　土体中的渗流

　　土体的渗透性连同土体的强度和变形特性，是土力学中所研究的几个主要的力学性质。在岩土工程的各个领域内，许多课题都与土的渗透性有密切的关系(图 2-0-2)。概括说来，对土体的渗透问题的研究主要包括下述 4 个方面：

　　(1) 渗流量问题。包括土石坝和渠道渗漏水量的估算、基坑开挖时的涌水量计算以及水井的供水量估算等。渗流量的大小将直接关系到工程的经济效益。

　　(2) 渗透力和水压力问题。流经土体的水流会对土颗粒和土骨架施加作用力，称为渗透力。渗流场中的饱和土体和结构物会受到水压力的作用，在土工建筑物和地下结构物的设计中，正确地确定上述作用力的大小是十分必要的。当对这些土工建筑物和地下结构物进行变形或稳定计算分析时，需要首先确定这些渗透力和水压力的大小和分布。

　　(3) 渗透变形(或称渗透稳定) 问题。当渗透力过大时，可引起土颗粒或土骨架的移动，从而造成土工建筑物及地基产生渗透变形，如地面隆起、细颗粒被水带出等现象。渗透变形问题直接关系到建筑物的安全，它是水工建筑物、基坑和地基发生破坏的重要原因之一。统计资料表明，由于各种形式的渗透变形而导致的土石坝失事占其失事总数的 1/4 ~ 1/3。

　　(4) 渗流控制问题。当渗流量和渗透变形不满足设计要求时，要采用工程措施加以控制，称为渗流控制。

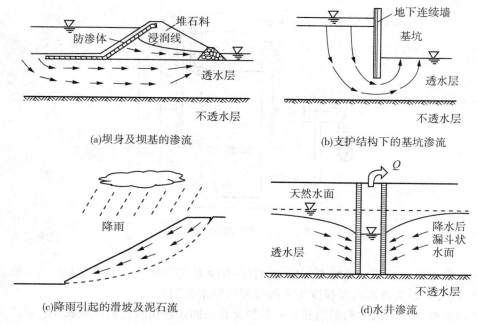

(a)坝身及坝基的渗流　　　　　　　　　　(b)支护结构下的基坑渗流

(c)降雨引起的滑坡及泥石流　　　　　　　　(d)水井渗流

图 2-0-2　一些典型渗流问题

　　综上所述，渗流会造成水量损失而降低工程效益；会引起土体的渗透变形，直接影响土工建筑物和地基的稳定与安全。因此，研究土体的渗透规律，掌握土体中水渗流的知识以便对渗流进行有效的控制和利用，是水利工程及土木工程相关领域中一个非常重要的课题。本章将主要讨论土体的渗透性及渗透规律、渗透力与渗透变形等问题。关于渗流控制问题将主要由水工建筑物等课程讲述，这里不准备详细讨论。

2.1　达西定律及其适用范围

2.1.1　达西定律

　　由于土的孔隙通道很小且很曲折，所以在大多数情况下，水在土中的流速缓慢，属于层流，即相邻两个水分子运动的轨迹相互平行而不混掺。早在 1856 年，法国学者达西（Darcy，H）就采用图 2-1-1 所示的试验装置对均匀砂土进行了大量渗流试验，得出了层流条件下，土体中水的渗流速度与能量（水头）损失之间的渗流规律，即达西定律。

　　达西试验装置的主要部分是一个上端开口的直立圆筒，下部放碎石，碎石上放一块多孔滤板 c，滤板上面放置颗粒均匀的砂土试样，其横断面积为 A，长度为 L。筒的侧壁装有两支测压管，分别设置在土样两端的 1、2 过水断面处。水由上端进水管 a 注入圆筒，并以溢水管 b 保持筒内上部为恒定水位。透过土样的水从装有控制阀门 d 的弯管经溢水管 e 流入容器 V 中。

　　当试样两端的水面都保持恒定以后，通过砂土的渗流是不随时间变化的稳定流，测压

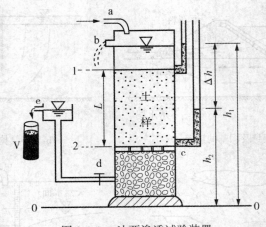

图 2-1-1　达西渗透试验装置

管中的水面将恒定不变。现取图 2-1-1 中的 0—0 面为基准面。h_1、h_2 分别为 1、2 断面处的
测管水头；Δh 即为渗流流经长度为 L 的砂样后的水头损失。

　　达西根据对不同尺寸的圆筒和不同类型及长度的土样所进行的试验发现，渗出水量 Q
与土样横断面积 A 和水力坡降 i 成正比，且与土体的透水性质有关，即

$$Q \propto A \times \frac{\Delta h}{L} \tag{2-1-1}$$

写成等式则为

$$Q = kAi \tag{2-1-2}$$

或

$$v = \frac{Q}{A} = ki \tag{2-1-3}$$

式中：v—— 渗流速度，cm/s；

　　　　q—— 渗透流量，cm^3/s；

　　　　i—— 水力坡降；

　　　　A—— 垂直于渗流方向土的截面积，cm^2；

　　　　k—— 比例常数，称为土的渗透系数，cm/s。

　　当 $i = 1$ 时，则 $v = k$，这表明渗透系数 k 是单位水力坡降时的渗流速度，k 是表征土的
渗透性强弱的指标。

　　上述水的渗流速度与水力坡降成正比的关系，已为大量实验所证实，是水在土中渗流
的基本规律，称为渗透定律或达西定律。

　　应该注意，由于水在土中渗流时不是通过土的整个截面，而仅仅是通过该截面内土粒
之间的孔隙，而且其渗径也因为土粒形状的不规则而长得多。因此，水在孔隙中的实际流
速要比按式(2-1-3) 计算的渗流速度大。但为了简便，在工程设计中，除特别指出外，常
使用计算渗流速度 v 来表示渗流速度。

2.1.2　达西定律的适用范围

许多实验研究结果指出，在粗粒土中（如砾、卵石地基或填石坝体）渗流速度较大，达西定律就不适用。如图 2-1-2 所示，当渗流速度超过临界流速 $v_{cr}(v_{cr} \approx 0.3 \sim 0.5\text{cm/s})$ 时，渗流速度 v 与坡降 i 的关系就表现为非线性的紊流规律，此时达西定律便不适用。

另一方面，国内外学者认为：密实黏土中的孔隙全部或大部分充满薄膜水时，黏土就具有特殊的渗透性能。对于砂性较重及密实度较低的黏土，其渗透规律与达西定律相符，如图 2-1-3 中通过原点的直线 a 所示。至于密实的黏土，由于受薄膜水的阻碍，其渗透规律偏离达西定律，如图 2-1-3 曲线 b 所示。当水力坡降较小时，渗流速度与水力坡降不成线性关系，甚至不发生渗流。只有当水力坡降达到某一定值，克服了薄膜水的阻力后，水才开始流动。一般可以把黏土的这一渗流特性简化为图 2-1-3 中直线 c 的线性关系，i_b 称为黏土的起始水力坡降。

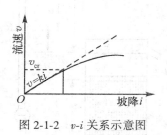
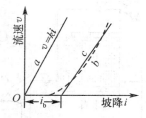

图 2-1-2　v-i 关系示意图　　　　图 2-1-3　黏性土的渗透规律

2.2　渗透系数及其确定方法

土的渗透系数，是常用于实际工程中计算渗流的一个力学性指标。下面介绍确定渗透系数的方法及影响土渗透系数的因素。

2.2.1　渗透试验简介

土的渗透系数可以由现场或室内试验确定。前者在工程地质及水文地质课中讲授。现介绍室内测定渗透系数值的原理和方法。使用的试验方法有常水头和变水头两种。前者适用于透水性大（$k > 10^{-3}\text{cm/s}$）的土，例如砂土；后者适用于透水性小（$k < 10^{-3}\text{cm/s}$）的土，例如粉土和黏土。

1. 常水头试验

常水头试验就是在试验时，水头保持为一常数，如图 2-2-1（a）所示。L 为试样厚度，A 为试样截面积，h 为作用于试样的水头，这三者均可以直接测定。试验时测出某时间间隔 t 内流过试样的总水量 Q，即可根据达西定律求出渗透系数 k。因为

$$Q = qt = kiAt = k\frac{h}{L}At \qquad (2\text{-}2\text{-}1)$$

则
$$k = \frac{QL}{Aht} \qquad (2\text{-}2\text{-}2)$$

黏土的渗透系数很小，流过土样的总渗流水量也很小，不易准确测定；或者测定总水量的时间需要很长，会因水量蒸发而影响试验精度，这时就得用变水头试验。

2. 变水头试验

变水头试验就是在整个试验过程中，渗透水头差随时间而变化的一种试验方法，如图 2-2-1(b) 所示。试验过程中，某任一时刻 t 作用于土样的水头为 h_1，经过 dt 时间间隔后，刻度管(截面积为 a) 的水位降落了 dh，则从时间 t 至 $t + dt$ 时间间隔内流经土样的水量 dQ 为：

$$dQ = -a\,dh \qquad (2\text{-}2\text{-}3)$$

式中，负号表示水量 Q 随水头的降低而增加。

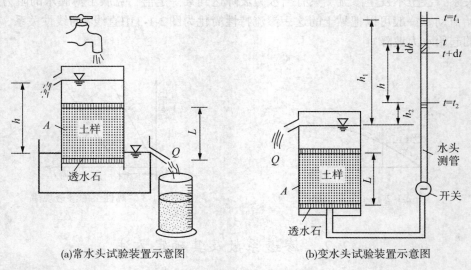

(a)常水头试验装置示意图　　　　(b)变水头试验装置示意图

图 2-2-1　渗透试验装置示意图

同一时间内作用于试样的水力坡降为 $i = \dfrac{h}{L}$，根据达西定律，其水量 dQ 应为：

$$dQ = kiA\,dt = k\frac{h}{L}A\,dt \qquad (2\text{-}2\text{-}4)$$

由上述两式得

$$dt = -\frac{aL\,dh}{kAh} \qquad (2\text{-}2\text{-}5)$$

两边积分，并注意，试验中开始时($t = t_1$) 的水头高度为 h_1，结束时($t = t_2$) 的水头高度为 h_2，则

$$\int_{t_1}^{t_2}dt = -\int_{h_1}^{h_2}\frac{aL\,dh}{kAh} \qquad (2\text{-}2\text{-}6)$$

得

$$t_2 - t_1 = \frac{aL}{kA}\ln\frac{h_1}{h_2} \qquad (2\text{-}2\text{-}7)$$

$$k = \frac{aL}{A(t - t_1)}\ln\frac{h_1}{h_2} \qquad (2\text{-}2\text{-}8)$$

或者改为常用对数表示，则

$$k = 2.3 \frac{aL}{A(t_2-t_1)} \lg \frac{h_1}{h_2} \tag{2-2-9}$$

渗透试验具体方法详见《土工试验规程》（SL237—1999）或《土工试验方法标准》（GB/T50123—1999）[2007 版]。各种常见土的渗透系数变化范围如表 2-2-1 所示。

表 2-2-1 土的渗透系数参考值

土的类别	渗透系数 k		土的类别	渗透系数 k	
	（cm/s）	（m/d）		（cm/s）	（m/d）
黏　土	$<6\times10^{-7}$	<0.005	细　砂	$1\times10^{-3} \sim 6\times10^{-4}$	$1.0 \sim 5.0$
粉质黏土	$6\times10^{-6} \sim 1\times10^{-7}$	$0.005 \sim 0.1$	中　砂	$6\times10^{-2} \sim 2\times10^{-3}$	$5.0 \sim 20.0$
粉　土	$1\times10^{-6} \sim 6\times10^{-4}$	$0.1 \sim 0.5$	粗　砂	$2\times10^{-2} \sim 6\times10^{-2}$	$20.0 \sim 50.0$
黄　土	$3\times10^{-3} \sim 1\times10^{-4}$	$0.25 \sim 0.5$	圆　砾	$6\times10^{-2} \sim 1\times10^{-1}$	$50.0 \sim 100.0$
粉　砂	$6\times10^{-3} \sim 1\times10^{-4}$	$0.5 \sim 1.0$	卵　石	$1\times10^{-1} \sim 6\times10^{-1}$	$100.0 \sim 500.0$

土的渗透系数，除作为判别透水强弱的标准外，还可以作为选择坝体填筑土料的依据。如坝基土层按透水性强弱划分时，可以分为：（1）强透水层，渗透系数大于 10^{-2} cm/s；（2）中等透水层，渗透系数为 $10^{-3} \sim 10^{-5}$ cm/s；（3）相对不透水层，渗透系数小于 10^{-6} cm/s。又如选择筑坝土料时，总是将渗透系数较小的土（$k<10^{-6}$ cm/s）用于填筑坝体的防渗部位。而将渗透系数较大的土（$k>10^{-3}$ cm/s），填筑于坝体的其他部位。

2.2.2　影响渗透系数的因素

相关试验研究表明，影响土渗透系数的因素颇多，其中主要的有以下若干种：

1. 土粒的大小和级配

土粒大小和级配对土的渗透系数有很大的影响，如砂土中粉粒及黏粒含量增多时，砂土的渗透系数就会大大减小，如图 2-2-2 所示。根据试验，匀粒砾砂的粒径常介于 0.1 ~ 2.0mm 之间，其渗透系数与有效粒径的平方成正比，即

$$k = c_1 d_{10}^2 \tag{2-2-10}$$

式中：k——砂的渗透系数，cm/s；

$\quad d_{10}$——有效粒径，cm；

$\quad c_1$——常数，自 100 变化到 150。

2. 土的孔隙比

土的孔隙比大小，决定着渗透系数的大小。土的密度增大，孔隙比就变小，土的渗透性也随之减少，如图 2-2-3 所示。根据一些学者的研究，得出无黏性土的渗透系数与孔隙比或孔隙率的关系如下：

$$k = \frac{c_2}{s_s^2} \times \frac{n^3}{(1-n)^2} \times \frac{\rho_w}{\eta} = \frac{c_2}{s_s^2} \times \frac{e^3}{1+e} \times \frac{\rho_w}{\eta} \tag{2-2-11}$$

式中：n、e——分别为土的孔隙率及孔隙比；

ρ_w——水的密度，$1g/cm^3$；

η——水的动力黏滞系数，$g-s/cm^2$；

c_2——与颗粒形状及水的实际流动方向有关的系数，可以近似地采用0.125；

s_s——土的颗粒的比表面积，cm^2/g。

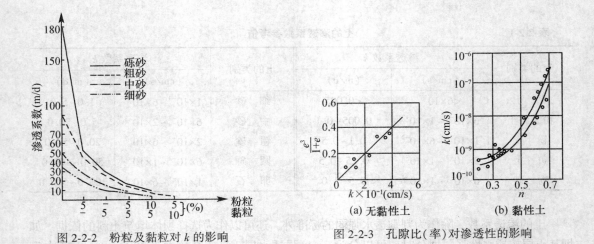

图 2-2-2　粉粒及黏粒对 k 的影响　　　　图 2-2-3　孔隙比(率)对渗透性的影响

3. 水的温度

从式(2-2-11)可知，土的渗透系数是水的重度和动力黏滞系数的函数，这两个数值又都取决于水的温度。水的重度随温度的变化很小，可以忽略不计；但动力黏滞系数却随水温发生明显的变化。故密度相同的同一种土，在不同的温度下，将具有不同的渗透系数。

4. 土中封闭气体含量

土中存在着与大气不相通的气泡或从水中分离出来的气体，都会阻塞渗流通路。这种封闭的气泡愈多，土的渗透性便愈小。故土的渗透系数又随土中的封闭气体含量的多少而有所不同。

此外，土中有机质的存在等都会影响土的渗透系数。

2.2.3　成层土的渗透性

天然沉积的黏性土常由渗透性不同且厚薄不一的多层土所组成。研究成层土的渗透性时，需要分别测定各层土的渗透系数，然后根据水流方向，按下面的公式计算其相应的平均渗透系数。

在图 2-2-4 中，每一土层都是各向同性的，各土层的渗透系数分别为 k_1，k_2，k_3，…，各土层的厚度分别为 H_1，H_2，H_3，…，总土层厚度为 H。首先，考虑平行于层向(沿 x 轴方向)的渗流情况，在 1—1 断面与 2—2 断面之间作用的水力坡降为 i，则其总渗流量 q_x 应为各分层渗流量的总和，即

$$q_x = q_1 + q_2 + q_3 + \cdots \tag{2-2-12}$$

取垂直于纸面的土体宽度为 1，则

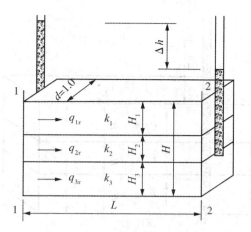

图 2-2-4　层状土水平等效渗透系数计算示意图

$$q_x = k_x iH = k_1 iH_1 + k_2 iH_2 + k_3 iH_3 + \cdots \qquad (2\text{-}2\text{-}13)$$

约去 i 后，则得沿 x 方向的平均渗透系数（k_x）为

$$k_x = \frac{1}{H}(k_1 H_1 + k_2 H_2 + k_3 H_3 + \cdots) \qquad (2\text{-}2\text{-}14)$$

这相当于各层渗透系数按厚度加权的算术平均值。

其次，考虑垂直于层向（沿 y 轴方向）的渗流情况。设流经土层厚度 H 的总水力坡降为 i，流经各层的水力坡降为 i_1，i_2，i_3，$\cdots$。总渗流量 q_y 应等于各层的渗流量 q_1，q_2，q_3，$\cdots$，即

$$q_y = q_1 = q_2 = q_3 = \cdots \qquad (2\text{-}2\text{-}15)$$

所以
$$k_y iA = k_1 i_1 A = k_2 i_2 A = k_3 i_3 A = \cdots \qquad (2\text{-}2\text{-}16)$$

式中：A——渗流经过的截面积（见图 2-2-5）。

又因总水头损失等于各层水头损失的总和，故

$$Hi = H_1 i_1 + H_2 i_2 + H_3 i_3 + \cdots \qquad (2\text{-}2\text{-}17)$$

将式（2-2-17）代入式（2-2-16）则得

$$k_y \frac{1}{H}(H_1 i_1 + H_2 i_2 + H_3 i_3 + \cdots) = k_1 i_1 = \cdots$$

所以沿 y 轴方向的平均渗透系数 k_y 为

$$k_y = \frac{H}{\dfrac{H_1}{k_1} + \dfrac{H_2}{k_2} + \dfrac{H_3}{k_3} + \cdots} \qquad (2\text{-}2\text{-}18)$$

由式（2-2-18）与式（2-2-14）看出，k_x 可以近似由最透水的一层的渗透系数和厚度控制，而 k_y 则可以近似地由最不透水的土层的渗透系数和厚度控制。所以，成层土的水平向渗透系数 k_x 总是大于垂直向渗透系数 k_y。成层的天然土层的 $\dfrac{k_x}{k_y}$ 比值范围可以由 2 到 10 或更大。

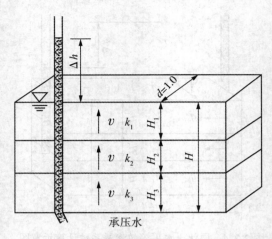

图 2-2-5　层状土垂直等效渗透系数计算示意图

2.3　渗流作用下土的应力状态

2.3.1　静水条件下土的有效应力与中性应力

设在图 2-3-1 的容器中放入一定厚度的土样，并加水使之饱和。土面以上水的高度为 h，现在分析土面以下深度 z 处 a 点的力的平衡问题。为此，在 a 点取一截面（设为 A），则该截面上作用着土柱和水柱的重量为

$$W=(\gamma_{sat}z+\gamma_w h)A \tag{2-3-1}$$

而 a 点的应力为

$$\sigma=\frac{W}{A}=\gamma_{sat}z+\gamma_w h \tag{2-3-2}$$

式中：γ_{sat}——土的饱和重度，kN/m^3；

$\quad\quad\gamma_w$——水的重度，kN/m^3；

$\quad\quad\sigma$——土和水的重量所产生的应力，称为总应力，kPa。

图 2-3-1 土层中的孔隙是连续的，孔隙水也是连续的，并且与土面以上的水相通。在这种情况下，a 点孔隙内的水所具有的静水压力 u 为

$$u=\gamma_w(h+z) \tag{2-3-3}$$

式中：$h+z$——压力水头，即 a 点与自由水面的铅直距离；如果把测压管插入 a 点高程，则管中水位上升至 $(h+z)$ 的高度，m；

$\quad\quad u$——静水压力，在土力学中称为孔隙水压力，kPa。

在 a 点除了作用有孔隙水压力外，还有由土粒传递的有效应力。根据有效应力原理，该点单位面积上的总应力等于孔隙水压力 u 及土粒之间有效应力 σ' 之和，即

$$\sigma=\sigma'+u \tag{2-3-4}$$

将式(2-3-2)及式(2-3-3)代入式(2-3-4)，得

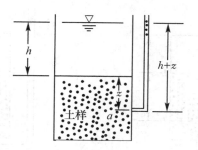

图 2-3-1　静水条件下土中应力

$$\gamma_{sat}z+\gamma_w\,h=\sigma'+\gamma_w(z+h) \qquad (2\text{-}3\text{-}5)$$

变换后得

$$\sigma'=\gamma_{sat}z+\gamma_w\,h-\gamma_w(z+h)=\gamma'z \qquad (2\text{-}3\text{-}6)$$

式中：γ'——土的浮重度，kN/m^3；

　　　σ'——有效应力，kPa。

式(2-3-6)的意义为：水下土中任一点 a 处由颗粒之间传递的有效应力应等于土的浮重度乘以土柱高度 z。这是因为水下土粒受到浮力作用而使土粒重量减轻的缘故。

土中任一点 a 的孔隙水压力 u，在各个方向上的作用是相等的，u 除了使土粒受到浮力外，只能使土粒受到静水的压缩。由于土粒的压缩模量是很大的，故土粒本身的压缩可以忽略不计。而土粒骨架的变形则只有当土粒之间传递的应力发生变化时才会出现。由土粒传递的应力，称为有效应力。由孔隙水传递的应力及其变化，则不对土的变形等力学性质发生影响，因而称为中性应力。

2.3.2　渗流作用下土的有效应力

图 2-3-2(a)表示水通过土层向下渗流的情况。水面 a 和 b 保持不变。在 1-1 高程处孔隙水压力等于 $h_1\gamma_w$，而在 2-2 高程处则等于 $(h_1+h_2-h)\gamma_w$。其中，h 为 1-1 与 2-2 之间的水头损失。而在 2-2 处的总应力为

$$\sigma=h_1\gamma_w+h_2\gamma_{sat} \qquad (2\text{-}3\text{-}7)$$

则 2-2 处的有效应力等于总应力与孔隙水压力之差，即

$$\sigma'=\sigma-u=h_1\gamma_w+h_2\gamma_{sat}-(h_1+h_2-h)\gamma_w$$
$$=h_2(\gamma_{sat}-\gamma_w)+h\gamma_w=h_2\gamma'+h\gamma_w \qquad (2\text{-}3\text{-}8)$$

图 2-3-2(b)表示渗流向上的情况。在 2-2 高程处的孔隙水压力为 $u=(h_1+h_2+h)\gamma_w$，而 2-2 处的总应力仍按式(2-3-4)计算。则 2-2 处的有效应力为

$$\sigma'=\sigma-u=h_1\gamma_w+h_2\gamma_{sat}-(h_1+h_2+h)\gamma_w$$
$$=h_2(\gamma_{sat}-\gamma_w)-h\gamma_w=h_2\gamma'-h\gamma_w \qquad (2\text{-}3\text{-}9)$$

综上所述，在渗流作用下，土粒之间传递的有效应力与渗流作用的方向有关。设渗流作用铅直向下(见图 2-3-2(a))，则土中的有效应力增加；反之，渗流方向铅直向上时(见图2-3-2(b))，则渗流引起的孔隙水压力(水力学中称为动水压力或渗透压力)可以使土的

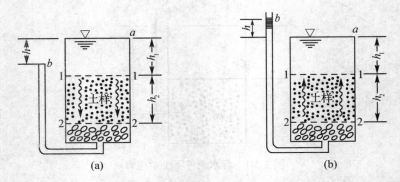

图 2-3-2   土样受渗流作用示意图

有效应力减少,从而影响土体的渗透稳定性。

【例 2-3-1】   如图 2-3-3 所示,试求地面下 10m 深处 a 点的总应力、孔隙水压力及有效应力。地下水面位于地表下 2.0m,砂层及黏土层的含水率、颗粒比重及孔隙比如下:

砂层:$\omega = 22\%$(地下水面以上),$G_s = 2.68$,$e = 0.82$;

黏土层:$G_s = 2.70$,$e = 0.95$。

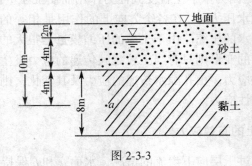

图 2-3-3

【解】   先求出深度 10m 范围内各土层的重度:

地下水面以上砂层的重度为

$$\gamma_1 = \frac{\omega + 1}{1 + e} G_s \gamma_w \quad \left(\text{由 } \gamma_d = \frac{\gamma}{1 + \omega} \text{ 及 } \gamma_d = \frac{G_s}{1 + e} \gamma_w \text{ 得出} \right)$$

$$= \frac{0.22}{1 + 0.82} \times 2.68 \times 9.81 = 17.6 \, (\text{kN/m}^3)$$

地下水面以下砂层的重度为:

浮重度
$$\gamma_2' = \frac{G_s - 1}{1 + e} \gamma_w = \frac{2.68 - 1}{1 + 0.82} \times 9.81 = 9.06 \, (\text{kN/m}^3)$$

饱和重度
$$\gamma_{\text{sat2}} = \gamma_w + \gamma' = 9.81 + 9.06 = 18.87 \, (\text{kN/m}^3)$$

黏土的重度为

浮重度
$$\gamma_3' = \frac{G_s - 1}{1 + e} \gamma_w = \frac{2.70 - 1}{1 + 0.95} \times 9.81 = 8.53 \, (\text{kN/m}^3)$$

饱和重度
$$\gamma_{sat3} = \gamma_w + \gamma_3' = 9.81 + 8.53 = 18.3 (kN/m^3)$$
　　按式(2-3-6)计算，则地表下 10m 处 a 点的有效应力为
$$\sigma' = 17.6 \times 2.0 + 9.06 \times 4.0 + 8.53 \times 4.0 = 105.56 (kPa)$$
又因该处的孔隙水压力为
$$u = h\gamma_w = 8 \times 9.81 = 78.48 (kPa)$$
所以总应力为
$$\sigma = \sigma' + u = 105.66 + 78.48 = 184.04 (kPa)$$
若按式(2-3-2)计算，则地面下 10m 处的总应力为
$$\sigma = 17.6 \times 2 + 18.87 \times 4.0 + 18.3 \times 4.0 = 183.88 (kPa)$$
所以按两公式计算的结果是一致的。

2.3.3　渗透力

　　如图 2-3-4 所示，设试样的截面积为 A，渗流进口(2-2 面)与出口(1-1 面)两测压管的水面高差为 h，该值表示水从进口面流过 L 厚的试样到达出口面时，必须克服整个试样内土粒骨架对孔隙水流的阻力，从而引起水头损失。于是土体孔隙中的水流受到总的阻力为
$$F = \gamma_w hA \tag{2-3-10}$$

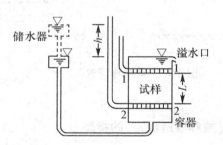

图 2-3-4　渗透变形试验原理

　　由于土中渗流速度一般极小，流动水体的惯性力可以忽略不计。根据力的平衡条件，渗流作用于试样的总渗透力 J 应和试样中土粒对水流的阻力 F 大小相等而方向相反，即
$$J = F = \gamma_w hA \tag{2-3-11}$$
渗流作用于单位土体的力(称为渗透力)为
$$j = \frac{J}{AL} = \frac{\gamma_w hA}{AL} = i\gamma_w \tag{2-3-12}$$
　　渗透力 j 是渗流对所流经的土体单位体积的作用力，其作用方向与渗流方向一致，其大小与水力坡降成正比，j 是个体积力，单位为 kN/m^3。
　　分析式(2-3-12)的推导，可知渗透力为均匀分布的体积力(内力)，是渗流作用于试样两端面 1—1 与 2—2 的孔隙水压力差(外力)转化的结果。因此，渗流对土体的作用可以用边界上孔隙水压力(渗透压力)来表示，这一点在土坡稳定分析中考虑渗流作用时，还将加以说明。

2.4 渗 透 变 形

如图 2-3-4 所示，2—2 与 1—1 两截面内试样的浮重（向下）为 $W'=AL\gamma'$，而向上的渗透力为 $i\gamma_w AL$。当储水器被提升至某一高度，使 $i\gamma_w AL$ 和 $AL\gamma'$ 相等时，得

$$i\gamma_w = \gamma' \tag{2-4-1}$$

即渗透力等于浮重度。将上式代入式（2-3-9），得 $\sigma'=h_2\gamma'-h\gamma_w=h_2\gamma'-h_2\gamma'=0$，这表示土粒之间不存在接触应力，即在渗流作用下，试样处于即将被浮动的临界状态。如果储水器再提升，向上的渗透力大于土的浮重度，则土粒会被渗流挟带而向上浮动，这种状态称为渗透变形。若靠近下游坝址渗流出口处出现这一现象，则土粒就会不断被渗流带走，在地基中会形成内部连通穴道，最后导致上部结构物发生显著沉降甚至倒塌，如图 2-4-1（b）所示；又若下游坡局部面积出现土被渗流带走并导致坡面产生局部滑动，如图 2-4-1（a）所示。显然，探讨渗透变形的机理，即渗透变形与渗透力的关系，对校核土体渗透稳定性具有重要的意义。渗透变形是土的重要力学特性之一。

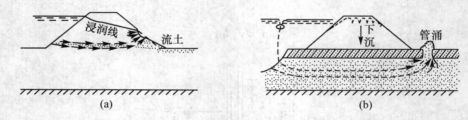

图 2-4-1　堤坝渗流破坏的示意图

2.4.1　土的渗透变形(或称渗透稳定)的类型

土工建筑物及地基由于渗流作用而出现的变形或破坏称为渗透变形或渗透破坏；如土层剥落、地面隆起、在向上水流作用下土颗粒悬浮、细颗粒被水带出以及出现集中渗流通道等。渗透变形是土工建筑物或地基发生破坏从而引发工程事故的重要原因之一。

土的渗透变形类型主要有管涌、流土、接触流土和接触冲刷四种。但就单一土层来说，渗透变形主要是流土和管涌两种基本型式。下面主要讲述这两种渗透破坏型式。

1. 流土

在向上的渗透水流作用下，表层土局部范围内的土体或颗粒群同时发生悬浮、移动的现象称为流土。任何类型的土，只要水力坡降达到一定的大小，都会发生流土破坏。

工程经验表明，流土常发生在堤坝下游渗流逸出处无保护的情况下。图 2-4-2 表示一座建筑在双层地基上的堤坝。地基表层为渗透系数小的黏性土层，厚度较薄。下层为渗透性大的无黏性土层，且 $k_1 \ll k_2$。当渗流经过上述的双层地基时，水头将主要损失在水流从上游渗入和水流从下游渗出黏性土层的过程中，而在砂土层流程上的水头损失很小，因此造成下游逸出处渗透坡降 i 值较大。当 $i>i_{cr}$ 时，就会在下游坝脚处发生土体表现隆起、裂缝开展、砂粒涌出以至整块土体被渗透水流抬起的现象，这就是典型的流土破坏。

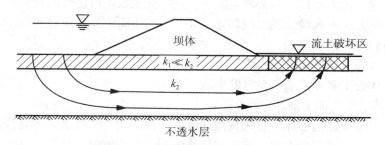

图 2-4-2　堤坝下游逸出处的流土破坏

若地基为比较均匀的砂层（不均匀系数 $c_u < 10$），当上下游水位差较大，渗透途径不够长时，下游渗流逸出处也可能会出现 $i > i_{cr}$ 的情况。这时地表将普遍出现小泉眼、冒气泡，继而砂土颗粒群向上悬浮，发生浮动、跳跃的现象，亦称为砂沸。砂沸也是流土的一种形式。

2. 管涌

管涌是指在渗流作用下，一定级配的无黏性土中的细小颗粒，通过较大颗粒所形成的孔隙发生移动，最终在土中形成与地表贯通的管道，从而引发土工建筑物或地基发生破坏的现象（图 2-4-3）。

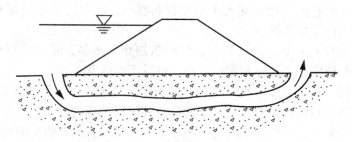

图 2-4-3　通过坝基的管涌示意图

管涌破坏一般是个随时间逐步发展的过程，是一种渐进性质的破坏。首先，在渗透水流作用下，较细的颗粒在粗颗粒形成的孔隙中移动流失；之后，土体的孔隙不断扩大，渗流速度不断增加，较粗颗粒也会相继被水流带走；随着上述冲刷过程的不断发展，会在土体中形成贯穿的渗流通道，造成土体塌陷或其他类型的破坏。

管涌通常发生在一定级配的无黏性土中，发生的部位可以在渗流逸出处，也可以在土体内部，故有人也称之为渗流的潜蚀现象。

2.4.2　渗透破坏类型的判别

土体渗透变形的发生和发展过程有其内因和外因。内因是土体的颗粒组成和结构，即常说的几何条件；外因是水力条件，即作用于土体骨架上的渗透力的大小。

1. 流土可能性的判别

在自下而上的渗流逸出处，任何土，包括黏性土或无黏性土，只要满足渗透坡降大于临界水力坡降这一水力条件，均会发生流土。进行流土发生可能性的判别时，首先需要采用流网法或其他方法求取渗流逸出处的水力坡降 i，并确定该处土体的临界水力坡降 i_{cr}，然后即可按下列条件进行判别：

$i<i_{cr}$，土体处于稳定状态；

$i=i_{cr}$，土体处于临界状态，即将发生流土破坏；

$i>i_{cr}$，土体会发生流土破坏。

由于流土将造成地基破坏、建筑物倒塌等灾难性事故，工程上是不允许发生的，故设计时要保证具有一定的安全系数，把逸出坡降限制在允许坡降 $[i]$ 以内，即

$$i \leqslant [i] = \frac{i_{cr}}{F_s} \tag{2-4-2}$$

式中：F_s——流土安全系数，按我国《堤防工程设计规范》（GB 50286—1998）、《碾压式土石坝设计规范》（SL 274—2001）以及《建筑基坑支护技术规程》（JGJ 120—2012）中的规定，取 $F_s = 1.5 \sim 2.0$。

2. 管涌可能性的判别

土是否发生管涌，首先取决于土的性质。一般黏性土（分散性土除外）只会发生流土而不会发生管涌，故属于非管涌土。在无黏性土中，发生管涌必须具备相应的几何条件和水力条件。

1）几何条件

粗颗粒所构成的孔隙直径必须大于细颗粒的直径，才有可能让细颗粒在其中发生移动，这是管涌产生的必要条件。

对于不均匀系数 $C_u<10$ 的较均匀土，颗粒粗细相差不多，粗颗粒形成的孔隙直径不比细颗粒大，因此细颗粒不能在孔隙中移动，也就不可能发生管涌。

大量试验证明，对于 $C_u>10$ 的不均匀砂砾石土，既可能发生管涌，也可能发生流土，主要取决于土的级配情况和细粒含量。下面分两种情况进行讨论。

对于缺乏中间粒径，级配不连续的土，其渗透变形型式主要取决于细粒含量。这里所谓的细粒是指级配曲线水平段以下的粒径，如图 2-4-4 曲线①中 b 点以下的粒径。试验成果表明，当细粒含量在 25% 以下时，细粒填不满粗粒所形成的孔隙，渗透变形基本上属管涌型；当细粒含量在 35% 以上时，细粒足以填满粗粒所形成的孔隙，粗细粒形成整体，抗渗能力增强，渗透变形则为流土型；当细粒含量为 25%~35% 时，则是过渡型。具体型式还要看土的松密程度。

对于级配连续的不均匀土，如图 2-4-4 中曲线②，难以找出骨架颗粒与充填细粒的分界线。我国有些学者提出，可用土的孔隙平均直径 D_0 与最细部分的颗粒粒径 d_s 相比较，以判别土的渗透变形的类型。他们提出土的孔隙平均直径 D_0 可以下述经验公式表示：

$$D_0 = 0.25d_{20} \tag{2-4-3}$$

式中：d_{20}——小于该粒径的土质量占总质量的20%。试验结果表明，当土中有5%以上的细颗粒小于土的孔隙平均直径 D_0，即 $D_0>d_s$ 时，破坏形式为管涌；而当土中小于 D_0 的细粒含量小于3%，即 $D_0<d_3$ 时，可能流失的土颗粒很少，不会发生管涌，呈流土破坏。

综上所述，可将无黏性土是否发生管涌的几何条件总结于表 2-4-1。

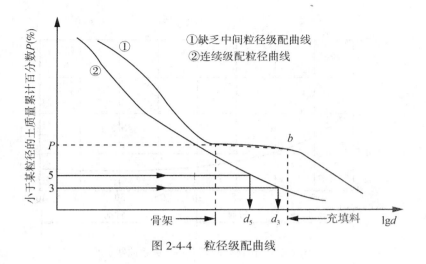

图 2-4-4   粒径级配曲线

表 2-4-1   无黏性土发生管涌的几何条件

级 配		孔隙直径及细粒含量	判定
较均匀土($C_u \leqslant 10$)		粗颗粒形成的孔隙直径小于细颗粒直径	非管涌土
不均匀土 ($C_u > 10$)	不连续	细粒含量>35%	非管涌土
		细粒含量<25%	管涌土
		细粒含量 = 25%~35%	过渡型土
	连续 $D_0 = 0.25d_{20}$	$D_0 < d_3$	非管涌土
		$D_0 > d_5$	管涌土
		$D_0 = d_3 \sim d_5$	过渡型土

2)水力条件

渗透力能够带动细颗粒在孔隙间滚动或移动是发生管涌的水力条件,可用发生管涌的临界水力坡降来表示。但至今,管涌临界水力坡降的计算方法尚不成熟,国内外学者提出的计算方法较多,但计算结果差异较大,故还没有一个公认合适的公式。对于一些重大工程,应尽量由渗透破坏试验确定。在无试验条件的情况下,可参考国内外的一些研究成果。

伊斯托敏娜(ИСТОМИНАВС)根据理论分析,并结合一定数量的试验资料,得出了土体临界水力坡降与不均匀系数间的经验关系,其渗透破坏准则如图 2-4-5 所示。对于不均匀系数 $C_u > 20$ 的管涌土,临界水力坡降为 0.25~0.30。考虑安全系数后,允许水力坡降 $[i] = 0.1 \sim 0.15$。

我国学者在对级配连续与级配不连续的土体进行理论分析与试验研究的基础上,提出了管涌土的破坏坡降与允许坡降的范围值,如表 2-4-2 所示。

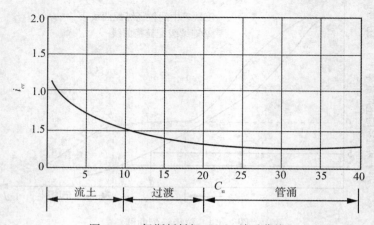

图 2-4-5 伊斯托敏娜 i_{cr}-C_u 关系曲线

表 2-4-2 管涌的水力坡降范围

水力坡降	级配连续土	级配不连续土
破坏坡降 i_{cr}	0.2~0.4	0.1~0.3
允许坡降 $[i]$	0.15~0.25	0.1~0.2

2.4.3 渗透变形的防治措施

防治流土的关键在于控制逸出处的水力坡降，为了保证实际的逸出坡降不超过允许坡降，水利工程上常采取下列工程措施：

（1）上游做垂直防渗帷幕，如混凝土防渗墙、水泥土截水墙、板桩或灌浆帷幕等。根据实际需要，帷幕可完全切断地基的透水层，彻底解决地基土的渗透变形问题。也可不完全切断透水层，做成悬挂式，起延长渗流途径、降低下游逸出坡降的作用。

（2）上游做水平防渗铺盖，以延长渗流途径、降低下游的逸出坡降。

（3）在下游水流逸出处挖减压沟或打减压井，贯穿渗透性小的黏性土层，以降低作用在黏性土层底面的渗透压力。

（4）在下游水流逸出处填筑一定厚度的透水盖重，以防止土体被渗透压力所推起。

这几种工程措施往往是联合使用的，具体的设计方法可参阅水工建筑专业的有关书籍。

防止管涌一般可从下列两方面采取措施：

（1）改变水力条件，降低土层内部和渗流逸出处的渗透坡降，如在上游做防渗铺盖或竖直防渗结构等。

（2）改变几何条件，在渗流逸出部位铺设反滤保护层，是防止管涌破坏的有效措施。反滤保护层一般是 1~3 层级配较为均匀的砂土和砾石层，用以保护基土不让其中的细颗粒被带出；同时应具有较大的透水性，使渗流可以畅通，具体设计方法可参阅相关的专业教材。

习　题　2

1. 某试样长 25cm，其截面积为 $103cm^2$，作用于试样两端的固定水头差为 75cm，此时通过试样流出的水量为 $100cm^3/min$。试问：

（1）该试样的渗透系数 k 是多少？

（2）判定该试样属于哪种土？

2. 为了测定地基的渗透系数，在地下水的流动方向相隔 10m 挖了两个井，如下图所示。由上游井中投入食盐，在下游井连续检验，经过 13h 后，食盐流到下游井中。试计算出该地基的渗透系数。

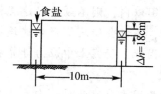

3. （1）在图 2-3-4 中，已知水头差 h 为 20cm，试样长度 L 为 30cm。试问：试样所受的渗透力是多少？（2）若已知试样的 $G_s = 2.72$，$e = 0.63$，试问：该试样是否会发生流土现象？

4. 某基坑在细砂层中开挖，经施工抽水，待水位稳定后，实测水位情况如下图所示。据场地勘察报告提供：细砂层饱和重度 $\gamma_{sat} = 18.7kN/m^3$，渗透系数 $k = 4.5 \times 10^{-3}cm/s$，试求渗透水流的平均水力坡降 i，渗流速度 v 和渗透力 j，并判别是否会产生流砂现象。

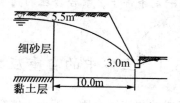

第3章 土中的应力

　　土像其他材料一样，受力后也要产生应力和变形。在建筑物或土工结构物修建前，地基中早已存在着来自土体自身重量的自重应力。修建后建筑物的荷载通过基础底面传递给地基，使地基中原有的应力状态发生变化，在这些应力分量作用下地基产生了竖向、侧向和剪切变形，可能导致建筑物地基或土工结构物本身出现沉降或稳定性方面的问题。如果应力变化引起的变形量在允许范围以内，则不致于对建筑物的使用和安全造成危害；但当外荷载在土中引起的应力过大时，不仅会使地基产生建筑物不能允许的过量沉降，甚至可能使土体发生破坏而失去稳定。因此，研究土中应力计算和分布规律是研究地基和土工建筑物变形和稳定问题的依据。

　　土体中的应力，究其产生的原因主要有两种：由土体本身重量引起的自重应力和由外荷载引起的附加应力。作为外力，除建筑物荷重外，还有因地震等引起的惯性力。除上述两种应力外，渗流引起的渗透力也是土中的一种应力，已在第2章中讲述，本章不再讨论。

　　土体中的应力分布，主要取决于土的应力-应变关系特性。真实土的应力-应变关系是非常复杂的，在第4章和第6章还要逐步深入探讨，因此实用时多采用简化处理方式。目前在计算地基中的附加应力时，常把土当成线弹性体，即假定其应力与应变呈线性关系，服从广义虎克定律，从而可以直接应用弹性理论得出应力的解析解。尽管这种假定是对真实土体性质的高度简化，但在一定条件下，配合合理的判断，实践证明是可以满足工程需要的。

3.1　土体中的自重应力

　　土是由土粒、水和气所组成的非连续介质。若把土体简化为连续体，而应用连续体力学(例如弹性力学)来研究土中应力的分布时，应注意到，土中任意截面上都包括骨架和孔隙的面积，所以在地基应力计算时都只考虑土中某单位面积上的平均应力。

　　在计算地基土中自重应力时，假设天然地面是一个无限大的水平面，因而在任意竖直面和水平面上均无剪应力存在。如果地面下土质均匀，天然重度为γ，则在天然地面下任意深度z处a—a水平面上的竖向自重应力σ_{cz}，可以取作用于该水平面上任一单位面积的土柱体自重$\gamma z \times 1$计算(见图3-1-1)，即

$$\sigma_{cz} = \gamma z \tag{3-1-1}$$

σ_{cz}沿水平面均匀分布，且与z成正比，即随深度按直线规律分布(见图3-1-1(a))。地基中除了有作用于水平面上的竖向自重应力外，在竖直面上还作用有水平向的侧向

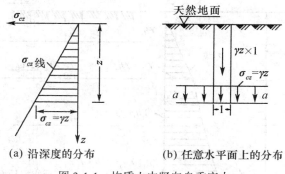

(a) 沿深度的分布　　　　　(b) 任意水平面上的分布

图 3-1-1　均质土中竖向自重应力

自重应力。由于 σ_{cz} 在任一水平面上均匀地无限分布，所以地基土在自重作用下只能产生竖向变形，而不能有侧向变形和剪切变形。从这个条件出发，根据弹性力学理论，侧向自重应力 σ_{cx} 和 σ_{cy} 应与 σ_{cz} 成正比，而剪应力均为零，即

$$\sigma_{cx} = \sigma_{cy} = K_0 \sigma_{cz} \tag{3-1-2}$$

$$\tau_{xy} = \tau_{yz} = \tau_{zx} = 0 \tag{3-1-3}$$

式中，比例系数 K_0 是侧向应力与竖向应力之比，称为土的侧压力系数或静止土压力系数，其实测资料见第 6 章相关内容。

必须指出，只有通过土粒接触点传递的粒间应力，才能使土粒彼此挤紧，从而引起土体的变形，粒间应力又称为有效应力。土中竖向和侧向的自重应力一般均指有效自重应力。计算时，对地下水位以下土层必须以有效重度 γ' 代替天然重度 γ。以后为简便起见，常把竖向有效自重应力 σ_{cz} 简称为自重应力，并改用符号 σ_c 表示。

地基土往往是成层的，且存在地下水，因而各层土具有不同的重度。计算时应以自然土层层面作为分层界面，如地下水位位于同一土层中，计算自重应力时，地下水位面也应作为分层的界面，如图 3-1-2 所示。天然地面下深度 z 范围内各层土的厚度自上而下分别为 h_1，h_2，h_i，$\cdots$，h_n，计算出高度为 z 的土柱体中各层土重的总和后，可得成层土及有地下水的土层中自重应力的计算公式

$$\sigma_c = \sum_{i=1}^{n} \gamma_i h_i \tag{3-1-4}$$

式中：σ_c——天然地面下任意深度 z 处的自重应力，kPa；

　　　n——深度 z 范围内土层的总数；

　　　h_i——第 i 层土的厚度，m；

　　　γ_i——第 i 层土的天然重度，地下水位以下的土层取浮重度 γ_i'，kN/m^3。

在地下水位以下，若埋藏有不透水层（例如岩层或只含结合水的坚硬黏土层），由于不透水层中不存在水的浮力，层面以下的自重应力应按上覆土层的水土总重计算（如图 3-1-2 中虚线所示）。这样，上覆层与不透水层界面上、下的自重应力将发生突变，使层面处具有两个自重应力值。

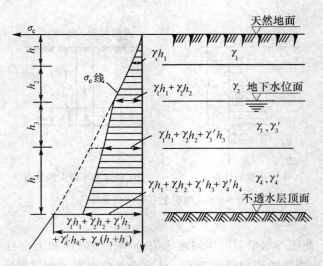

图 3-1-2 成层土中竖向自重应力沿深度的分布

自然界中的天然土层，一般形成至今已有很长的地质年代，天然土层在自重作用下的变形早已稳定。但对于近期沉积或堆积的土层，应考虑其在自重应力作用下的变形。

此外，地下水位的升降也会引起土中自重应力的变化，如图 3-1-3 所示。例如，在软土地区，常因大量抽取地下水，导致地下水位长期大幅度下降，使地基中原水位以下的有效自重应力增加(见图 3-1-3(a))，从而造成地表大面积下沉的严重后果。至于地下水位的长时间上升(见图 3-1-3(b))，常发生在人工抬高蓄水水位地区(如筑坝蓄水)或工业用水大量渗入地下的地区，如果该地区土层具有遇水后发生湿陷的性质，必须引起充分的注意。

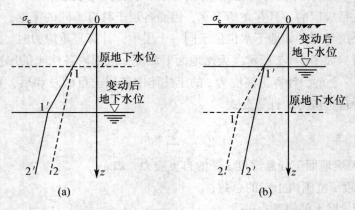

0—1—2 线为水位变动前；0—1′—2′ 线为水位变动后

图 3-1-3 地下水位升降对土中自重应力的影响

【例 3-1-1】 某建筑场地的地质柱状图和土的有关指标列于图 3-1-4 中。试计算地面下深度为 2.5m、5m 和 9m 处的自重应力，并绘出分布图。

【解】 本例天然地面下第一层粉土厚 6m，其中地下水位以上和以下的厚度分别为

3.6m和2.4m；第二层为粉质黏土层。依次计算2.5m、3.6m、5m、6m、9m各深度处的土中竖向自重应力，计算过程及自重应力分布图一并列于图3-1-4中。

土层	土的有效重度的计算	柱状图	深度 z (m)	分层厚度 h (m)	重度 γ (kN/m³)	竖向自重应力计算 σ_c(kPa)	竖向自重应力分布图
粉 土	$\gamma=18.0\text{kN/m}^3$ $G_s=2.70$ $\omega=35\%$ $\gamma'=\dfrac{(G_s-1)\gamma_w}{1+e}$ 地下水位 $=\dfrac{(G_s-1)\gamma}{G_s(1+\omega)}$ $=\dfrac{(2.70-1)\times18.0}{2.70\times(1+0.35)}$ $=8.4\text{kN/m}^3$		2.5 3.6 5.0 6.0	 3.6 2.4	 18 8.4	$18\times2.5=45$ $18\times3.6=65$ $65+8.4(5-3.6)=77$ $65+8.4(6-3.6)=85$	
粉质黏土	$\gamma=18.9\text{kN/m}^3$ $G_s=2.72$ $\omega=34.3\%$ $\gamma'=\dfrac{(2.72-1)\times18.9}{2.72\times(1+0.343)}$ $=8.9\text{kN/m}^3$		9.0		8.9	$85+8.9(9-6)=112$	65kPa 85kPa 112kPa

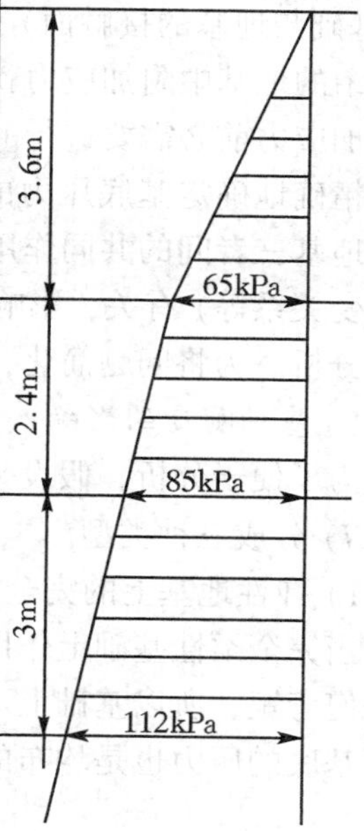

图 3-1-4

对于土坝中各个断面以及坝基所受的自重应力，由于土坝不是半无限体，其边界的条件与坝基的变形条件不同，因此受力条件复杂，难以精确求解坝身及坝底应力。对于简单的中小型土坝，允许用简化计算法，即土坝中任一深度处某点的土体自重应力等于该点以上土柱的重量，则仍可按式(3-1-4)计算，故任意水平面上自重应力的分布形状与坝体断面形状相似，如图3-1-5所示。对较重要的高土石坝，则需进行较为精确的坝体应力、变形分析。近年来多采用有限元法，这种方法可以考虑复杂的边界条件、坝料分区以及土的非线性特性等因素。

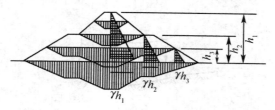

图 3-1-5　土坝及坝基中自重应力分布示意图

3.2 基底压力(接触压力)

3.2.1 基底压力的分布规律

外加荷载与上部建筑物和基础的全部重量,都是通过基础传递给地基的。在地基表面(即基础与地基的接触面)处的压力称为基底压力,基底压力又常称为接触压力。下节将要介绍的地基中附加应力就是由基底压力引起的。所以确定基底压力的大小和分布,是计算附加应力前必需要进行的。基底压力也是评价地基稳定性的重要依据。

精确地确定基底压力的大小与分布形式是一个很复杂的问题,它涉及上部结构、基础、地基三者间的共同作用问题,与三者的变形特性(如建筑物和基础的刚度,土层的应力应变关系等)有关,影响因素很多,这里仅对其分布规律及主要影响因素作些定性的讨论与分析。为将问题简化,暂不考虑上部结构的影响。

1. 基础刚度的影响

为了便于分析,假设基础直接放在地面上,并把各种基础按照与地基土的相对抗弯刚度(EI)分成三种类型。

1) 弹性地基上的完全柔性基础($EI = 0$)

当完全柔性基础上作用着如图 3-2-1(a) 所示的均布条形荷载时,由于该基础不能承受任何弯矩,所以基础上下的外力分布必须完全一致,如果上部荷载是均布的,经过基础传至基底的压力也是均布的。由于基础完全柔性,抗弯刚度 $EI = 0$,像个放在地上的柔软

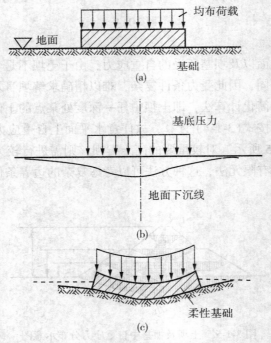

图 3-2-1　柔性基础基底压力分布

橡皮板，可以完全适应地基的变形。这种均布荷载在半无限弹性地基表面上引起的沉降为中间大、两端小的锅底形凹曲线，如图 3-2-1 所示。

当然，实际上没有 $EI = 0$ 的完全柔性基础，工程中，常把土坝(堤)及以钢板做成的储油罐底板等视为柔性基础，因此在计算土坝底部由土坝自重引起的接触压力分布时，可认为底部压力与土坝的外形轮廓相同，其大小等于各点以上的土柱重量，如图 3-2-2 所示。

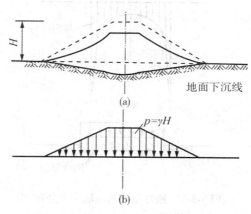

图 3-2-2　土坝(堤)的接触压力分布

2) 弹性地基上的绝对刚性基础($EI = \infty$)

由于基础刚度与土相比通常很大，可假设为绝对刚性，在均布荷载作用下，基础只能保持平面下沉而不能弯曲。这时如果假设地基上基底压力也是均匀的，地基将产生不均匀沉降，如图 3-2-3(a)中的虚线所示，其结果基础变形与地基变形不相协调，基底中部将会与地面脱开，出现架桥作用。为使基础与地基的变形保持协调相容(图 3-2-3(c))，必然要重新调整基底压力的分布形式，使两端应力加大，中间应力减小，从而使地面保持均匀下沉，以适应绝对刚性基础的变形而不致二者脱离。如果地基是完全弹性体，根据弹性理论解得的基底压力分布如图 3-2-3(b)中实线所示，基础边缘处的压力趋于无穷大。

通过以上分析可以看出，对于刚性基础，基底压力的分布形式与作用在它上面的荷载分布形式不一致。

3) 弹塑性地基上有限刚度的基础

这是工程实践中最常见的情况。由于绝对刚性基础只是一种理想情况，地基也不是完全弹性体，因此上述弹性理论解的基底压力分布图形实际上是不可能出现的。因为当基底两端的压力足够大，超过土的强度后，土体就会达到塑性状态，这时基底两端处地基土所承受的压力不能再增大，多余的应力自行调整向中间转移；又因基础并不是绝对刚性，可以稍稍弯曲，基底压力分布可以成为各种更加复杂的形式，例如可以成为马鞍形分布，这时基底两端应力不会是无穷大，而中间部分应力将比理论值大些，如图 3-2-3(b)中虚线所示。具体的压力分布形状与地基、基础的材料特性以及基础尺寸、荷载分布形状、大小等因素有关。

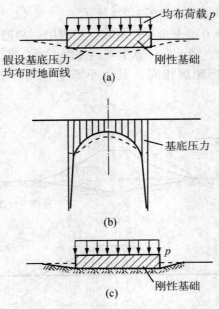

图 3-2-3　刚性基础的基底压力分布

2. 荷载及土性的影响

实测资料表明,刚性基础底面上基底压力分布形状大致有图 3-2-4 所示的几种情况。当荷载较小时,基底压力分布形状如图 3-2-4(a)所示,接近于弹性理论解;荷载增大后,基底压力可呈马鞍形(图 3-2-4(b));荷载再增大时,边缘塑性区逐渐扩大,所增加的荷载必须靠基底中部应力的增大来平衡,基底压力图形可变为抛物线型(图 3-2-4(c))以至倒钟形分布(图 3-2-4(d))。

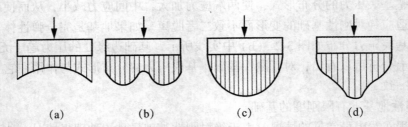

图 3-2-4　实测刚性基础底面上的压应力分布

实测资料还表明,当刚性基础放在砂土地基表面时,由于砂颗粒之间无黏结力,浅埋基础边缘处砂土的强度很低,其基底压力分布更易发展成如图 3-2-4(c)所示的抛物线形;而在黏性土地基表面上的刚性基础,其基底压力分布易成图 3-2-4(b)所示的马鞍形。

从以上分析可见,基底压力分布形式是十分复杂的,但由于基底压力都是作用在地基表面附近,根据弹性理论中的圣维南原理可知,其具体分布形式对地基中应力计算的影响将随深度的增加而减少，至一定深度后，地基中应力分布几乎与基底压力的分布形状无关，而只取决于荷载合力的大小和位置。因此，目前在基础工程的地基计算中，允许采用简化方法，即假定基底压力按直线分布的材料力学方法。但要注意，简化方法用于计算基础内力会引起较大的误差。

3.2.2 基底压力的简化计算

1. 中心荷载下的基底压力

中心荷载下的基础，即基础所受荷载的合力通过基底形心。基底压力假定为均匀分布。如图 3-2-5 所示，此时基底平均压力按下式计算：

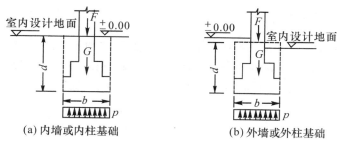

(a) 内墙或内柱基础   (b) 外墙或外柱基础

图 3-2-5　中心荷载下的简化基底压力分布图

$$p = \frac{F + G}{A} \tag{3-2-1}$$

式中：F—— 作用在基础上的竖向荷载，kN；

G—— 基础及其上回填土的总重，kN；$G = \gamma_G A d$，其中 γ_G 为基础及回填土之平均重度，一般取 20kN/m^3，但在地下水位以下部分应扣去浮力；d 为基础埋深，必须从设计地面或室内外平均设计地面算起；

A—— 基底面积，m^2，对矩形基础 $A = lb$，l 和 b 分别为矩形基底的长度和宽度。

如果基础为长方形，且其长度大于宽度的 5 倍，称为条形基础，则沿长度方向截取一单位长度的截条(称为 1 延米)进行基底平均压力 p 的计算，此时式(3-2-1)中的 A 改为 b，即

$$p = \frac{F + G}{b} \tag{3-2-2}$$

式中：F—— 沿基础长度方向 1 延米内基础上的竖向荷载，kN/m；

G—— 沿基础长度方向 1 延米内基础及其上回填土的总重，kN/m。

2. 偏心荷载下的基底压力

对于单向偏心荷载下的矩形基础，如图 3-2-6 所示。设计时，通常基底长边方向取与偏心方向一致，此时两短边边缘最大压力 $p_{\max}$ 与最小压力 $p_{\min}$ 按材料力学中短柱偏心受压公式计算

$$\left. \begin{array}{c} p_{\max} \\ p_{\min} \end{array} \right\} = \frac{F + G}{lb} \pm \frac{M}{W} \tag{3-2-3}$$

式中：F、G、l、b 符号意义同式(3-2-1)；

$\quad\quad$ M—— 作用于矩形基底的力矩，kN·m；

$\quad\quad$ W—— 基础底面的抵抗矩，$W = \dfrac{bl^2}{6}$，m³。

把偏心荷载(如图 3-2-6 中虚线所示) 的偏心矩 $e = \dfrac{M}{F + G}$ 代入式(3-2-3)，得

$$\left.\begin{array}{r} p_{max} \\ p_{min} \end{array}\right\} = \frac{F + G}{l\,b}\left(1 \pm \frac{6e}{l}\right) \tag{3-2-4}$$

由式(3-2-4) 可见，当 $e < \dfrac{l}{6}$ 时，基底压力分布图呈梯形(见图 3-2-6(a))；当 $e = \dfrac{l}{6}$

时，则呈三角形(见图 3-2-6(b))；当 $e > \dfrac{l}{6}$ 时，按式(3-2-4) 计算结果，距偏心荷载较远
的基底边缘反力为负值，即 $p_{min} < 0$。由于基底与地基之间不能承受拉力，此时基底与地
基局部脱开，而使基底压力重新分布。因此，根据偏心荷载应与基底反力相平衡的条件，
荷载合力 $F + G$ 应通过三角形反力分布图的形心(见图 3-2-6(c))，由此可得基底边缘的最
大压力 p_{max} 为

$$p_{max} = \frac{2(F + G)}{3b\,k} \tag{3-2-5}$$

式中：k—— 单向偏心荷载作用点至具有最大压力的基底边缘的距离，m。

基底压力为负值，即产生拉应力，这通常在建筑物设计中是不允许的，应改变偏心距
或基础宽度予以调整。

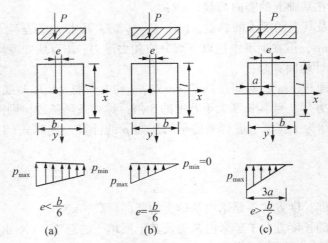

图 3-2-6 单向偏心荷载下矩形基础的简化基底压力分布图

若条形基础受偏心荷载作用，同样可以在长度方向取 1 延米进行计算，则基础宽度方
向两端的压力为

$$\left.\begin{array}{c} p_{max} \\ p_{min} \end{array}\right\} = \frac{F + G}{b}\left(1 \pm \frac{6e}{b}\right) \qquad (3-2-6)$$

式中，符号意义同式（3-2-2）。

如图 3-2-7 所示，矩形基础在双向偏心荷载作用下，若基底最小压力 $p_{min} \geqslant 0$，则矩形基底边缘四个角点处的压力 p_{max}、p_{min}、p_1、p_2 不相等，可以按下式计算：

$$p(x, y) = \frac{F + G}{lb} \pm \frac{M_x \cdot y}{I_x} \pm \frac{M_y \cdot x}{I_y} \qquad (3-2-7)$$

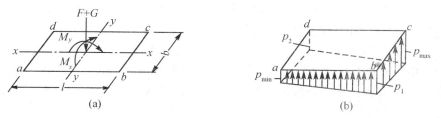

图 3-2-7　双向偏心荷载下矩形基础的基底压力分布图

式中：M_x、M_y——荷载合力分别对矩形基底 x 轴、y 轴的力矩，kN · m；

I_x、I_y——基础底面分别对 x 轴、y 轴的惯性矩，m⁴。

3. 偏心斜向荷载

前面所述两个问题均为基础受竖向力作用的情况，而在某些情况下基础会受到偏心斜向荷载作用，如在水工结构物中常见的垂直荷载加水压力或垂直荷载加地震力的情况，这时求解基底压力，可以按下述方法进行：

将作用于建筑物基础底面上的所有的力求出合力 R（即包括 F、G、p_h 等）或按原有的施加于建筑物上的斜向荷载 R，将 R 分解为铅直向与水平向的分力 $p_v(= R\cos\delta)$ 及 $p_h(= R\sin\delta)$，如图 3-2-8 所示。其铅直向基底压力是以 p_v 代替竖向力按式（3-2-4）计算。δ 为基底的法线与 R 的夹角。

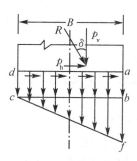

图 3-2-8　受偏心斜向荷载作用的基底压力分布图

水平向基底压力的计算，则按以下三种情况进行：

（1）假设水平方向的基底压力 p_h 为均匀分布，即

$$p_h = \frac{R\sin\delta}{A} \tag{3-2-8}$$

（2）假设各点水平向的基底压力 p_h 与该点的铅直向基底压力 p_v 成正比，即

$$p_h = p_v \cdot \tan\delta \tag{3-2-9}$$

（3）用理论上较精确的弹性接触应力解来确定水平向基底压力。

3.2.3 基底附加压力

建筑物建造前，土中早已存在着自重应力。如果基础砌置在天然地面上，那么全部基底压力就是新增加于地基表面的基底附加压力。一般天然土层在自重作用下的变形早已结束，因此只有基底附加压力才能引起地基的附加应力和变形。

实际上，如图 3-2-9 所示，一般浅基础总是埋置在天然地面下一定深度处，该处原有的自重应力由于开挖基坑而卸除。因此，在建筑物建造后的基底压力中扣除基底标高处原有的土中自重应力后，才是基底平面处新增加于地基的基底附加压力，因此基底平均附加压力 p_0 值按下式计算：

$$p_0 = p - \sigma_c = p - \gamma_0 d \tag{3-2-10}$$

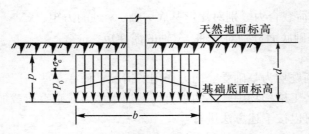

图 3-2-9　基底平均附加压力的计算

式中：p——基底平均压力，kPa；

σ_c——土中自重应力，基底处 $\sigma_c = \gamma_0 d$，kPa；

γ_0——基础底面标高以上天然土层的加权平均重度，kN/m^3：

$$\gamma_0 = \frac{\gamma_1 h_1 + \gamma_2 h_2 + \cdots}{h_1 + h_2 + \cdots} \tag{3-2-11}$$

其中，地下水位下的重度取浮重度；

d——基础埋深，m，必须从天然地面算起，对于新填土场地则应从老天然地面算起，$d = h_1 + h_2 + \cdots$。

有了基底附加压力，即可把该压力作为作用在弹性半空间表面上的局部荷载，由此根据弹性力学公式求算地基中的附加应力（见本章3.3节）。必须指出，实际上，基底附加压力一般作用在地表下一定深度（指浅基础的埋深）处，因此，假设该压力作用在半空间表面上，而运用弹性力学知识解答所得的结果只是近似值，不过，对于一般浅基础来说，这种假设所造成的误差可以忽略不计。

必须指出，当基坑的平面尺寸和深度较大时，坑底回弹是明显的，且基坑中点的回弹大于边缘点。在沉降计算中，为了适当考虑这种坑底的回弹和再压缩而增加的沉降，改取

$p_0 = p - \alpha\sigma_c$，其中 α 为 0 ~ 1 的系数。此外，式(3-2-10) 尚应保证坑底土质不发生浸水膨胀。

3.3　地基中的附加应力

地基中的附加应力是指基底以下地基中任一点处，由基底附加压力所引起的应力。所以计算地基中的附加应力，首先要计算出基底附加压力。地基与基底面积相比较，在地面以下的土体可以视为半无限大的。此外，相关实践表明，当外荷载不太大时，地基受荷与变形之间基本上成直线关系。因此，在理论上可以把地基视为半无限的直线变形体。这样就可以采用弹性力学理论来确定地基中的附加应力。

作用于土体的外荷，通过各土粒之间的接触点来传递。所以按弹性理论计算土体中任一点的应力，只能作为该点近似的平均应力。由于一般土粒尺寸与半无限体相比较相差悬殊，故这种计算方法在实用上是允许的。而且实际量测的资料证明，计算值与量测值接近，符合实际工程的精度要求。因此，这种计算方法被广泛采用。

计算地基中的附加应力时，都把基底压力看做直线分布，而不考虑基础刚度的影响。按弹性力学理论，地基中的附加应力计算分为空间问题和平面问题。

3.3.1　竖向集中力作用下地基中的附加应力

1. 竖向集中力作用的布辛奈斯克解

在弹性半空间表面上作用一个竖向集中力，半无限空间内任意点处所引起的应力和位移的弹性力学解是由法国数学家丁·布辛奈斯克(Boussinesq，1885 年) 作出的，如图 3-3-1 所示。

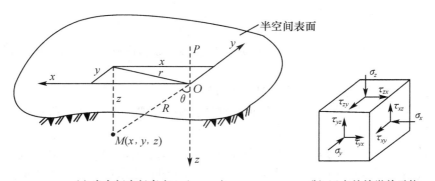

(a) 半空间中任意点 $M(x, y, z)$　　　　　　(b) M 点处的微单元体

图 3-3-1　一个竖向集中力作用下所引起的应力

在半空间中任意点 $M(x, y, z)$ 处的六个应力分量和三个位移分量的解如下：

$$\sigma_x = \frac{3P}{2\pi}\left[\frac{x^2 z}{R^5} + \frac{1-2\mu}{3}\left(\frac{R^2 - Rz - z^2}{R^3(R+z)} - \frac{x^2(2R+z)}{R^3(R+z)^2}\right)\right] \tag{3-3-1a}$$

$$\sigma_y = \frac{3P}{2\pi}\left[\frac{y^2 z}{R^5} + \frac{1-2\mu}{3}\left(\frac{R^2 - Rz - z^2}{R^3(R+z)} - \frac{y^2(2R+z)}{R^3(R+z)^2}\right)\right] \tag{3-3-1b}$$

$$\sigma_z = \frac{3P}{2\pi}\cdot\frac{z^3}{R^5} = \frac{3P}{2\pi R^2}\cos^3\theta \tag{3-3-1c}$$

$$\tau_{xy} = \tau_{yx} = -\frac{3P}{2\pi}\left[\frac{xyz}{R^5} - \frac{1-2\mu}{3}\cdot\frac{xy(2R+z)}{R^3(R+z)^2}\right] \tag{3-3-2a}$$

$$\tau_{yz} = \tau_{zy} = -\frac{3P}{2\pi}\cdot\frac{yz^2}{R^5} = -\frac{3Py}{2\pi R^3}\cos^2\theta \tag{3-3-2b}$$

$$\tau_{zx} = \tau_{xz} = -\frac{3P}{2\pi}\cdot\frac{xz^2}{R^5} = -\frac{3Px}{2\pi R^3}\cos^2\theta \tag{3-3-2c}$$

$$u = \frac{P(1+\mu)}{2\pi E}\left[\frac{xz}{R^3} - (1-2\mu)\frac{x}{R(R+z)}\right] \tag{3-3-3a}$$

$$v = \frac{P(1+\mu)}{2\pi E}\left[\frac{yz}{R^3} - (1-2\mu)\frac{y}{R(R+z)}\right] \tag{3-3-3b}$$

$$w = \frac{P(1+\mu)}{2\pi E}\left[\frac{z^2}{R^3} + 2(1-\mu)\frac{1}{R}\right] \tag{3-3-3c}$$

式中：σ_x、σ_y、σ_z——分别平行于 x、y、z 坐标轴的正应力，kPa；

τ_{xy}、τ_{yz}、τ_{zx}——剪应力，其中前一脚标表示与 M 点作用的微面的法线方向平行的坐标轴，后一脚标表示与 M 点作用方向平行的坐标轴，kPa；

u、v、w——M 点分别沿坐标轴 x、y、z 方向的位移，mm；

P——作用于坐标原点 O 的竖向集中力，kN；

R——M 点至坐标原点 O 的距离，$R = \sqrt{x^2 + y^2 + z^2} = \sqrt{r^2 + z^2} = \dfrac{z}{\cos\theta}$，m；

θ——R 线与 z 坐标轴的夹角；

r——M 点与集中力作用点的水平距离，m；

E——弹性模量(或土力学中专用的地基变形模量，以 E_0 代之)，kPa 或 MPa；

μ——泊松比。

这就是经典弹性力学中一个基本课题的解答。

若用 $R = 0$ 代入以上各式所得出的理论结果，均为无限大，因此，所选择的计算点不应过于接近集中力的作用点。

建筑物作用于地基上的荷载，总是分布在一定面积上的局部荷载，因此理论上的集中力实际是没有的。但是，根据弹性力学的叠加原理利用布辛奈斯克解，可以通过积分或等代荷载法求得各种局部荷载下地基中的附加应力。

以上 6 个应力分量和 3 个位移分量的公式中，竖向正应力 σ_z 和竖向位移 w 最为常用，以后有关地基附加应力的计算主要是针对 σ_z 而言的。

2. 等代荷载法

如果地基中某点 M 与局部荷载的距离比荷载面尺寸大很多时，就可以用一个集中力 P 代替局部荷载，然后直接应用式(3-3-1c)计算该点的 σ_z。为了计算的方便，以 $R = \sqrt{r^2 + z^2}$ 代入式(3-3-1c)，则

$$\sigma_z = \frac{3P}{2\pi} \frac{z^3}{(r^2 + z^2)^{\frac{5}{2}}} = \frac{3}{2\pi} \frac{1}{\left[\left(\frac{r}{z}\right)^2 + 1\right]^{\frac{5}{2}}} \frac{P}{z^2} \tag{3-3-4}$$

令 $K = \dfrac{3}{2\pi} \dfrac{1}{\left[\left(\dfrac{r}{z}\right)^2 + 1\right]^{\frac{5}{2}}}$，则上式改写为

$$\sigma_z = K \frac{P}{z^2} \tag{3-3-5}$$

式中：K—— 集中力作用下的地基竖向附加应力系数，简称集中应力系数，无因次，按 $\dfrac{r}{z}$ 值由表 3-3-1 查用。

表 3-3-1   集中应力系数 K

$\frac{r}{z}$	K	$\frac{r}{z}$	K	$\frac{r}{z}$	K	$\frac{r}{z}$	K	$\frac{r}{z}$	K
0	0.4775	0.50	0.2733	1.00	0.0844	1.50	0.0251	2.00	0.0085
0.05	0.4745	0.55	0.2466	1.05	0.0744	1.55	0.0224	2.20	0.0058
0.10	0.4657	0.60	0.2214	1.10	0.0658	1.60	0.0200	2.40	0.0040
0.15	0.4516	0.65	0.1978	1.15	0.0581	1.65	0.0179	2.60	0.0029
0.20	0.4329	0.70	0.1762	1.20	0.0513	1.70	0.0160	2.80	0.0021
0.25	0.4103	0.75	0.1565	1.25	0.0454	1.75	0.0144	3.00	0.0015
0.30	0.3849	0.80	0.1386	1.30	0.0402	1.80	0.0129	3.50	0.0007
0.35	0.3577	0.85	0.1226	1.35	0.0357	1.85	0.0116	4.00	0.0004
0.40	0.3294	0.90	0.1083	1.40	0.0317	1.90	0.0105	4.50	0.0002
0.45	0.3011	0.95	0.0956	1.45	0.0282	1.95	0.0095	5.00	0.0001

  若干个竖向集中力 $P_i(i = 1, 2, \cdots, n)$ 作用在地基表面上，如图 3-3-2 所示，则应分别计算出各个集中力在土中任一深度处所引起的附加应力，再根据应力叠加原理把它们叠加起来，这种应力叠加现象称为应力的集聚。即

$$\sigma_z = \sum_{i=1}^{n} K_i \frac{P_i}{z^2} = \frac{1}{z^2} \sum_{i=1}^{n} K_i P_i \tag{3-3-6}$$

式中：K_i——第 i 个集中应力系数，按 $\dfrac{r_i}{z}$ 由表 3-3-1 查得，其中 r_i 是第 i 个集中荷载作用点到 M 点的水平距离。

  如图 3-3-3 所示，当局部荷载的平面形状或分布情况不规则时，可以将荷载面(或基础底面)分成若干个形状规则(如矩形)的面积单元，每个单元上的分布荷载近似地以作用在单元面积形心上的集中力来代替，这样就可以利用式(3-3-6)计算地基中某点 M 的附加应

力。由于集中力作用点附近的 σ_z 为无限大,所以这种方法不适用于过于靠近荷载面的计算点。其计算精确度取决于单元面积的大小。当矩形单元面积的长边小于面积形心到计算点的距离的 $\frac{1}{2}$、$\frac{1}{3}$ 或 $\frac{1}{4}$ 时,所计算得的附加应力的误差一般分别不大于 6%、3% 或 2%。

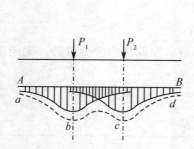

图 3-3-2   集中荷载下土中附加应力 σ_z 的集聚现象

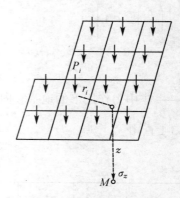

图 3-3-3   以等代荷载法计算 σ_z

在工程实践中,若基础较大,形状又不规则时,可以把整个基础划分为若干个小块,各小块荷载作为集中力考虑。或是建筑物的基础较多,每个基础面积又较小,也可以把每个基础的荷载作为集中力考虑。

【例 3-3-1】 在地基上作用一集中力 $P=100\text{kN}$,要求确定:(1)在地基中 $z=2\text{m}$ 的水平面上,水平距离 $r=0,1,2,3,4$(单位:m)处各点的附加应力 σ_z 值,并绘出分布图;(2)在地基中 $r=0$ 的竖直线上距地基表面 $z=0,1,2,3,4$(单位:m)处各点的 σ_z 值,并绘出分布图;(3)取 $\sigma_z=10,5,2,1$(单位:kPa),反算在地基中 $z=2\text{m}$ 的水平面上的 r 值和在 $r=0$ 的竖直线上的 z 值,并绘出相应于该四个应力值的 σ_z 等值线图。

【解】 (1)σ_z 的计算资料列于表 3-3-2;σ_z 分布图绘于图 3-3-4。

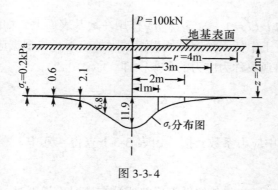

图 3-3-4

表 3-3-2

$z(\mathrm{m})$	$r(\mathrm{m})$	$\dfrac{r}{z}$	K(查表 3-3-1)	$\sigma_z = K\dfrac{P}{z^2}(\mathrm{kPa})$
2	0	0	0.477 5	$0.477\,5\dfrac{100}{2^2}=11.9$
2	1	0.5	0.273 3	6.8
2	2	1.0	0.084 4	2.1
2	3	1.5	0.025 1	0.6
2	4	2.0	0.008 5	0.2

（2）σ_z 的计算资料列于表 3-3-3；σ_z 分布图绘于图 3-3-5。

表 3-3-3

$z(\mathrm{m})$	$r(\mathrm{m})$	$\dfrac{r}{z}$	K(查表 3-3-1)	$\sigma_z = K\dfrac{P}{z^2}(\mathrm{kPa})$
0	0	0	0.477 5	∞
1	0	0	0.477 5	47.8
2	0	0	0.477 5	11.9
3	0	0	0.477 5	5.3
4	0	0	0.477 5	3.0

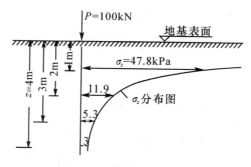

图 3-3-5

（3）反算资料列于表 3-3-4；σ_z 等值线图绘于图 3-3-6。

表 3-3-4

$z(\mathrm{m})$	$r(\mathrm{m})$	$\dfrac{r}{z}$	K	$\sigma_z(\mathrm{kPa})$
2	0.54	0.27	0.400 0	10
2	1.30	0.65	0.200 0	5
2	2.00	1.00	0.080 0	2

续表

z(m)	r(m)	$\dfrac{r}{z}$	K	σ_z(kPa)
2	2.60	1.30	0.040 0	1
2.19	0	0	0.477 5	10
3.09	0	0	0.477 5	5
5.37	0	0	0.477 5	2
6.91	0	0	0.477 5	1

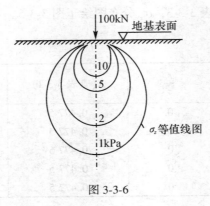

图 3-3-6

从以上例图中可见，当深度 z 为一定值时，水平距离 r 越大，则 K 值越小，因而 σ_z 值也越小；又在 P 力作用线之上，即 $r=0$ 的竖直线上，z 值越大，σ_z 值也越小。这说明了土中应力的扩散现象。图 3-3-7 给出应力的分布规律，例如图 3-3-7(a)中 $\dfrac{r}{z}=2.0$ 的情况，由表 3-3-1 查得 $K=0.01$，表明在 $\dfrac{r}{z}=2.0$ 的斜线上各点的附加应力已经很小，就可以把这一斜线定为应力分布边界。边界线以外的附加应力很小，可以忽略不计。连接地基中同一 σ_z 值的各点，便可以绘出图 3-3-6 中的 σ_z 等值线图，该图也称为应力泡，如图 3-3-7(b)所示。

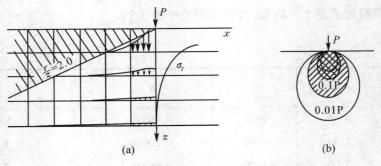

图 3-3-7　集中力作用下土中附加应力的扩散

3.3.2　水平集中力作用下地基中的附加应力

当地面作用水平向集中力 P_h 时，在地基内任一点 $M(x, y, z)$ 处引起的竖向附加应力 σ_z 是弹性体内应力计算的另一个基本课题，由西罗第(Cerruti)推导得，可以表示为

$$\sigma_z = \frac{3P_h}{2\pi R^2} \cos\alpha \sin\theta \cos^2\theta \qquad (3\text{-}3\text{-}7)$$

式中，各符号如图 3-3-8 所示。不言而喻，只有当基底与地基表面之间有足够的联结条件（如摩擦力或黏结力）时，水平荷载才能在地基中引起附加应力。

根据前述两个基本课题，可以分别依照实际工程特点、荷载条件与边界条件进行积分，得出各种情况下的附加应力计算公式和图表。

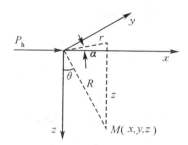

图 3-3-8　水平力作用示意图

3.3.3　空间问题的附加应力计算

1. 竖向均布荷载作用在矩形荷载面上的情况

设矩形荷载面的长度和宽度分别为 l 和 b，作用于基底上的竖向均布荷载为 p_0，现先以积分法求得矩形荷载面角点下的地基附加应力，然后运用角点法求得矩形荷载面下任意点的地基附加应力。以矩形荷载面角点为坐标原点 O，如图 3-3-9 所示，在荷载面内坐标为 (x, y) 处取一微面积 $\mathrm{d}x\mathrm{d}y$，并将其上的分布荷载用集中力 $p_0\mathrm{d}x\mathrm{d}y$ 来代替，则在角点 O 下任意深度 z 的 M 点处由该微小集中力引起的竖向附加应力 $\mathrm{d}\sigma_z$，按式（3-3-1c）为

$$\mathrm{d}\sigma_z = \frac{3}{2\pi} \frac{p_0 z^3}{\left(x^2 + y^2 + z^2\right)^{\frac{5}{2}}} \mathrm{d}x\mathrm{d}y \qquad (3\text{-}3\text{-}8)$$

将上式对整个矩形荷载面 A 积分，即得均布矩形荷载角点下的竖向附加应力表达式如下：

$$\sigma_z = \iint_A \mathrm{d}\sigma_z = \frac{3p_0}{2\pi} \int_0^l \int_0^b \frac{z^3}{\left(x^2 + y^2 + z^2\right)^{\frac{5}{2}}} \mathrm{d}x\mathrm{d}y$$

$$= \frac{p_0}{2\pi} \left[\frac{lbz(l^2 + b^2 + 2z^2)}{(l^2 + z^2)(b^2 + z^2)\sqrt{l^2 + b^2 + z^2}} + \arcsin\frac{lb}{\sqrt{(l^2 + z^2)(b^2 + z^2)}} \right] \qquad (3\text{-}3\text{-}9)$$

令

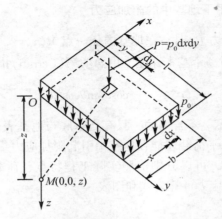

图 3-3-9　均布矩形荷载角点下的附加应力 σ_z

$$K_c = \frac{1}{2\pi}\left[\frac{lbz(l^2+b^2+2z^2)}{(l^2+z^2)(b^2+z^2)\sqrt{l^2+b^2+z^2}}+\arcsin\frac{lb}{\sqrt{(l^2+z^2)(b^2+z^2)}}\right] \tag{3-3-10}$$

所以

$$\sigma_z = K_c \cdot p_0 \tag{3-3-11}$$

式中，K_c 为均布荷载作用下矩形荷载面角点下的竖向附加应力系数，简称角点应力系数，无因次，可以按 $m=\dfrac{l}{b}$ 和 $n=\dfrac{z}{b}$ 值由表 3-3-5 查得。其中 b 为荷载面的短边长度。

角点之下的 σ_z 沿深度分布情况如图 3-3-10 所示。

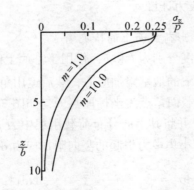

图 3-3-10　角点下 σ_z 沿深度分布规律

对于均布矩形荷载下的附加应力计算点不位于角点下的情况，可以利用式(3-3-11)以分部综合角点法(简称角点法)求得。图 3-3-11 中列出了计算点不位于角点下的四种情况(在图中 O 点以下任意深度 z 处)。计算时，通过 O 点把荷载面分成若干个矩形面积，这样，O 点就必然是划分出的各个矩形的公共角点，然后再按式(3-3-11)计算每个矩形角点下同一深度 z 处的附加应力 σ_z，并求其代数和。四种情况的算式分别如下：

（1）O 点在荷载面边缘：

$$\sigma_z = (K_{cI} + K_{cII})p_0 \tag{3-3-12}$$

式中：K_{cI} 和 K_{cII}——分别表示相应于面积 Ⅰ 和 Ⅱ 的角点应力系数。必须指出，查表 3-3-5 时所取用的边长 l 应为各自对应矩形荷载面的长边长度，而 b 则为短边长度，以下各种情况相同，不再赘述。

（2）O 点在荷载面内：

$$\sigma_z = (K_{cI} + K_{cII} + K_{cIII} + K_{cIV})p_0 \tag{3-3-13}$$

如果 O 点位于荷载面中心，则 $K_{cI} = K_{cII} = K_{cIII} = K_{cIV}$，得 $\sigma_z = 4K_{cI}p_0$，此即利用角点法求均布的矩形荷载面中心点下 σ_z 的解。

（3）O 点在荷载面边缘外侧，此时荷载面 $abcd$ 可以看成由 Ⅰ（$Ofbg$）与 Ⅱ（$Ofah$）之差和 Ⅲ（$Oecg$）与 Ⅳ（$Oedh$）之差合成的，所以

$$\sigma_z = (K_{cI} - K_{cII} + K_{cIII} - K_{cIV})p_0 \tag{3-3-14}$$

（4）O 点在荷载面角点外侧，把荷载面看成由 Ⅰ（$Ohce$）、Ⅳ（$Ogaf$）两个面积中扣除 Ⅱ（$Ohbf$）和 Ⅲ（$Ogde$）而成的，所以

$$\sigma_z = (K_{cI} - K_{cII} - K_{cIII} + K_{cIV})p_0 \tag{3-3-15}$$

（a）计算 O 点在荷载面边缘　（b）计算 O 点在荷载面内　（c）计算 O 点在荷载面边缘外侧　（d）计算 O 点在荷载面角点外侧

图 3-3-11　以角点法计算均布矩形荷载下的地基附加应力

表 3-3-5　矩形荷载面受竖向均布荷载作用时角点下的竖向附加应力系数 K_c

$\dfrac{z}{b}$	$\dfrac{l}{b}$											
	1.0	1.2	1.4	1.6	1.8	2.0	3.0	4.0	5.0	6.0	10.0	条形
0.0	0.250	0.250	0.250	0.250	0.250	0.250	0.250	0.250	0.250	0.250	0.250	0.250
0.2	0.249	0.249	0.249	0.249	0.249	0.249	0.249	0.249	0.249	0.249	0.249	0.249
0.4	0.240	0.242	0.243	0.243	0.244	0.244	0.244	0.244	0.244	0.244	0.244	0.244
0.6	0.223	0.228	0.230	0.232	0.232	0.233	0.234	0.234	0.234	0.234	0.234	0.234
0.8	0.200	0.207	0.212	0.215	0.216	0.218	0.220	0.220	0.220	0.220	0.220	0.220
1.0	0.175	0.185	0.191	0.195	0.198	0.200	0.203	0.204	0.204	0.204	0.205	0.205
1.2	0.152	0.163	0.171	0.176	0.179	0.182	0.187	0.188	0.189	0.189	0.189	0.189

$\dfrac{z}{b}$	$\dfrac{l}{b}$											
	1.0	1.2	1.4	1.6	1.8	2.0	3.0	4.0	5.0	6.0	10.0	条形
1.4	0.131	0.142	0.151	0.157	0.161	0.164	0.171	0.173	0.174	0.174	0.174	0.174
1.6	0.112	0.124	0.133	0.140	0.145	0.148	0.157	0.159	0.160	0.160	0.160	0.160
1.8	0.097	0.108	0.117	0.124	0.129	0.133	0.143	0.146	0.147	0.148	0.148	0.148
2.0	0.084	0.095	0.103	0.110	0.116	0.120	0.131	0.135	0.136	0.137	0.137	0.137
2.2	0.073	0.083	0.092	0.098	0.104	0.108	0.121	0.125	0.126	0.127	0.128	0.128
2.4	0.064	0.073	0.081	0.088	0.093	0.098	0.111	0.116	0.118	0.118	0.119	0.119
2.6	0.057	0.065	0.072	0.079	0.084	0.089	0.102	0.107	0.110	0.111	0.112	0.112
2.8	0.050	0.058	0.065	0.071	0.076	0.080	0.094	0.100	0.102	0.104	0.105	0.105
3.0	0.045	0.052	0.058	0.064	0.069	0.073	0.087	0.093	0.096	0.097	0.099	0.099
3.2	0.040	0.047	0.053	0.058	0.063	0.067	0.081	0.087	0.090	0.092	0.093	0.094
3.4	0.036	0.042	0.048	0.053	0.057	0.061	0.075	0.081	0.085	0.086	0.088	0.089
3.6	0.033	0.038	0.043	0.048	0.052	0.056	0.069	0.076	0.080	0.082	0.084	0.084
3.8	0.030	0.035	0.040	0.044	0.048	0.052	0.065	0.072	0.075	0.077	0.080	0.080
4.0	0.027	0.032	0.036	0.040	0.044	0.048	0.060	0.067	0.071	0.073	0.076	0.076
4.2	0.025	0.029	0.033	0.037	0.041	0.044	0.056	0.063	0.067	0.070	0.072	0.073
4.4	0.023	0.027	0.031	0.034	0.038	0.041	0.053	0.060	0.064	0.066	0.069	0.070
4.6	0.021	0.025	0.028	0.032	0.035	0.038	0.049	0.056	0.061	0.063	0.066	0.067
4.8	0.019	0.023	0.026	0.029	0.032	0.035	0.046	0.053	0.058	0.060	0.064	0.064
5.0	0.018	0.021	0.024	0.027	0.030	0.033	0.043	0.050	0.055	0.057	0.061	0.062
6.0	0.013	0.015	0.017	0.020	0.022	0.024	0.033	0.039	0.043	0.046	0.051	0.052
7.0	0.009	0.011	0.013	0.015	0.016	0.018	0.025	0.031	0.035	0.038	0.043	0.045
8.0	0.007	0.009	0.010	0.011	0.013	0.014	0.020	0.025	0.028	0.031	0.037	0.039
9.0	0.006	0.007	0.008	0.009	0.010	0.011	0.016	0.020	0.024	0.026	0.032	0.035
10.0	0.005	0.006	0.007	0.007	0.008	0.009	0.013	0.017	0.020	0.022	0.028	0.032
12.0	0.003	0.004	0.005	0.005	0.006	0.006	0.009	0.012	0.014	0.017	0.022	0.026
14.0	0.002	0.003	0.004	0.004	0.004	0.005	0.007	0.009	0.011	0.013	0.018	0.023
16.0	0.002	0.002	0.003	0.003	0.003	0.004	0.005	0.007	0.009	0.010	0.014	0.020
18.0	0.001	0.002	0.002	0.002	0.003	0.003	0.004	0.006	0.007	0.008	0.012	0.018
20.0	0.001	0.001	0.002	0.002	0.002	0.002	0.004	0.005	0.006	0.007	0.010	0.016

$\dfrac{z}{b}$	$\dfrac{l}{b}$											
	1.0	1.2	1.4	1.6	1.8	2.0	3.0	4.0	5.0	6.0	10.0	条形
25.0	0.001	0.001	0.001	0.001	0.001	0.002	0.002	0.003	0.004	0.004	0.007	0.013
30.0	0.001	0.001	0.001	0.001	0.001	0.001	0.002	0.002	0.003	0.003	0.005	0.011
35.0	0.000	0.000	0.001	0.001	0.001	0.001	0.001	0.002	0.002	0.002	0.004	0.009
40.0	0.000	0.000	0.000	0.000	0.001	0.001	0.001	0.001	0.001	0.002	0.003	0.008

【**例 3-3-2**】　以角点法计算如图 3-3-12 所示矩形基础甲的基底中心点垂线下不同深度处的地基附加应力 σ_z 的分布,并考虑两相邻基础乙的影响(两相邻柱距为 6m,荷载同基础甲)。

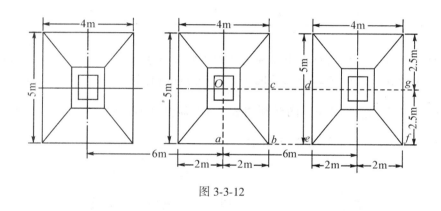

图 3-3-12

【**解**】　(1)计算基础甲的基底平均附加应力,基础乙荷载同基础甲:

基础及其上回填土的总重　$G = r_G A d = 20 \times 5 \times 4 \times 1.5 = 600 (\text{kN})$;

基底压力　$p = \dfrac{F+G}{A} = \dfrac{1940+600}{5 \times 4} = 127 (\text{kPa})$;

基底处的土中自重应力　$\sigma_c = r_0 d = 18 \times 1.5 = 27 (\text{kPa})$;

基底附加压力　$p_0 = p - \sigma_c = 127 - 27 = 100 (\text{kPa})$。

(2)计算基础甲中心点 O 下由本基础荷载引起的 σ_z,基底中心点 O 可以看成四个相等小矩形荷载 I($Oabc$)的公共角点,其长宽比 $\dfrac{l}{b} = \dfrac{2.5}{2} = 1.25$,取深度 $z = 0$,1,2,3,4,5,6,7,8,10(单位:m)各计算点,相应的 $\dfrac{z}{b} = 0$,0.5,1,1.5,2,2.5,3,3.5,4,5,利用表 3-3-5 即可查得地基附加应力系数 K_c。σ_z 的计算列于表 3-3-6 中,根据计算资料绘出 σ_z 分布图,如图 3-3-13 所示。

表 3-3-6

点	$\dfrac{l}{b}$	$z(\text{m})$	$\dfrac{z}{b}$	$K_{c\,\mathrm{I}}$	$\sigma_z = 4K_{c\,\mathrm{I}} \cdot p_0\,(\text{kPa})$
0	1.25	0	0	0.250	$4 \times 0.250 \times 100 = 100$
1	1.25	1	0.5	0.235	$4 \times 0.235 \times 100 = 94$
2	1.25	2	1	0.187	$4 \times 0.187 \times 100 = 75$
3	1.25	3	1.5	0.135	54
4	1.25	4	2	0.097	39
5	1.25	5	2.5	0.071	28
6	1.25	6	3	0.054	21
7	1.25	7	3.5	0.042	17
8	1.25	8	4	0.032	13
9	1.25	10	5	0.022	9

（3）计算基础甲中心点 O 下由相邻两基础乙的荷载引起的 σ_z，此时中心点 O 可以看成是四个与 I（$Oafg$）相同的矩形和另四个与 II（$Oaed$）相同的矩形的公共角点，其长宽比 $\dfrac{l}{b}$ 分别为 $\dfrac{8}{2.5}=3.2$ 和 $\dfrac{4}{2.5}=1.6$。同样利用表 3-3-5 即可分别查得 $K_{c\,\mathrm{I}}$ 和 $K_{c\,\mathrm{II}}$，σ_z 的计算结果和分布图，如表 3-3-7 和图 3-3-13 所示。

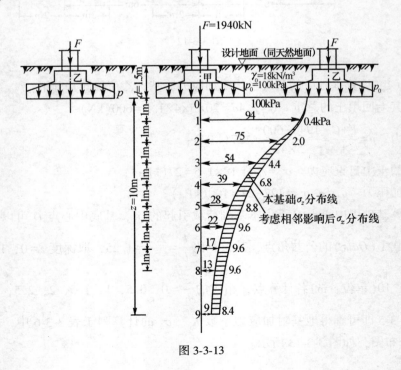

图 3-3-13

表 **3-3-7**

点	$\dfrac{l}{b}$		z (m)	$\dfrac{z}{b}$	K_c		$\sigma_z = (K_{cI} - K_{cII})p_0 (\text{kPa})$
	I ($Oafg$)	II ($Oaed$)			K_{cI}	K_{cII}	
0			0	0	0.250	0.250	$4 \times (0.250 - 0.250) \times 100 = 0$
1			1	0.4	0.244	0.243	$4 \times (0.244 - 0.243) \times 100 = 0.4$
2			2	0.8	0.220	0.215	$4 \times (0.220 - 0.215) \times 100 = 2.0$
3			3	1.2	0.187	0.176	4.4
4	$\dfrac{8}{2.5} = 3.2$	$\dfrac{4}{2.5} = 1.6$	4	1.6	0.157	0.140	6.8
5			5	2.0	0.132	0.110	8.8
6			6	2.4	0.112	0.088	9.6
7			7	2.8	0.095	0.071	9.6
8			8	3.2	0.082	0.058	9.6
9			10	4.0	0.061	0.040	8.4

2. 三角形分布的荷载作用在矩形荷载面上的情况

如图 3-3-14 所示，设竖向荷载沿矩形面积一边 b 方向上呈三角形分布（沿另一边 l 的荷载分布不变），荷载的最大值为 p_t，取荷载零值边的角点 1 为坐标原点则可以将荷载面内某点 (x, y) 处所取微面积 $\mathrm{d}x\mathrm{d}y$ 上的分布荷载以集中力 $\dfrac{x}{b}p_0\mathrm{d}x\mathrm{d}y$ 代替。角点 1 下深度 z 处的 M 点由该集中力引起的附加应力 $\mathrm{d}\sigma_z$，按式（3-3-1c）为

$$\mathrm{d}\sigma_z = \frac{3}{2\pi} \frac{p_0 x z^3}{b(x^2 + y^2 + z^2)^{\frac{5}{2}}} \mathrm{d}x\mathrm{d}y \tag{3-3-16}$$

对整个矩形荷载面积进行积分后得角点 1 下任意深度 z 处竖向附加应力

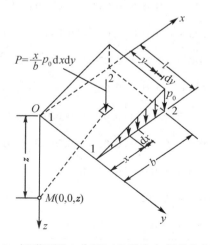

图 3-3-14　矩形面积上作用三角形分布荷载角点下的 σ_z

$$\sigma_z = K_{t1} p_t \tag{3-3-17}$$

式中，
$$K_{t1} = \frac{mn}{2\pi}\left[\frac{1}{\sqrt{m^2+n^2}} - \frac{n^2}{(1+n^2)\sqrt{m^2+n^2+1}}\right]$$

同理，还可求得荷载最大值边的角点 2 下任意深度 z 处的竖向附加应力 σ_z 为

$$\sigma_z = K_{t2} p_t = (K_c - K_{t1}) p_t \tag{3-3-18}$$

K_{t1} 和 K_{t2} 均为 $m = \dfrac{l}{b}$ 和 $n = \dfrac{z}{b}$ 的函数，可以由表 3-3-8 查用。必须注意 b 是沿三角形荷载变化方向的边长。σ_z 沿深度方向的变化如图 3-3-15 所示。

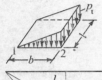

表 3-3-8　　　　　　　　　矩形荷载面受三角形分布荷载作用的
角点下的竖向附加应力系数 K_{t1} 和 K_{t2}

$\dfrac{z}{b}$ ＼ $\dfrac{l}{b}$ 点	0.2		0.4		0.6		0.8		1.0	
	1	2	1	2	1	2	1	2	1	2
0.0	0.000 0	0.250 0	0.000 0	0.250 0	0.000 0	0.250 0	0.000 0	0.250 0	0.000 0	0.250 0
0.2	0.022 3	0.182 1	0.028 0	0.211 5	0.029 6	0.216 5	0.030 1	0.217 8	0.030 4	0.218 2
0.4	0.026 9	0.109 4	0.042 0	0.160 4	0.048 7	0.178 1	0.051 7	0.184 4	0.053 1	0.187 0
0.6	0.025 9	0.070 0	0.044 8	0.116 5	0.056 0	0.140 5	0.062 1	0.152 0	0.065 4	0.157 5
0.8	0.023 2	0.048 0	0.042 1	0.085 3	0.055 3	0.109 3	0.063 7	0.123 2	0.068 8	0.131 1
1.0	0.020 1	0.034 6	0.037 5	0.063 8	0.050 8	0.085 2	0.060 2	0.099 6	0.066 6	0.108 6
1.2	0.017 1	0.026 0	0.032 4	0.049 1	0.045 0	0.067 3	0.054 6	0.080 7	0.061 5	0.090 1
1.4	0.014 5	0.020 2	0.027 8	0.038 6	0.039 2	0.054 0	0.048 3	0.066 1	0.055 4	0.075 1
1.6	0.012 3	0.016 0	0.023 8	0.031 0	0.033 9	0.044 0	0.042 4	0.054 7	0.049 2	0.062 8
1.8	0.010 5	0.013 0	0.020 4	0.025 4	0.029 4	0.036 3	0.037 1	0.045 7	0.043 5	0.053 4
2.0	0.009 0	0.010 8	0.017 6	0.021 1	0.025 5	0.030 4	0.032 4	0.038 7	0.038 4	0.045 6
2.5	0.006 3	0.007 2	0.012 5	0.014 0	0.018 3	0.020 5	0.023 6	0.026 5	0.028 4	0.031 8
3.0	0.004 6	0.005 1	0.009 2	0.010 0	0.013 5	0.014 8	0.017 6	0.019 2	0.021 4	0.023 3
5.0	0.001 8	0.001 9	0.003 6	0.003 8	0.005 4	0.005 6	0.007 1	0.007 4	0.008 8	0.009 1
7.0	0.000 9	0.001 0	0.001 9	0.001 9	0.002 8	0.002 9	0.003 8	0.003 8	0.004 7	0.004 7
10.0	0.000 5	0.000 4	0.000 9	0.001 0	0.001 4	0.001 4	0.001 9	0.001 9	0.002 3	0.002 4

续表

$\dfrac{l}{b}$ 点 $\dfrac{z}{b}$	1.2		1.4		1.6		1.8		2.0	
	1	2	1	2	1	2	1	2	1	2
0.0	0.000 0	0.250 0	0.000 0	0.250 0	0.000 0	0.250 0	0.000 0	0.250 0	0.000 0	0.250 0
0.2	0.030 5	0.218 4	0.030 5	0.218 5	0.030 6	0.218 5	0.030 6	0.218 5	0.030 6	0.218 5
0.4	0.053 9	0.188 1	0.054 3	0.188 6	0.054 5	0.188 9	0.054 6	0.189 1	0.054 7	0.189 2
0.6	0.067 3	0.160 2	0.068 4	0.161 6	0.069 0	0.162 5	0.069 4	0.163 0	0.069 6	0.163 3
0.8	0.072 0	0.135 5	0.073 9	0.138 1	0.075 1	0.139 6	0.075 9	0.140 5	0.076 4	0.141 2
1.0	0.070 8	0.114 3	0.073 5	0.117 6	0.075 3	0.120 2	0.076 6	0.121 5	0.077 4	0.122 5
1.2	0.066 4	0.096 2	0.069 8	0.100 7	0.072 1	0.103 7	0.073 8	0.105 5	0.074 9	0.106 9
1.4	0.060 6	0.081 7	0.064 4	0.086 4	0.067 2	0.089 7	0.069 2	0.092 1	0.070 7	0.093 7
1.6	0.054 5	0.069 6	0.058 6	0.074 3	0.061 6	0.078 0	0.063 9	0.080 6	0.065 6	0.082 6
1.8	0.048 7	0.059 6	0.052 8	0.064 4	0.056 0	0.068 1	0.058 5	0.070 9	0.060 4	0.073 0
2.0	0.043 4	0.051 3	0.047 4	0.056 0	0.050 7	0.059 6	0.053 3	0.062 5	0.055 3	0.064 9
2.5	0.032 6	0.036 5	0.036 2	0.040 5	0.039 3	0.044 0	0.041 9	0.046 9	0.044 0	0.049 1
3.0	0.024 9	0.027 0	0.028 0	0.030 3	0.030 7	0.033 3	0.033 1	0.035 9	0.035 2	0.038 0
5.0	0.010 4	0.010 8	0.012 0	0.012 3	0.013 5	0.013 9	0.014 8	0.015 4	0.016 1	0.016 7
7.0	0.005 6	0.005 6	0.006 4	0.006 6	0.007 3	0.007 4	0.008 1	0.008 3	0.008 9	0.009 1
10.0	0.002 8	0.002 8	0.003 3	0.003 2	0.003 7	0.003 7	0.004 1	0.004 2	0.004 6	0.004 6

$\dfrac{l}{b}$ 点 $\dfrac{z}{b}$	3.0		4.0		6.0		8.0		10.0	
	1	2	1	2	1	2	1	2	1	2
0.0	0.000 0	0.250 0	0.000 0	0.250 0	0.000 0	0.250 0	0.000 0	0.250 0	0.000 0	0.250 0
0.2	0.030 6	0.218 6	0.030 6	0.218 6	0.030 6	0.218 6	0.030 6	0.218 6	0.030 6	0.218 6
0.4	0.054 8	0.189 4	0.054 9	0.189 4	0.054 9	0.189 4	0.054 9	0.189 4	0.054 9	0.189 4
0.6	0.070 1	0.163 8	0.070 2	0.163 9	0.070 2	0.164 0	0.070 2	0.164 0	0.070 2	0.164 0
0.8	0.077 3	0.142 3	0.077 6	0.142 4	0.077 6	0.142 6	0.077 6	0.142 6	0.077 6	0.142 6
1.0	0.079 0	0.124 4	0.079 4	0.124 8	0.079 5	0.125 0	0.079 6	0.125 0	0.079 6	0.125 0
1.2	0.077 4	0.109 6	0.077 9	0.110 3	0.078 2	0.110 5	0.078 3	0.110 5	0.078 3	0.110 5
1.4	0.073 9	0.097 3	0.074 8	0.098 2	0.075 2	0.098 6	0.075 2	0.098 7	0.075 3	0.098 7
1.6	0.069 7	0.087 0	0.070 8	0.088 2	0.071 4	0.088 7	0.071 5	0.088 8	0.071 5	0.088 9
1.8	0.065 2	0.078 2	0.066 6	0.079 7	0.067 3	0.080 5	0.067 5	0.080 6	0.067 5	0.080 8
2.0	0.060 7	0.070 7	0.062 4	0.072 6	0.063 4	0.073 4	0.063 6	0.073 6	0.063 6	0.073 8
2.5	0.050 4	0.055 9	0.052 9	0.058 5	0.054 3	0.060 1	0.054 7	0.060 4	0.054 8	0.060 5
3.0	0.041 9	0.045 1	0.044 9	0.048 2	0.046 9	0.050 4	0.047 4	0.050 9	0.047 6	0.051 1
5.0	0.021 4	0.022 1	0.024 8	0.025 6	0.028 3	0.029 0	0.029 6	0.030 3	0.030 1	0.030 9
7.0	0.012 4	0.012 6	0.015 2	0.015 4	0.018 6	0.019 0	0.020 4	0.020 7	0.021 2	0.021 6
10.0	0.006 6	0.006 6	0.008 4	0.008 3	0.011 1	0.011 1	0.012 8	0.013 0	0.013 9	0.014 1

对三角形分布荷载情况，在计算矩形荷载面以内或以外任一点 M 之下的附加应力时，也可以用分部综合角点法进行。例如当 M 点在最大荷载边上时，可以根据应力叠加原理作出如图 3-3-16 所示的计算图，据此不难看出

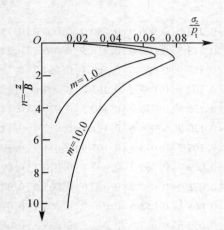

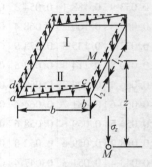

图 3-3-15　角点下附加应力随深度分布规律　　　图 3-3-16　三角形分布荷载最大荷载边下的 σ_z

$$K_t = K_{c(\text{I})} + K_{c(\text{II})} - K_{t(\text{I})} - K_{t(\text{II})} \tag{3-3-19}$$

注意，式中 K_c 为均布铅直荷载、K_t 为三角形铅直荷载作用在矩形荷载面时角点下的附加应力系数。

M 点若位于矩形荷载面以内或以外时，均可以用与上述基本相似的方法求解。

另外，应用上述均匀分布和三角形分布的荷载作用在矩形荷载面角点下的附加应力系数 K_c、K_{t1}、K_{t2}，还可以用角点法求算梯形分布时地基中任意点的竖向附加应力 σ_z 值，亦可以求算条形荷载面时(取 $m=10$)的地基附加应力 σ_z。

3. 均布水平荷载作用在矩形荷载面上的情况

当矩形荷载面承受均布水平荷载时，如图 3-3-17 所示，则对式(3-3-7)积分，求得矩形荷载面的左角点 A 和右角点 C 下的两个附加应力。计算表明，在角点 A 和 C 下的附加应力的绝对值相同。但角点 A 下的 σ_z 为负值(土力学中定义负值为拉应力)，而角点 C 下的 σ_z 为正值(向下压力)。所以

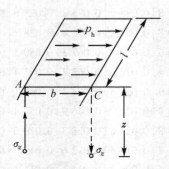

图 3-3-17　均布水平荷载角点下的 σ_z

$$\sigma_z = \mp K_{\text{h}} \cdot p_{\text{h}} \tag{3-3-20}$$

其中，
$$K_{\text{h}} = \frac{1}{2\pi}\left[\frac{m}{\sqrt{m^2+n^2}} - \frac{mn^2}{(1+n^2)\sqrt{1+m^2+n^2}}\right]$$

式中：p_{h}——均布水平荷载强度，kPa；

　　　K_{h}——附加应力系数，无因次，可按 $m = \dfrac{l}{b}$ 和 $n = \dfrac{z}{b}$ 的值，从表 3-3-9 查得；

　　　b——平行于水平荷载方向的边长，m；

　　　l——垂直于水平荷载方向的边长，m。

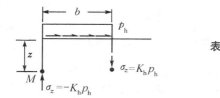

表 3-3-9　　　　矩形面积受水平均布荷载作用时
角点下的附加应力系数 K_{h} 值

$m=\dfrac{l}{b}$ ＼ $n=z/b$	1.0	1.2	1.4	1.6	1.8	2.0	3.0	4.0	6.0	8.0	10.0
0.0	0.159 2	0.159 2	0.159 2	0.159 2	0.159 2	0.159 2	0.159 2	0.159 2	0.159 2	0.159 2	0.159 2
0.2	0.151 8	0.152 3	0.152 6	0.152 8	0.152 9	0.152 9	0.153 0	0.153 0	0.153 0	0.153 0	0.153 0
0.4	0.132 8	0.134 7	0.135 6	0.136 2	0.136 5	0.136 7	0.137 1	0.137 2	0.137 2	0.137 2	0.137 2
0.6	0.109 1	0.112 1	0.113 9	0.115 0	0.115 6	0.116 0	0.116 8	0.116 9	0.117 0	0.117 0	0.117 0
0.8	0.086 1	0.090 0	0.092 4	0.093 9	0.094 8	0.095 5	0.096 7	0.096 9	0.097 0	0.097 0	0.097 0
1.0	0.066 6	0.070 8	0.073 5	0.075 3	0.076 6	0.077 4	0.079 0	0.079 4	0.079 5	0.079 6	0.079 6
1.2	0.051 2	0.055 3	0.058 2	0.060 1	0.061 5	0.062 4	0.064 5	0.065 0	0.065 2	0.065 2	0.065 2
1.4	0.039 5	0.043 3	0.046 0	0.048 0	0.049 4	0.050 5	0.052 8	0.053 4	0.053 7	0.053 7	0.053 8
1.6	0.030 8	0.034 1	0.036 6	0.038 5	0.040 0	0.041 0	0.043 6	0.044 3	0.044 6	0.044 7	0.044 7
1.8	0.024 2	0.027 0	0.029 3	0.031 1	0.032 5	0.033 6	0.036 2	0.037 0	0.037 4	0.037 5	0.037 5
2.0	0.019 2	0.021 7	0.023 7	0.025 3	0.026 6	0.027 7	0.030 3	0.031 2	0.031 7	0.031 8	0.031 8
2.5	0.011 3	0.013 0	0.014 5	0.015 7	0.016 7	0.017 6	0.020 2	0.021 1	0.021 7	0.021 9	0.021 9
3.0	0.007 0	0.008 3	0.009 3	0.010 2	0.011 0	0.011 7	0.014 0	0.015 0	0.015 6	0.015 8	0.015 9
5.0	0.001 8	0.002 1	0.002 4	0.002 7	0.003 0	0.003 2	0.004 3	0.005 0	0.005 7	0.005 9	0.006 0
7.0	0.000 7	0.000 8	0.000 9	0.001 0	0.001 2	0.001 3	0.001 8	0.002 2	0.002 7	0.002 9	0.003 0
10.0	0.000 2	0.000 3	0.000 3	0.000 4	0.000 4	0.000 5	0.000 7	0.000 8	0.001 1	0.001 3	0.001 4

正负号取决于角点相对于水平荷载作用方向的位置。

计算证明，在边长 b 中点下面任一深度的附加应力 $\sigma_z = 0$。

受均布水平荷载作用时，地基中附加应力沿深度分布如图 3-3-18 所示。

求矩形荷载面以内或以外任一点之下的附加应力，也可以利用叠加原理按分部综合角点法进行。如图 3-3-19 所示。

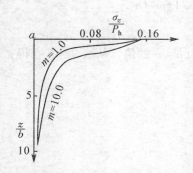

图 3-3-18　均布水平荷载的地基中附
　　　　　加应力沿深度分布规律

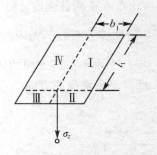

图 3-3-19　用角点法求解附加应力

4. 梯形分布的竖向荷载及均布水平荷载同时作用于矩形荷载面的情况

这种情况在水工建筑物中是经常遇到的一种荷载组合，如图 3-3-20 所示。图 3-3-20 中梯形竖向荷载是由均布荷载和三角形荷载二者所组成，再叠加均布水平荷载，故可以根据前面所介绍的计算方法按三种情况分别计算各点的附加应力，再叠加起来。

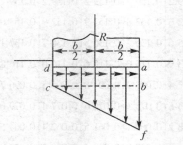

图 3-3-20　组合荷载情况的 σ_z

5. 均布的竖向荷载作用在圆形荷载面上的情况

设圆形荷载面的半径为 r_0，作用于地基表面上的竖向均布荷载为 p_0，若以圆形荷载面的中心点作为坐标原点 O，如图 3-3-21 所示，并在荷载面积上取微面积 $dA = r d\theta dr$，以集中力 $p_0 dA$ 代表微面积上的分布荷载，则可以运用式(3-3-1(c))以积分法求得均布圆形荷载中点下任意深度 z 处 M 点的 σ_z 如下：

$$\sigma_z = \iint\limits_A d\sigma_z = \frac{3p_0}{2\pi}\int_0^{2\pi}\int_0^{r_0}\frac{z^3 r d\theta dr}{(r^2 + z^2)^{\frac{5}{2}}} = p_0\left[1 - \frac{z^3}{(r_0^2 + z^2)^{\frac{3}{2}}}\right]$$

$$= p_0\left[1 - \frac{1}{\left(\dfrac{1}{z^2/r_0^2} + 1\right)^{\frac{3}{2}}}\right] = K_r p_0 \tag{3-3-21}$$

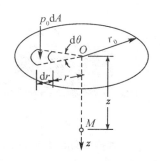

图 3-3-21　均布圆形荷载中点下的 σ_z

式中，K_r——均布的圆形荷载中心点下的附加应力系数，该系数是 $\dfrac{z}{r_0}$ 的函数，由表3-3-10查得。

表 3-3-10　　　　　　　　　均布的圆形荷载中心点下的附加应力系数 K_r

$\dfrac{z}{r_0}$	K_r	$\dfrac{z}{r_0}$	K_r	$\dfrac{z}{r_0}$	K_r	$\dfrac{z}{r_0}$	K_r	$\dfrac{z}{r_0}$	K_r	$\dfrac{z}{r_0}$	K_r
0.0	1.000	0.8	0.756	1.6	0.390	2.4	0.213	3.2	0.130	4.0	0.087
0.1	0.999	0.9	0.701	1.7	0.360	2.5	0.200	3.3	0.124	4.2	0.079
0.2	0.992	1.0	0.646	1.8	0.332	2.6	0.187	3.4	0.117	4.4	0.073
0.3	0.976	1.1	0.595	1.9	0.307	2.7	0.175	3.5	0.111	4.6	0.067
0.4	0.949	1.2	0.547	2.0	0.285	2.8	0.165	3.6	0.106	4.8	0.062
0.5	0.911	1.3	0.502	2.1	0.264	2.9	0.155	3.7	0.101	5.0	0.057
0.6	0.864	1.4	0.461	2.2	0.246	3.0	0.146	3.8	0.096	6.0	0.040
0.7	0.811	1.5	0.424	2.3	0.229	3.1	0.138	3.9	0.091	10.0	0.015

3.3.4　平面问题的附加应力计算

竖向分布荷载作用于长条形荷载面时，求解其下土中附加应力就属于平面问题。

若荷载面为长条形，其宽度有限而长度很大（例如图 3-3-22 所示 y 轴方向上建筑物延伸很长的情况）。当其受到沿长度方向相同的分布荷载作用时，在土中垂直于长度方向的某截面上，附加应力的分布规律和任一其他平行截面的都相同，这就称为平面问题。因此，只要计算出一个截面上的附加应力分布，就可以代表其他平行截面了。

当然，在实际工程中，条形基础不可能是无限长的。但当基础的长度比宽度大 5 倍或更多时，这种情况便与长度为无限大时所引起的附加应力相差很小，这可以通过对比以上各表所列数值证实。因此，当 $L \geqslant 5B$ 时，便可以作为平面问题来计算附加应力分布值。如图3-3-22 中的土堤、坝、挡土墙等地基问题，均属这类课题。

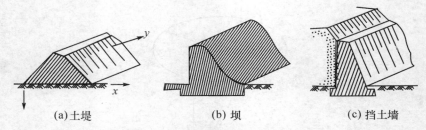

(a)土堤   (b) 坝   (c) 挡土墙

图 3-3-22   几种按平面问题考虑的示例图

1. 线荷载 - 费拉曼解

线荷载是指在半空间表面上一条无限长直线上作用的均布荷载。如图 3-3-23(a) 所示，设一竖向线荷载 $\bar{p}(kN/m)$ 作用在 y 坐标轴上，则沿 y 轴某微分段 dy 上的分布荷载以集中力 $P = \bar{p}dy$ 代替，从而利用式(3-3-1(c)) 求得地基中任意点 M 处由 P 引起的附加应力 $d\sigma_z$。此时，设 M 点位于与 y 轴垂直的 xOz 平面内，直线 $OM = R_1 = \sqrt{x^2 + z^2}$ 与 z 轴的夹角为 β，则 $\sin\beta = \dfrac{x}{R_1}$ 和 $\cos\beta = \dfrac{z}{R_1}$。于是可以用下列积分求得 M 点的 σ_z，即

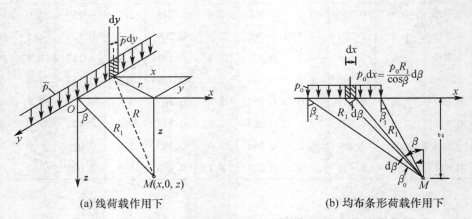

(a) 线荷载作用下   (b) 均布条形荷载作用下

图 3-3-23   地基附加应力的平面问题

$$\sigma_z = \int_{-\infty}^{+\infty} d\sigma_z = \int_{-\infty}^{+\infty} \frac{3z^3\bar{p}dy}{2\pi R^5} = \frac{2\bar{p}z^3}{\pi R_1^4} = \frac{2\bar{p}}{\pi R_1}\cos^3\beta \tag{3-3-22}$$

同理得

$$\sigma_z = \frac{2\bar{p}x^2z}{\pi R_1^4} = \frac{2\bar{p}}{\pi R_1}\cos\beta\sin^2\beta \tag{3-3-23}$$

$$\tau_{xz} = \tau_{zx} = \frac{2\bar{p}xz^2}{\pi R_1^4} = \frac{2\bar{p}}{\pi R_1}\cos^2\beta\sin\beta \tag{3-3-24}$$

由于线荷载沿 y 坐标轴均匀分布而且无限延伸，因此与 y 轴垂直的任何平面上的应力状态都完全相同。这种情况就属于弹性力学中的平面问题，此时

$$\tau_{xy} = \tau_{yx} = \tau_{yz} = \tau_{zy} = 0 \qquad (3\text{-}3\text{-}25)$$

$$\sigma_y = \mu(\sigma_x + \sigma_z) \qquad (3\text{-}3\text{-}26)$$

因此，在平面问题中需要计算的应力分量只有 σ_z、σ_x 和 τ_{xz} 三个。

虽然在实际意义上线荷载也是不存在的，但可以把线荷载看做是条形面积在宽度趋于极小值时的特殊情况。以线荷载为基础，通过积分方法可以推导出条形面积上作用着各种分布荷载时，地基中的应力计算公式。

2. 均布的竖直向条形荷载

在实际工程中，经常遇到有限宽度的条形基础情况。这类基础受条形均布铅直荷载作用，引起土中任一点的附加应力，即由式(3-3-1c) 从 O 到 B 积分得

$$\sigma_z = \frac{p}{\pi}\left[\arctan\frac{m}{n} + \frac{mn}{m^2 + n^2} - \arctan\frac{m-1}{n} - \frac{n(m-1)}{n^2 + (m-1)^2}\right] = K_z^s p \qquad (3\text{-}3\text{-}27)$$

式中：$m = \dfrac{x}{B}$；$n = \dfrac{z}{B}$。K_z^s 从表 3-3-11 查用。

表 3-3-11　　　　　　　　条形均布铅直荷载作用下应力分布系数 K_z^s 值

$\dfrac{z}{B}$ \ $\dfrac{x}{B}$	-0.5	-0.25	0.00	$+0.25$	$+0.5$	$+0.75$	$+1.00$	$+1.25$	$+1.50$
0.01	0.001	0.000	0.500	0.999	0.999	0.999	0.500	0.000	0.000
0.1	0.002	0.011	0.499	0.988	0.997	0.988	0.499	0.011	0.002
0.2	0.011	0.091	0.498	0.936	0.978	0.936	0.498	0.058	0.011
0.4	0.056	0.174	0.489	0.797	0.881	0.797	0.489	0.174	0.056
0.6	0.111	0.243	0.468	0.679	0.756	0.679	0.468	0.243	0.111
0.8	0.155	0.276	0.440	0.586	0.642	0.586	0.440	0.276	0.155
1.0	0.186	0.288	0.409	0.511	0.549	0.511	0.409	0.288	0.186
1.2	0.202	0.287	0.375	0.450	0.478	0.450	0.375	0.287	0.202
1.4	0.210	0.279	0.348	0.401	0.420	0.401	0.348	0.279	0.210
2.0	0.205	0.242	0.275	0.298	0.306	0.298	0.275	0.242	0.205

图 3-3-24(a) 为条形均布荷载面左端点、宽度中点和右端点($m = 0$，0.5 和 1.0) 之下的 σ_z 沿深度分布示意图(以 $m = 0$ 的端点作为坐标原点)。图 3-3-24(b) 为条形基础受 100kPa 均布荷载时的 σ_z 等值应力线图。

【例 3-3-3】　某条形基础底面宽度 $b = 1.4$m，作用于基底的平均附加压力 $p_0 = 200$kPa，要求确定：(1) 均布条形荷载中点 O 下的地基附加应力 σ_z 分布；(2) 深度 $z = 1.4$m 和 2.8m 处水平面上的 σ_z 分布；(3) 在均布条形荷载边缘以外 1.4m 处 O_1 点下的 σ_z 分布。

【解】　(1) 计算 σ_z 时选用表 3-3-11 列出的 $\dfrac{z}{B} = 0.5$，1，1.5，2，3，4 等，反算出深度 $z = 0.7$，1.4，2.1，2.8，4.2，5.6(单位：m) 等处的 σ_z 值，并绘出分布图列于表 3-3-12 及图 3-3-25 中。

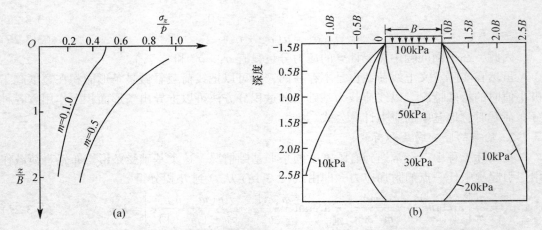

(a)

(b)

图 3-3-24　条形均布荷载面宽度中点和端点下的 σ_z 分布图及应力等值线图

表 3-3-12

$\dfrac{x}{B}$	$\dfrac{z}{B}$	$z(\mathrm{m})$	K_z^s	$\sigma_z = K_z^s p_0(\mathrm{kPa})$
0.5	0	0	1.00	$1.00 \times 200 = 200$
0.5	0.5	0.7	0.82	164
0.5	1	1.4	0.55	110
0.5	1.5	2.1	0.40	80
0.5	2	2.8	0.31	62
0.5	3	4.2	0.21	42
0.5	4	5.6	0.16	32

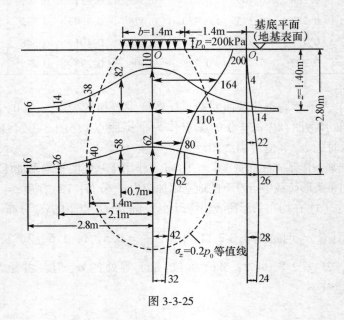

图 3-3-25

（2）及（3）的 σ_z 计算结果及分布图分别列于表 3-3-13 及表 3-3-14。

此外，在图 3-3-25 中还以虚线绘出 $\sigma_z = 0.2p_0 = 40\text{kPa}$ 的等值线图。

表 3-3-13

$z(\text{m})$	$\dfrac{z}{B}$	$\dfrac{x}{B}$	K_z^s	$\sigma_z(\text{kPa})$
1.4	1	0.5	0.55	110
1.4	1	1.0	0.41	82
1.4	1	1.5	0.19	38
1.4	1	2.0	0.07	14
1.4	1	2.5	0.03	6
2.8	2	0.5	0.31	62
2.8	2	1.0	0.28	56
2.8	2	1.5	0.20	40
2.8	2	2.0	0.13	26
2.8	2	2.5	0.08	16

表 3-3-14

$z(\text{m})$	$\dfrac{z}{B}$	$\dfrac{x}{B}$	K_z^s	$\sigma_z(\text{kPa})$
0	0	2.0	0	0
0.7	0.5	2.0	0.02	4
1.4	1	2.0	0.07	14
2.1	1.5	2.0	0.11	22
2.8	2	2.0	0.13	26
4.2	3	2.0	0.14	28
5.6	4	2.0	0.12	24

从上例计算成果中，可见均布条形荷载下地基中附加应力 σ_z 的分布规律如下：

（1）σ_z 不仅发生在荷载面积之下，而且分布在荷载面积以外相当大的范围内，这就是所谓地基附加应力的扩散分布。

（2）在距离基础底面（地基表面）不同深度 z 处各个水平面上，以基底中心点下轴线处的 σ_z 为最大，随着距离中轴线愈远 σ_z 愈小。

（3）在荷载分布范围内任意点沿垂线的 σ_z 值，随深度愈向下愈小。

地基附加应力的分布规律还可以用上面已经使用过的"等值线"的方式完整地表示出来。例如图 3-3-26 所示的，附加应力等值线的绘制方法是在地基剖面中划分许多方形网格，使网格节点的坐标恰好是均布条形荷载半宽（$0.5b$）的整倍数，查表 3-3-11 可得各节点的附加应力 σ_z、σ_x 和 τ_{xz}，然后以插入法绘成均布条形荷载下三种附加应力的等值线图（见图 3-3-26（a）、（c）、（d））。此外，还附有均布方形荷载下 σ_z 等值线图（见图 3-3-26（b）），以资比较。

由图 3-3-26（a）、（b）可见，方形荷载所引起的 σ_z，其影响深度要比条形荷载小得多，例如方形荷载中心下 $z = 2b$ 处 $\sigma_z \approx 0.1p_0$，而在条形荷载下 $\sigma_z = 0.1p_0$ 等值线则在中心下 $z \approx 6b$ 处通过。

由条形荷载下的 σ_x 和 τ_{xz} 的等值线图可见，σ_x 的影响范围较浅，所以基础下地基土的侧向变形主要发生于浅层；而 τ_{xz} 的最大值出现于荷载边缘，所以位于基础边缘下的土容易发生剪切滑动而出现塑性变形区。

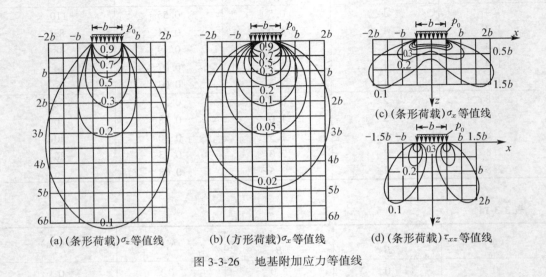

(a) (条形荷载)σ_z 等值线　　(b) (方形荷载)σ_x 等值线　　(d) (条形荷载)τ_{xz} 等值线

图 3-3-26　　地基附加应力等值线

3. 三角形分布的竖向荷载

地基中任一点的附加应力由式(3-3-22)积分，可以简化表示为

$$\sigma_z = K_z^t \cdot p_t \qquad (3-3-28)$$

式中：p_t——三角形分布荷载的最大强度，kPa；

K_z^t——附加应力系数，无因次，由 $m = \dfrac{x}{B}$，$n = \dfrac{z}{B}$ 查表 3-3-15 得出。

图 3-3-27 中 x 坐标的符号规定是：设原点 O 处荷载为零，而从坐标原点 O，顺荷载增大的方向为正。

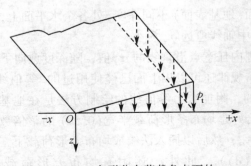

图 3-3-27　　三角形分布荷载角点下的 σ_z

表 3-3-15　　　　　三角形分布铅直荷载作用在条形基础上的附加应力系数 K_z^t 值

$\dfrac{z}{B}$ \ $\dfrac{x}{B}$	-0.50	-0.25	$+0.00$	$+0.25$	$+0.50$	$+0.75$	$+1.00$	$+1.25$	$+1.50$
0.01	0.000	0.000	0.003	0.249	0.500	0.750	0.497	0.000	0.000
0.1	0.000	0.002	0.032	0.251	0.498	0.737	0.468	0.010	0.002
0.2	0.003	0.009	0.061	0.255	0.489	0.682	0.437	0.050	0.009
0.4	0.010	0.036	0.101	0.263	0.441	0.534	0.379	0.137	0.043
0.6	0.030	0.066	0.140	0.258	0.378	0.421	0.328	0.177	0.080
0.8	0.050	0.089	0.155	0.243	0.321	0.343	0.285	0.188	0.106
1.0	0.065	0.104	0.159	0.224	0.275	0.286	0.250	0.184	0.121
1.2	0.070	0.111	0.154	0.204	0.239	0.246	0.221	0.176	0.126
1.4	0.080	0.144	0.151	0.186	0.210	0.215	0.198	0.165	0.127
2.0	0.090	0.108	0.127	0.143	0.153	0.155	0.147	0.134	0.115

图 3-3-28（a）为条形荷载面上作用三角形分布竖向荷载宽度两端点之下的 σ_z 沿深度分布示意图。

图 3-3-28（b）则为条形荷载面上作用三角形分布竖向荷载的最大强度 $p_t = 100\mathrm{kPa}$ 时的 σ_z 等值应力线图。

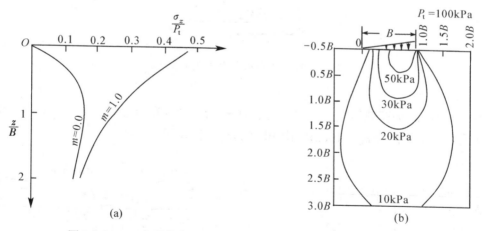

图 3-3-28　　三角形分布荷载两端点下 σ_z 分布规律及应力等值线图

4. 均匀分布的水平荷载情况

在均匀分布水平荷载作用下，土中任一点的附加应力为

$$\sigma_z = K_z^h \cdot p_h \tag{3-3-29}$$

式中：K_z^h——附加应力系数，无因次，由 $m = \dfrac{x}{B}$，$n = \dfrac{z}{B}$ 查表 3-3-16 得出。

表 3-3-16			条形均布水平荷载作用下应力分布系数 K_z^h 值					
$\dfrac{z}{B}$ $\diagdown$ $\dfrac{x}{B}$	− 0.25	0.00	+ 0.25	+ 0.50	+ 0.75	+ 1.00	+ 1.25	+ 1.50
0.01	− 0.001	− 0.318	− 0.001	0.000	0.001	0.318	0.001	0.000 1
0.1	− 0.042	− 0.316	− 0.039	0.000	0.039	0.315	0.042	0.011
0.2	− 0.116	− 0.306	− 0.103	0.000	0.103	0.274	0.199	0.103
0.4	− 0.199	− 0.274	− 0.159	0.000	0.159	0.274	0.199	0.103
0.6	− 0.212	− 0.234	− 0.147	0.000	0.147	0.234	0.212	0.144
0.8	− 0.197	− 0.194	− 0.121	0.000	0.121	0.194	0.197	0.158
1.0	− 0.175	− 0.159	− 0.096	0.000	0.096	0.159	0.175	0.157
1.2	− 0.153	− 0.131	− 0.087	0.000	0.078	0.131	0.153	0.147
1.4	− 0.132	− 0.108	− 0.061	0.000	0.061	0.108	0.132	0.133
2.0	− 0.085	− 0.064	− 0.034	0.000	0.034	0.064	0.085	0.096

图 3-3-29 中 x 坐标的符号规定是：设坐标原点 O 为水平荷载面宽度的一个端点，顺水平荷载作用方向的 x 坐标值为正。

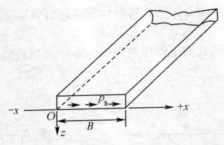

图 3-3-29　均布水平荷载角点下的 σ_z

图 3-3-30(a) 为荷载面宽度两端点之下的 σ_z 沿深度分布示意图，图 3-3-30(b) 为条形荷载面受水平均布荷载 $p_h = 100\text{kPa}$ 作用时的 σ_z 等值线图。

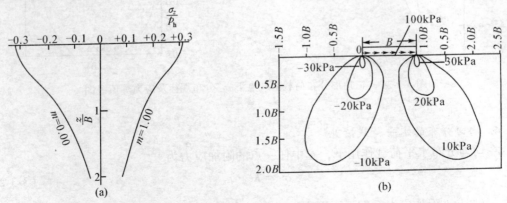

图 3-3-30　均布水平荷载角点下的 σ_z 分布规律及应力等值线图

5. 梯形铅直荷载的情况

如图 3-3-31 所示，土堤与土坝的横断面都是梯形的。在本章 3.1 节中已说明，由堤坝自重引起的基底压力分布也近似于梯形分布。在没有水平荷载的情况下，例如土坝施工完毕，而未挡水的情况。在地基中引起的铅直向附加应力的计算，就可以用上述方法计算。此外，专门针对这种情况，奥斯特伯格（Osterberg，1957）提出了另一种方法，在此不再详述。

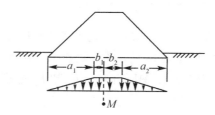

图 3-3-31　堤坝自重引起的基底压力分布

【例 3-3-4】　某水闸的条形基础，宽度 $B = 15\text{m}$，长度 $l = 160\text{m}$，作用于水闸基底的荷载情况如图 3-3-32（a）所示。求沿基底 c 点$\left(\text{距中点为} \dfrac{b}{4} = \dfrac{15}{4} = 3.75\text{m}\right)$竖直线上地基中的附加应力 σ_z 的分布。（该基础埋深不大，可以不计及基坑挖除的土重）

【解】　（1）求基底压力

$$p_{\min}^{\max} = \frac{1500}{15}\left(1 \pm \frac{6 \times 0.5}{15}\right) = 100(1 \pm 0.2) = \begin{cases} 120 \\ 80 \end{cases} \text{kPa}$$

其分布如图 3-3-32（b）所示。

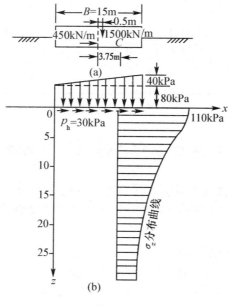

图 3-3-32

基底水平应力按均匀情况计算

$$p_h = \frac{450}{15} = 30\text{kPa}$$

(2) 根据基底压力分布计算附加应力。

在计算中，将竖向梯形基底压力分成均匀压力（$p = 80\text{kPa}$）及三角形压力（$p_t = 40\text{kPa}$）。

由于 $\dfrac{l}{b} = \dfrac{160}{15} = 10.6 > 5$，故按平面问题计算。

计算 C 点以下各点的附加应力，附加应力列于表 3-3-17 中，其中 x 轴取向右为正号，向左为负号。按表 3-3-17 计算得各深度的附加应力，画 σ_z 随深度之分布曲线（见图 3-3-32(b)）。为简化起见，表 3-3-17 中所有 K_z^s、K_z^t 和 K_z^h 值都取两位小数。

表 3-3-17 C 点的附加应力 σ_z^s 计算表

基底以下深度 z(m)	$\dfrac{z}{B}$	均布荷载 $p = 80$ (kPa) $\dfrac{x}{B} = \dfrac{11.25}{15} = 0.75$		三角形荷载 $p_t = 40$ (kPa) $\dfrac{x}{B} = 0.75$		水平荷载 $p_h = 30$ (kPa) $\dfrac{x}{B} = 0.75$		总附加应力 $\sum \sigma_z$ (kPa)
		K_z^s	σ_z^s	K_z^t	σ_z^t	K_z^h	σ_z^h	
0.15	0.01	1.00	80.0	0.75	30.0	0	0	110.0
1.5	0.1	0.99	79.2	0.74	29.6	0.04	1.2	110.0
3.0	0.2	0.94	75.2	0.68	27.2	0.10	3.0	105.4
6.0	0.4	0.80	64.0	0.53	21.2	0.16	4.8	90.0
9.0	0.6	0.68	54.4	0.42	16.8	0.15	4.5	75.7
12.0	0.8	0.59	47.2	0.34	13.6	0.12	3.6	64.4
15.0	1.0	0.51	40.8	0.29	11.6	0.10	3.0	55.4
18.0	1.2	0.45	36.0	0.25	10.0	0.08	2.4	48.4
21.0	1.4	0.40	33.2	0.22	8.8	0.06	1.8	42.6
30.0	2.0	0.30	24.0	0.16	6.4	0.04	1.2	31.6
备 注		查表 3-3-11		查表 3-3-15		查表 3-3-16		见图 3-3-32

3.4   非均质和各向异性地基中的附加应力

3.3 节中介绍的地基附加应力计算都是考虑柔性荷载和均质各向同性土体的情况，而实际工程中往往并非如此，如地基中土的变形模量常随深度而增大，有的地基土具有较明显的薄交互层状构造，有的则是由不同压缩性土层组成的成层地基，等等。这样一些问题的研究是比较复杂的，目前也未得到完全的解答。但从一些简单情况的解答中可以知道：把非均质或各向异性地基与均质各向同性地基相比较，可以看出，地基竖向正应力 σ_z 的分布，不外乎两种情况：一种是发生应力集中现象，如图 3-4-1(a) 所示；另一种则是发生应力扩散现象，如图 3-4-1(b) 所示。

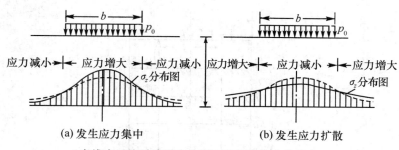

(a) 发生应力集中　　　　　　　(b) 发生应力扩散

（虚线表示均质地基中水平面上的附加应力分布）

图 3-4-1　非均质和各向异性地基对附加应力的影响

3.4.1　分层地基对土中应力的影响

实际工程中常遇到的土体多是成层的，即各土层的土性各不相同。例如：

（1）上层是可压缩土层，下层是不可压缩土层，则将出现应力集中现象。

这时，上层土中的附加应力值比均质土时的有所增大。这一现象称为应力集中。应力集中与荷载面的宽度 B 及压缩层厚度 h 的比值有关。也与压缩层的泊松比 μ 及两层分界面处的摩擦力大小有关。

例如在铅直均布线荷载 p 的作用下，在土层分界面处，当上层的 $\mu = 0.5$，并考虑层间摩擦力时，$\sigma_z = 0.822\dfrac{p}{h}$。若不考虑摩擦力，则 $\sigma_z = 0.913\dfrac{p}{h}$。但同样荷载下，在均质土中相同点处的 $\sigma_z = 0.637\dfrac{p}{h}$。

叶戈洛夫（Eropos，K.E.）求得铅直均布条形荷载下，存在下卧硬层的压缩层中，沿荷载面中轴线上各点的附加应力的分布系数值 K_z^s 如表 3-4-1 所示。其中 z 值由硬层面向上为正。图 3-4-2 按表 3-4-1 画出；当下面硬层位置分别位于图 3-4-2 中 B、C、D 点的深度时，上层土中的附加应力分布将分别如图 3-4-2 中 B、C 及 D 曲线所示。而图 3-4-2 中虚线 A 则表示均质地基中的 σ_z 分布。

表 3-4-1　　　　　　　　　　存在下卧硬层时的附加应力系数 K_z^s

$\dfrac{z}{h}$	下卧硬层的埋藏深度		
	$h = 0.5B$	$h = B$	$h = 2.5B$
1.0	1.000	1.00	1.00
0.8	1.009	0.99	0.82
0.6	1.020	0.92	0.57
0.4	1.024	0.84	0.44
0.2	1.023	0.78	0.37
0.0	1.022	0.76	0.36

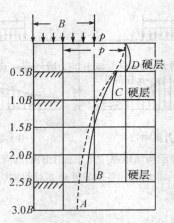

图 3-4-2　存在下卧硬层时荷载面沿中轴线分布图

因此，若下面硬层的位置较浅，常会引起显著的应力集中，从而使其上土层的变形增大。对于重要的水工建筑物，在计算中应予以考虑。

（2）上层土为坚硬土层，下层土为软弱土层，则将出现应力扩散现象。

叶戈洛夫假定两层分界面处的摩擦力为零。求出在条形铅直均布荷载作用下，两层分界面处的最大附加应力分布系数 K_z^s 值如表 3-4-2 所示。

表 3-4-2 　　　　　　　　　　存在软弱下卧层时的附加应力系数 K_z^s

$\dfrac{B}{2h}$	$m = 1$	$m = 5$	$m = 10$	$m = 15$
0	1.00	1.00	1.00	1.00
0.5	1.02	0.95	0.87	0.82
1.0	0.90	0.69	0.58	0.52
2.0	0.60	0.41	0.33	0.29
3.33	0.39	0.26	0.20	0.18
5.0	0.27	0.17	0.16	0.12

查表时，要按下式先计算 m 值：

$$m = \frac{E_{01}}{E_{02}} \times \frac{1 - \mu_2^2}{1 - \mu_1^2} \tag{3-4-1}$$

式中：E_{01}，μ_1 —— 上层土的变形模量和泊松比；

$\quad\quad\ E_{02}$，μ_2 —— 下层土的变形模量和泊松比；

$\quad\quad\ h$ —— 上层土厚度，下层土的厚度很大时可以视为无穷大，如图 3-4-3 所示。

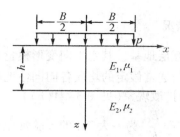

图 3-4-3　式(3-4-1) 中符号含义图

由表3-4-2与式(3-4-1) 可知：当 $m > 1$ 时，即下层土较软时，K_z^s 值都小于 $m = 1$（相应于均质地基情况）时的相应值，这就是应力扩散现象。由图 3-4- 4 也可计算相应的应力值。

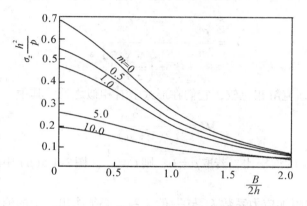

图 3-4- 4　式(3-4-1) 中 m 值的分布曲线

（3）变形模量随深度增大的地基(非均质地基)。

这是土体在沉积过程中受力条件所决定的。一般下层的土要比上层的土更为密实。也就相当于其变形模量随深度而增大，这种现象在砂土中尤其显著。与通常假定的均质地基（E_0 值不随深度而变化）相比较，沿荷载中心线下，前者的地基附加应力 σ_z 将发生应力集中(见图 3-4-1)。这种现象从实验和理论上都得到了证实。对于一个集中力 P 作用下地基附加应力 σ_z 的计算，可以采用弗罗利克(Frohlich，　O. K.) 提出的用应力集中因素 ν 修正的布辛奈斯克公式，即

$$\sigma_z = \frac{\nu P}{2\pi R^2}\cos^\nu\theta \tag{3-4-2}$$

式中：ν—— 应力集中因素，对黏土或完全弹性体，$\nu = 3$(符合布氏公式)；对砂土，$\nu = 6$（较密实的）；对在砂土与黏土之间的土类，$\nu = 3 \sim 6$。ν 值是随 E_0、地基深度以及泊松比 μ 而异的。

分析式(3-4-2)，当 R 相同，$\beta = 0$ 或很小时，ν 愈大，σ_z 值愈大；而当 β 很大时，则相反。这说明这种土的非均质现象也使地基中的应力向力的作用线附近集中。

3.4.2 各向异性地基的情况

天然沉积形成的水平薄交互层地基，其水平向变形模量 E_{0h} 常大于竖向变形模量 E_{0v}。考虑这种层状构造特征的地基与通常假定的均质各向同性地基作比较，沿荷载中心线下地基附加应力 σ_z 分布将发生应力扩散现象(见图 3-4-1(b))。

沃尔夫(Wolf，1935)假设 $n = \dfrac{E_{0h}}{E_{0v}}$ 为一大于1的经验常数，而得出了完全柔性均布条形荷载 p_0 中心线下竖向附加应力系数 K_s 与相对深度 $\dfrac{z}{b}$ 的关系，如图 3-4-5(a) 中实线所示，而图 3-4-5(a) 中虚线则表示相应于均质各向同性时的解答。可见，考虑到 $E_{0h} > E_{0v}$ 的因素，附加应力系数 K_s 将随着 n 值的增加而变小。

韦斯脱加特(Westergaard，1938)假设半空间体内夹有间距极小的、完全柔性的水平薄层，这些薄层只允许产生竖向变形，从而得出了集中荷载 P 作用下地基中附加应力 σ_z 的公式

$$\sigma_z = \frac{C}{2\pi} \frac{1}{\left[C^2 + \left(\dfrac{r}{z} \right)^2 \right]^{\frac{3}{2}}} \frac{P}{z^2} \tag{3-4-3}$$

把上式与布辛奈斯克解相比较，它们在形式上有相似之处，其中

$$C = \sqrt{\frac{1 - 2\mu}{2(1 - \mu)}} \tag{3-4-4}$$

式中，μ——柔性薄层的泊松比，若取 $\mu = 0$，则 $C = \dfrac{1}{\sqrt{2}}$。图 3-4-5(b) 中给出了均布条形荷载 p_0 中心线下的竖向附加应力系数 K_s 与 $\dfrac{z}{b}$ 的关系。必须指出，土的泊松比 μ 均大于零，一般 $\mu = 0.3 \sim 0.4$，μ 值愈大，所得的附加应力系数 K_s 愈小。

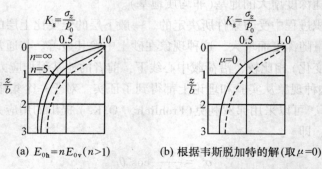

(a) $E_{0h} = n E_{0v} (n>1)$ (b) 根据韦斯脱加特的解(取 $\mu = 0$)

----------- 按均质各向同性的解；   —— 考虑到土的层状构造的解

图 3-4-5   土的层状构造对应力系数的影响

3.4.3 非线性材料特性

土体实际上是非线性材料，许多学者的研究表明，非线性特性对于竖向应力 σ_z 计算

值的影响虽不是很大，但最大误差亦可达到 25% ~ 30%；而对水平应力则有显著影响。

3.4.4　均质土中附加应力的量测

在上述 3.3 节中，假定了土是均质的，且是各向同性的半无限直线变形体，故可以采用弹性理论来计算附加应力。这种做法是否与实际情况相符，还需利用观测及试验方法来加以验证。寇克娄与夏迪许(F. Kögler，　A. Scheidig，1948)用小尺寸刚性圆形板，在均质砂中埋置了压力盒，进行铅直向附加应力的观测。发现在较小的荷载作用下，土中附加应力的分布基本上与按弹性理论计算所得的结果一致，如图 3-4-6 所示。图 3-4-6 中在 60cm 深度以上的 σ_z 分布值是观测所得，60cm 以下是计算所得，故实测与计算是符合的。

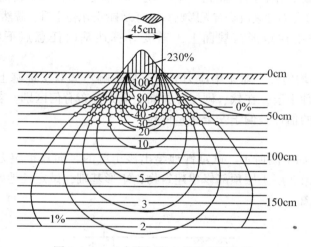

图 3-4-6　土中附加应力分布实测曲线

美国水道站用半径为 45cm 的刚性板，加均布荷载 $p = 206\text{kPa}(2.1\text{kg/cm}^2)$。在低塑性黏土的 0.91m 深度处，测得 σ_z 的分布点如图 3-4-7 所示。图 3-4-7 中 r 为测点与板中心的距离。可见，σ_z 的理论计算值与实测值相接近。

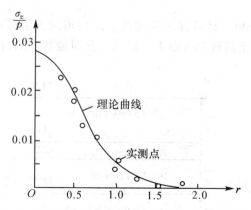

图 3-4-7　圆形刚性板下 σ_z 的实测值与理论值对比

但是，计算中所假定的条件与实际工程情况并不完全一样，上述观测结果也只是得自小型的模型试验，与原型大尺寸基础下的地基情况相去甚远。随着电子计算机技术的推广及测试技术的现代化，将会使土中的应力计算与实测成果之间的验证工作更臻完善。

习 题 3

一、思考题

1. 在计算土的竖向自重应力时，采用的是什么理论？做了哪些假设？

2. 目前根据什么假设条件计算地基中的附加应力？

3. 试以均布荷载作用在条形基础上为例，说明附加应力在地基中传播、扩散的规律。

4. 地下水位的变化对地表沉降有无影响？如何影响(分水位上升、骤然下降、缓慢下降)？

5. 均布荷载作用在矩形荷载面上，若要计算地基内任意点下的附加应力，如何进行？

6. 地基土的非均匀性，对土中应力分布有何影响？如双层地基上层硬、下层软，或上层软、下层硬两种土层，在软、硬层分界面上应力分布有何区别？若不考虑这些影响，对地基变形、强度的估计是偏于安全还是危险？

二、习题

1. 某土层分布如下图所示，试定性地绘出该土层的竖向自重应力分布图和侧向自重应力分布图。若在第 2 层土层顶部修建建筑物，矩形基础，试定性地绘出沿基础中心线的地基附加应力分布图。

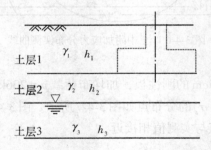

2. 按下图给出的资料，计算并绘制地基中的自重应力沿深度的分布曲线。若地下水位因某种原因骤然下降至高程35m以下，试问：此时地基中的自重应力有何改变？并绘制于图中。

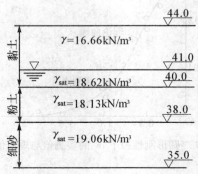

3. 一条形荷载面的尺寸和荷载情况如下图所示。试计算沿荷载中心线下 18m 深度范围内的竖直向附加应力 σ_z 的分布，并按一定比例绘出该应力的分布图。

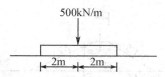

4. 试求下图中建筑物 C 点下 20m 处的 σ_z 值，建筑物的基底附加应力 p_0 为 100kPa。

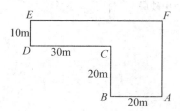

5. 试求下图中条形荷载面中心线下 20m 深度范围内的竖直向附加应力分布，并按一定比例绘出该应力分布图，水平荷载可以假定为均匀分布。

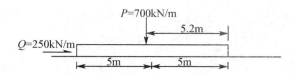

6. 有相邻两荷载面 A 和 B，其尺寸、相对位置及所受荷载如下图所示，试考虑相邻荷载的影响求出 A 荷载面中心点以下深度 $z = 2m$ 处的竖向附加应力 σ_z。

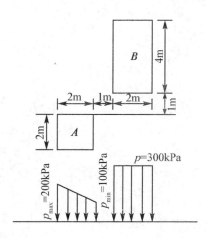

7. 一土堤的截面如下图所示，堤身土料的重度 $\gamma = 18.0\,\text{kN/m}^3$，试计算出土堤截面轴上黏土层中 A、B、C 三点的竖向附加应力 σ_z 的分布。

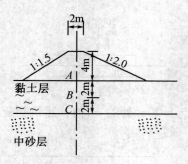

第 4 章　土的变形性质和地基沉降计算

在建筑物基底附加压力作用下，地基土内各点除了承受土的自重引起的自重应力外，还要承受附加应力。在附加应力作用下，地基土要产生附加的变形，这种变形一般包括体积变形和形状变形。对土这种材料而言，体积变形通常表现为体积的缩小，我们把这种在外力作用下土体体积缩小的特性称为土的压缩性。相关试验研究表明，在实际工程中一般的压力(100~600kPa)作用下，土粒和土中水的压缩量与土体的压缩总量之比是很微小的，可以忽略不计，因此，土的压缩是指土中孔隙的体积缩小，以及土中气或水的排出。此时，土粒调整位置，重新排列，互相挤紧。饱和土的压缩是随孔隙的体积减小，相应地土中水随时间逐步从土中排出，这种饱和土在附加应力作用下压缩量随时间增长的过程，称为土的固结。透水性大的饱和无黏性土(包括巨粒土和粗粒土，或指碎石类土和砂类土)，其压缩过程在短时间内就可以结束，固结稳定所经历的时间很短，一般认为在外荷施加完毕时，其固结变形已基本完成，因此，在实践中，一般不考虑无黏性土的固结问题。对于黏性土、粉土及有机土等细粒土，完成固结所需的时间较长，这是由于黏性土的透水性很差，土中水沿着孔隙排出速度很慢。

在建筑物荷载作用下，地基土主要由于压缩而引起的竖直方向的位移称为沉降，本章研究地基土的压缩性，主要是为了计算这种变形。

研究建筑物地基沉降包含两方面内容：一是绝对沉降量大小，亦即最终沉降量，在 4.2 节中将介绍有关理论和实用计算方法；二是沉降与时间的关系，在 4.3 节中将介绍太沙基一维固结理论。研究受力变形特性，必须取得土的压缩性指标，因此，首先在 4.1 节中介绍这些指标的获取手段和方法。

4.1　土的压缩性

4.1.1　基本概念

土的压缩性是指土在压力作用下体积缩小的特性。相关研究表明，在工程实践中常遇到的压力(<600kPa)作用下，土粒与土中水本身的压缩量极其微小$\left(\right.$不到整个土体压缩量的$\frac{1}{400}\left.\right)$，可以忽略不计。因此，土的压缩可以看做是土中孔隙体积的减小。

土在外荷作用下，土粒之间原有的联结有可能受到削弱或破坏，从而产生相对的移动，土粒重新排列、相互挤紧，与此同时，土体孔隙中部分的水和空气将被排出，土的孔隙体积因此而变小。对于透水性较大的无黏性土，这一压缩过程很快即可完成；而对于饱和黏性土，由于透水性小，排水缓慢，要达到压缩稳定需要很长时间。土体在压力作用下，其压缩量随时间增长的过程，称为土的固结。这个过程一直延续到土粒之间新的联结强度能平衡外力在土体中引起的应力时为止。

4.1.2 侧限压缩试验

1. 侧限压缩试验

研究土的压缩特性的室内试验称为土的压缩试验。在一般工程中，常用不允许产生侧向变形(侧限条件)的侧限压缩试验来测定土的压缩性指标，虽然不符合土的实际情况，但在压缩性土层厚度比荷载面宽度小很多的情况下，有其实用价值。

侧限压缩试验的主要装置，称为压缩仪，或称为固结仪，如图 4-1-1 所示。用金属环刀切取保持天然结构的原状土样，置入一刚性护环内，其上、下面都有透水石以便于土中水的排出。试验时，通过加压板向试样施加压力，由于护环所限，土样在压力作用下只可能产生竖向压缩，而无侧向变形，故称为侧限压缩试验。土样进行逐级加压固结，以便测定各级压力作用下土样压缩至稳定时孔隙比的变化，据此绘制压缩曲线。

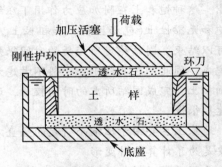

图 4-1-1 侧限压缩试验装置示意图

2. 压缩曲线

设土样初始高度为 H_0，土样受荷变形稳定后的高度为 H，土样压缩量为 S，即 $H=H_0-S$。若土样受压前初始孔隙比为 e_0，则受压后孔隙比为 e，如图 4-1-2 所示。

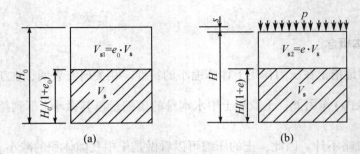

图 4-1-2 压缩试验中土样的孔隙比变化

假设受压前后土粒体积不变且土样横截面面积不变，得出

$$\frac{H_0}{1+e_0}=\frac{H}{1+e}=\frac{H_0-S}{1+e} \tag{4-1-1}$$

由上式，得到

$$e=e_0-\frac{S}{H_0}(1+e_0) \tag{4-1-2}$$

式中：$e_0=\dfrac{d_s(1+\omega_0)\gamma_w}{\gamma_0}-1$，其中 d_s、ω_0、γ_0 分别为土粒比重、土样的初始含水率和初始重度。

利用式(4-1-2)计算各级荷载 p 作用下达到稳定时的孔隙比 e，从而绘制土的压缩曲线。图 4-1-3 为压缩试验成果图，图(a)、(b)分别表示作用于试样上的压力 p 以及在各级压力下试样孔隙比 e 随时间的变化情况；图 4-1-3(c)中的曲线为压缩曲线。

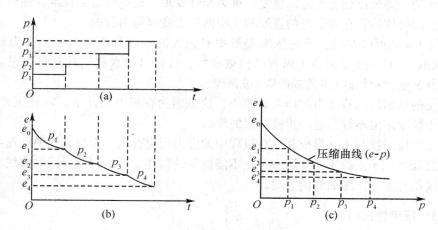

图 4-1-3　压缩试验成果图

3. 回弹曲线和再压缩曲线

在室内压缩试验过程中，若荷载加至某一值后，逐级卸载，则可以观察到土样的回弹。若测定其回弹稳定后的孔隙比，则可以绘制相应的孔隙比与压力的关系曲线（如图 4-1-4中的曲线段 bc 所示），称为回弹曲线。从回弹曲线可以看出，土样的回弹变形量小

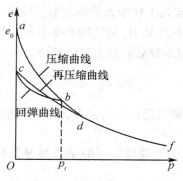

图 4-1-4　土的回弹再压缩曲线

于压缩量，显示压缩变形由弹性变形和残余变形(塑性变形)两部分组成，并以后者为主。若重新逐级加压，土样重新被压缩，可以得到如图 4-1-4 中曲线 cdf 所示的再压缩曲线。可以发现当再压缩的压力超过试样所曾受过的最大压力后，其e-p曲线很快就和原来的压缩曲线的延长段重合，犹如期间没有经过卸载和再压缩过程一样。

由土的侧限压缩试验成果可见，土的变形具有下列特点：

(1) 土的压缩过程需经历一定时间才能完成，其原因是土中水和气体的排出和土结构排列的调整都需要一定的时间。砂土达到压缩稳定所需的时间要比黏土短得多，因为砂粒之间没有黏性联结，其渗透性又较大，易于排水排气。相反地，黏土达到压缩稳定所需时间要长得多。

(2) 土的压缩变形包括弹性变形和塑性变形两部分。从图 4-1-4 可以看出，土在卸荷后只有较小的一部分压缩变形可以恢复，称为弹性变形。这主要是土粒本身弹性变形的恢复、土的封闭气体体积在卸荷时的复原和土中薄膜水变厚等引起的。

从图 4-1-4 还可以看出，土的压缩变形中有较大的一部分不能恢复，称为塑性变形(体变方面的)。这主要是因为土原有结构被破坏，被挤出的水和气具有不可完全恢复的性质，以及某些颗粒轮廓(尖角或凸缘)被挤碎。

(3) 土的压缩性随着压力的增大而减小，这是因为在侧限条件下，随着压力的增大，土样中的土粒愈来愈不容易进一步被挤紧的缘故。

(4) 土的压缩性与土在形成和存在过程中的应力历史有关。土与其他弹性连续介质的主要不同之处就在于土的压缩变形中包括不能恢复的塑性变形。因此，回弹曲线和再压缩曲线的坡度都比原始压缩曲线的平缓。

4.1.3 压缩性指标

1. 压缩系数

压缩性不同的土，其压缩曲线的形状是不一样的。曲线愈陡，说明随着压力的增加，土的孔隙比减小愈显著，因而压缩性愈高。所以曲线上任一点的切线斜率 a 表示了相应的压力 p 作用下土的压缩性

$$a = -\frac{de}{dp} \tag{4-1-3}$$

式中：a——压缩系数，MPa^{-1}，负号表示 e 随 p 的增大而减小。

当压力变化范围不大(如建筑工程中天然地基所受荷载一般为 $100 \sim 200kPa$)时，土的压缩系数可以近似用图 4-1-5 中的 M_1M_2 割线的斜率表示。当压力由 p_1 增至 p_2 时，相应的孔隙比由 e_1 减小到 e_2，则压缩系数近似地为割线斜率，即

$$a = -\frac{\Delta e}{\Delta p} = \frac{e_1 - e_2}{p_2 - p_1} \tag{4-1-4}$$

式中：p_1——增压前使试样压缩稳定的压力强度，一般是指地基土中某深度处土中原有的竖向自重应力，kPa；

p_2——增压后试样所受的压力强度，一般是指地基某深度处自重应力与附加应力之和，kPa；

e_1、e_2——分别为增压前后在 p_1、p_2 作用下压缩稳定时的孔隙比。

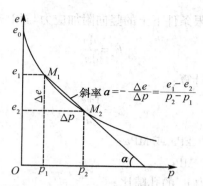

图 4-1-5　以 e-p 曲线确定压缩系数 a

压缩系数 a 是表征土压缩性的重要指标之一。压缩系数越大，表明土的压缩性越大。为了便于应用与比较，我国《建筑地基基础设计规范》（GB50007—2011）提出用 p_1 为 100kPa、p_2 为 200kPa 时相应的压缩系数值 $a_{1\text{-}2}$ 来评价土的压缩性。

当 $a_{1\text{-}2} < 0.1 \text{MPa}^{-1}$ 时，属低压缩性土；

当 $0.1 \text{MPa}^{-1} \leqslant a_{1\text{-}2} < 0.5 \text{MPa}^{-1}$ 时，属中等压缩性土；

当 $a_{1\text{-}2} \geqslant 0.5 \text{MPa}^{-1}$ 时，属高压缩性土。

2. 压缩指数

如图 4-1-6 所示，土的 e-p 曲线改绘为 e-lgp 曲线时，其后段接近直线，其斜率就是压缩指数，即

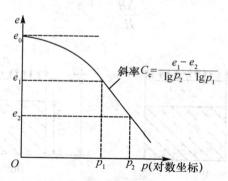

图 4-1-6　e-lgp 曲线中求 C_c

$$C_c = \frac{e_1 - e_2}{\lg p_2 - \lg p_1} = \frac{e_1 - e_2}{\lg \dfrac{p_2}{p_1}} \tag{4-1-5}$$

式中：C_c——土的压缩指数，无量纲；其他符号意义同前。

压缩指数与压缩系数一样，其值越大，土的压缩性越高。低压缩性土的 C_c 值一般小于 0.2，高压缩性土的 C_c 值一般大于 0.4。e-lgp 曲线常用于研究应力历史对土的压缩性的影响。

3. 压缩模量

压缩模量是土在完全侧限条件下土的竖向附加应力与相应的竖向应变之比值。即

$$E_s = \frac{dp}{d\varepsilon_z} \tag{4-1-6}$$

土的压缩模量也可以按下式计算：

$$E_s = \frac{1+e_1}{a} \tag{4-1-7}$$

式中：E_s——土的压缩模量，kPa 或 MPa；

　　　a——土的压缩系数，MPa^{-1}；

　　　e_1——对应于初始应力 p_1 的孔隙比。

上式的推导过程如下：如图 4-1-7 所示，设土样在压力 $\Delta p = p_1 - p_2$ 作用下孔隙比的变化 $\Delta e = e_1 - e_2$，土样高度的变化 $\Delta H = H_1 - H_2$，则式(4-1-1)可以改写为

$$\frac{H_1}{1+e_1} = \frac{H_2}{1+e_2} = \frac{H_1 - \Delta H}{1+e_2}$$

或

$$\Delta H = \frac{e_1 - e_2}{1+e_1} H_1 = \frac{\Delta e}{1+e_1} H_1$$

由于 $\Delta e = a \Delta p$，则

$$\Delta H = \frac{a \Delta p}{1+e_1} H_1$$

由此可得到侧限条件下土的压缩模量

$$E_s = \frac{\Delta p}{\dfrac{\Delta H}{H_1}} = \frac{1+e_1}{a}$$

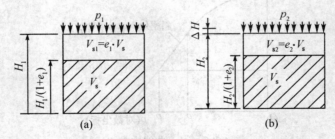

图 4-1-7　土样高度变化与孔隙比变化的关系

压缩模量是另一种表示土的压缩性的指标，E_s 越小，土的压缩性越高。实际工程中，$E_s < 4MPa$，称为高压缩性土；$4MPa \leq E_s \leq 20MPa$，称为中等压缩性土；$E_s > 20MPa$，称为低压缩性土。

在土力学文献中，还常用体积压缩系数 m_v 表征土的侧限压缩性能。体积压缩系数 m_v 被定义为在侧限条件下，土层单位压应力变化引起的土的单位体积变化，因此 m_v 为 E_s 的倒数，即

$$m_v = \frac{1}{E_s} = \frac{a}{1+e_1} \tag{4-1-8}$$

$m_v < 0.05$，称为低压缩性土；$0.05 \leqslant m_v < 0.25$，称为中等压缩性土；$m_v \geqslant 0.25$，称为高压缩性土。

4. 变形模量

土的变形模量 E_0 是土在无侧限条件下竖向应力与竖向应变的比值。由于竖向应变中包含弹性应变和塑性应变，为了区分于弹性模量，称为变形模量。

为了在水工建筑物和地基基础设计中计算变形，常要求取得土的 E_0 值，E_0 可以在现场由现场静载荷试验和旁压试验测定，也可以用力学关系由土的侧限压缩试验成果推算而得。

如图 4-1-8 所示，先从侧向不允许膨胀的压缩试验土样中取一微单元体进行分析。在 z 轴方向的压力作用下，试样中的竖向有效应力为 σ_z，由于试样的受力条件属轴向对称问题，所以相应的水平向有效应力为

$$\sigma_x = \sigma_y = K_0 \sigma_z \tag{4-1-9}$$

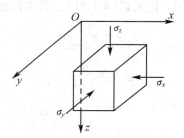

图 4-1-8　微单元土体

式中：K_0——土的侧压力系数或静止土压力系数（侧限条件下侧向与竖向有效应力比），无量纲。K_0 与土类有关，即使是同一土类，K_0 值还与其孔隙比 e、含水率 ω、加压条件、压缩程度等有关。各种土的 K_0 值可以由试验确定。当无试验条件时，可以采用表 4-1-1 所列经验值。K_0 值还可以应用一些经验公式求算。较为著名的有杰基（Jaky，1944）公式：

$$K_0 = 1 - \sin\varphi' \tag{4-1-10}$$

式中，φ' 为土的有效内摩擦角。

对理想弹性体，根据广义虎克定律，在 x、y、z 三个坐标方向的应变表示为

$$\begin{cases} \varepsilon_x = \dfrac{\sigma_x}{E_0} - \dfrac{\mu}{E_0}(\sigma_y + \sigma_z) \\[2mm] \varepsilon_y = \dfrac{\sigma_y}{E_0} - \dfrac{\mu}{E_0}(\sigma_x + \sigma_z) \\[2mm] \varepsilon_z = \dfrac{\sigma_z}{E_0} - \dfrac{\mu}{E_0}(\sigma_x + \sigma_y) \end{cases} \tag{4-1-11}$$

式中：μ——土的泊松比，取值可以参见表 4-1-1。

表 4-1-1 K_0、μ、β 的经验值

土的种类和状态	K_0	μ	β
碎石土	0.18~0.25	0.15~0.20	0.95~0.90
砂 土	0.25~0.33	0.20~0.25	0.90~0.83
粉 土	0.33	0.25	0.83
粉质黏土：坚硬状态	0.33	0.25	0.83
可塑状态	0.43	0.30	0.74
软塑及流塑状态	0.53	0.35	0.62
黏土：坚硬状态	0.33	0.25	0.83
可塑状态	0.53	0.35	0.62
软塑及流塑状态	0.72	0.42	0.39

在有侧限条件下：$\varepsilon_x = \varepsilon_y = 0$，代入式(4-1-11)，其中的前两式可以化简为

$$\sigma_x = \sigma_y = \frac{\mu}{1-\mu}\sigma_z \qquad (4\text{-}1\text{-}12)$$

所以

$$K_0 = \frac{\mu}{1-\mu} \qquad (4\text{-}1\text{-}13)$$

将式(4-1-12)代入式(4-1-11)，可得

$$E_s = \frac{1}{\beta}E_0 \qquad (4\text{-}1\text{-}14)$$

或

$$E_0 = \frac{\sigma_z}{\varepsilon_z}\left(1 - \frac{2\mu^2}{1-\mu}\right) = E_s\beta$$

式中，

$$\beta = 1 - \frac{2\mu^2}{1-\mu} = 1 - 2\mu K_0 \qquad (4\text{-}1\text{-}15)$$

必须指出，上式只不过是 E_0 与 E_s 之间的理论关系。当土的泊松比介于 0~0.5 之间时，$\beta \leqslant 1.0$(参见表 4-1-1)，所以按上述理论推演，E_s 应大于 E_0。然而，由于土的变形性质不能完全用线性弹性常数来概括，因此现场载荷试验测定的 E_0 和室内压缩试验测定的 E_s 之间的关系，往往不一定符合式(4-1-14)。

4.2 地基最终沉降量的计算

在荷载作用下，地基土将在 x、y、z 三个方向发生变形，但对大多数建筑物来说，最重要的还是由于地基竖向变形所引起的沉降。地基沉降是随时间发展的。地基变形完全稳定时地基表面的最大竖向变形就是地基的最终沉降量。为简化起见，先研究在无限连续均布垂直荷载作用下土层的单向压缩问题。这时，土层的受力和变形条件与土在侧限压缩试验中的情况相同。在此基础上，进一步分析有限范围荷载分布的情况。

考虑到土的压缩性指标确定方法不同，下面将分别阐述利用 e-p 和 e-$\lg p$ 两种压缩曲

线成果计算土层最终沉降量的方法。

4.2.1　用 *e-p* 曲线或压缩系数 *a* 计算土层最终沉降量

1. 单一压缩土层的沉降量计算

设地基中仅有一有限深度的压缩土层，则在无限均布的垂直荷载作用下，只需考虑该土层竖直向的压缩变形，即土的工作条件与室内压缩试验相同。因此，如图 4-2-1 所示，土体的沉降量 *S* 可以由下式表达：

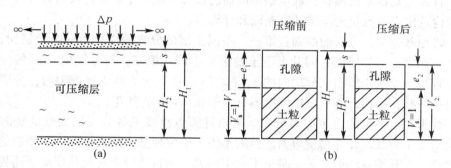

图 4-2-1　单一土层的沉降计算

$$S = H_1 - H_2 \tag{4-2-1}$$

式中：H_1——土层原来的厚度，m；

$\quad\quad H_2$——土层在压力作用下沉降稳定后的厚度，m。

由于土的压缩仅是由于土的孔隙体积的减小，可以假定土粒体积在受压前后都不变（即图 4-2-1 中的 V_s 不变）。若令 $V_s = 1$，并设 A 为土体的受压面积，由于受压前后土粒体积不变，所以

$$\frac{1}{1+e_1}H_1 = \frac{1}{1+e_2}H_2$$

得

$$S = H_1 - H_2 = \frac{e_1 - e_2}{1+e_1}H_1 = \frac{\Delta e}{1+e_1}H_1 \tag{4-2-2}$$

在取得室内压缩试验曲线后，即可由土层初始应力 p_1 和最终应力 p_2 分别确定土的初始孔隙比 e_1 和最终孔隙比 e_2，从而计算得土体沉降量 S。将式(4-1-4)代入式(4-2-2)，还可得

$$S = \frac{a}{1+e_1}\Delta p H_1 \tag{4-2-3}$$

式中：Δp——土所受到的压力增量。

应用式(4-2-3)时，可以直接根据土层压缩系数 *a* 和压缩应力 Δp 计算出 *S*。

地基变形计算中常以 mm 作为沉降量 *S* 的计算单位。

2. 单向压缩分层总和法

由于地基通常是由不同的土层所组成，而且引起地基变形的压力在地基中沿深度分布

也有变化,实际工程中常采用单向压缩分层总和法进行计算:即在地基可能产生压缩的深度内,按土的特性和应力状态的变化将土层划分成 n 层。然后,按式(4-2-2)或式(4-2-3)计算各分层的沉降量 S_i,最后,再将各层的 S_i 叠加起来,即得地基表面的最终沉降量 S,即

$$S = \sum_{i=1}^{n} S_i \tag{4-2-4}$$

具体计算步骤如下:

(1)首先应根据基础形状,确定基础底面的尺寸、地基土质条件及荷载分布情况,在基底范围内选定必要数量的沉降计算断面和计算点。

(2)将地基分层。分层的原则:第一,不同土层的分界面应作为一个分层面;第二,地下水位应作为一个分层面,因其上下土的重度不同;第三,每分层内,σ_z 的分布线段宜接近于直线,以便于求出该分层内的 σ_z 平均值。σ_z 变化大的深度范围内,分层厚度应适当地取小一些;第四,每一分层厚度不宜大于 $0.4B$(B 为基宽)。

(3)计算地基中土的自重应力分布。求出计算点垂线上各分层层面处的竖向自重应力,并绘出分布曲线。计算自重应力的目的是为了确定地基土的初始应力和相应的初始孔隙比。因此,在开挖基坑后,若地基土不产生回弹,则自重应力必须从原地面高程算起。

(4)计算地基中竖向附加应力的分布。地基附加应力是使地基产生新的压缩的应力。在地基沉降计算中,若地基在自重作用下已压缩稳定,那么地基附加应力是指由基底附加压力在地基中所引起的附加应力。如果地基土在自重作用下还没有达到压缩稳定,则附加应力中还应考虑土本身的自重作用。

可以用第 3 章所述方法,计算出沉降计算点下沿深度的附加应力分布,即 σ_z 分布线。图 4-2-2 表示沿基底中线的 σ_z 及自重应力 σ_c 的分布。若有水平荷载或旁侧荷载(包括相邻建筑物的荷载)作用时,还应考虑这类荷载所引起的附加应力 σ_z 的分布。显然,地基附加应力应从基底面高程算起。

(5)确定地基的沉降计算深度。考虑到在地基一定深度处,附加应力已很小,附加应力对地基土的压缩作用不大。因此,在实际工程计算中,可以采用基底以下某一深度 Z_n 作为地基的沉降计算深度,如图 4-2-2 所示。

在工程实践中,也常简单地以下式作为确定 Z_n 的条件:

$$\sigma_z = 0.2\sigma_c \tag{4-2-5}$$

即在 Z_n 处,σ_c 已达 σ_z 的 5 倍,其下土层的压缩量可以忽略不计。应该注意,当 Z_n 以下还存在着较软的土层时,则实际计算深度还应适当加深。例如,对软黏土层可以加深至 $\sigma_z = 0.1\sigma_c$ 处。

(6)计算各分层沉降量。首先计算出每一分层的自重应力平均值 $\overline{\sigma}_{ci}$ 和附加应力平均值 $\overline{\sigma}_{zi}$,再根据初始应力 $p_{1i} = \overline{\sigma}_{ci}$,最终应力 $p_{2i} = p_{1i} + \Delta p_i = \overline{\sigma}_{ci} + \overline{\sigma}_{zi}$ 在各土层的压缩曲线上查取相应的初始孔隙比 e_{1i} 和最终孔隙比 e_{2i}。任一 i 分层的沉降量 S_i 可以按式(4-2-2)确定,即

$$S_i = \frac{e_{1i} - e_{2i}}{1 + e_{1i}} H_i \tag{4-2-6}$$

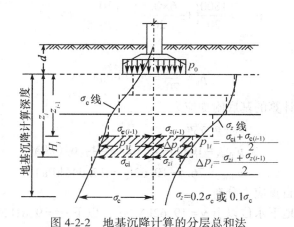

图 4-2-2　地基沉降计算的分层总和法

或求出相应压力范围内的压缩系数 a，而按式(4-2-3)确定 S_i，即

$$S_i = \frac{a_i}{1+e_{1i}}\sigma_{zi}H_i \tag{4-2-7}$$

式中：H_i——第 i 分层的厚度；其余符号意义同前。

（7）总和各分层的沉降量。按式(4-2-4)计算，即得地面一个沉降计算点的最终沉降量 S。用上述分层总和法计算出基础某一断面任意两点的沉降量，即可求得该两点之间的沉降差。

（8）沉降计算经验修正系数 m_s 的问题。单向压缩分层总和法计算所得的地基沉降量 S 有时与实测不符。一般软黏土地基的 S 计算值偏小，而硬黏土地基的 S 计算值又偏大很多，根据《港口工程地基规范》(JTS147-1—2010)将用分层总和法计算所得的 S 值乘以一个沉降计算经验系数 m_s，这样才能较准确地估算地基沉降量。m_s 值一般按地区经验选取。

【例 4-2-1】　某水闸基础宽度 $B=20\mathrm{m}$，长度 $L=500\mathrm{m}$，铅直荷载 $P=1800\mathrm{kN/m}$，偏心距 $e_0=0.5\mathrm{m}$，水平荷载 $P_\mathrm{h}=150\mathrm{kN/m}$，基底设计高程在原地面以下 3m 处。地下水位在原地面以下 6m 处。如图 4-2-3(a)所示。

该闸的地质剖面图见图 4-2-3(b)，上层为软黏土层(其中包括基础埋深 d 以内的被挖去的土层)，其天然重度 $\gamma=19.62\mathrm{kN/m^3}$，有效重度 $\gamma'=9.81\mathrm{kN/m^3}$，在自重下，土已固结稳定。下层为密实砂层，其压缩性很低，且透水性高，完工前一般已固结稳定，故可以忽略其沉降量。基坑开挖后观测得基土的回弹量很小，亦可以忽略不计。基底以下不同深度范围内，软黏土的压缩曲线如图 4-2-4 所示。图中曲线分别为地下水位以上、地下水位以下 5m 深度以内及地下水位以下 5~12m 深度内的压缩曲线。要求计算，基底中线处点 2 和两侧边点(点 1、3)地基表面的沉降量。

【解】　因 $\dfrac{L}{B}>10$，故可以按平面问题(条形基础)求解。

（1）求水闸基底的垂直压力与水平压力。

①基底垂直压力：

$$p_{\substack{max \\ min}} = \frac{1800}{20}\left(1 \pm \frac{6 \times 0.5}{20}\right) = \begin{cases} 103.5 \\ 76.5 \end{cases} (\text{kPa})$$

②基底水平压力:

$$p_h = \frac{150}{20} = 7.5(\text{kPa})$$

(2)求用于沉降计算的基底附加应力。

$$p_0 = p - \gamma_0 d$$
$$p_{0max} = 103.5 - 19.62 \times 3 = 44.64(\text{kPa})$$
$$p_{0min} = 76.5 - 19.62 \times 3 = 17.64(\text{kPa})$$

(3)计算地基中自重应力分布。

从地面算起,在地下水位以上 $\gamma = 19.62\text{kN/m}^3$,以下 $\gamma' = 9.81\text{kN/m}^3$,不同深度处自重应力为:

基础底面处:

$$\sigma_{c(-3)} = 19.62 \times 3 = 58.86(\text{kPa})$$

地下水位处:

$$\sigma_{c(-5)} = 19.62 \times 6 = 117.72(\text{kPa})$$

中密砂层顶面处:

$$\sigma_{c(-15)} = 117.72 + 9.81 \times (18-6) = 235.44(\text{kPa})$$

自重应力 σ_c 分布如图 4-2-3(b)所示。

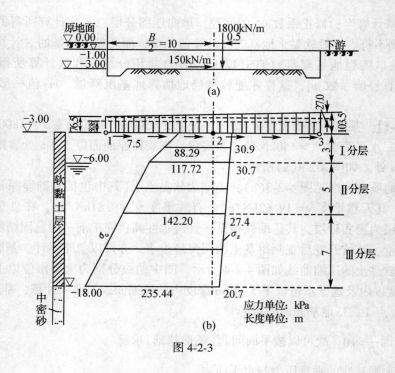

图 4-2-3

(4)计算基底中点 2 下的地基附加应力的分布。

　　基底附加应力为梯形分布，简化为一均布垂直荷载 p_v 和三角形垂直荷载 p_t：
$$p_v = 17.64(\text{kPa})$$
$$p_t = 44.64 - 17.64 = 27(\text{kPa})$$

　　在基底附加应力和均布水平压力作用下，所引起的地基附加应力值如表 4-2-1 所示。并如图 4-2-3(b) 所示。

表 4-2-1

$z(\text{m})$	$\dfrac{z}{B}$	$B=20\text{m}$　$\dfrac{x}{B}=0.5$						$\sum \sigma_z$ (kPa)
		$P_v = 17.64\text{kPa}$		$P_t = 27\text{kPa}$		$P_h = 7.5\text{kPa}$		
		K_v	σ_z	K_t	σ_z	K_h	σ_z	
0	0	1.00	17.64	0.50	13.5	0	0	31.1
3	0.15	0.99	17.50	0.49	13.2	0	0	30.7
8	0.40	0.88	15.50	0.44	11.9	0	0	27.4
15	0.75	0.67	11.80	0.33	8.9	0	0	20.7

　　(5) 将沉降计算层分层。

　　由题意知，下卧中密砂层的压缩量可以忽略不计。上层基土为软黏土层，压缩性高，故宜计算该整层将会产生的沉降量，参照图 4-2-3 和图 4-2-4 所示的自重应力和附加应力分布以及不同深度范围内土的压缩性变化，分为三层：$h_1 = 3\text{m}$，$h_2 = 5\text{m}$，$h_3 = 7\text{m}$。

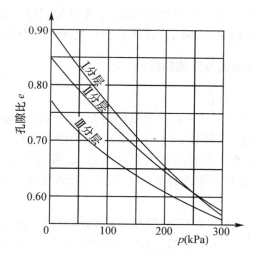

图 4-2-4　软黏土层的压缩曲线

　　(6) 求水闸基础中点的沉降量。

　　① 先确定各分层内的自重应力平均值作为初始应力 p_{1i}。然后，确定各分层的附加应力的平均值 Δp_i，将其与 p_{1i} 叠加作为地基受荷后最终应力 p_{2i}。

第一分层的初始应力为

$$\frac{1}{2}(58.86+117.72)=88.29\text{kPa}$$

附加应力平均值为

$$\frac{1}{2}(31.1+30.7)=30.9\text{kPa}$$

依此类推进行第二、三层的计算。如表 4-2-2 所示。

② 沉降计算深度:由于基底以下均为软黏土层,而下卧的中砂层压缩量可以忽略不计,故沉降计算深度取为 15m。

③ 根据 p_{1i} 和 p_{2i} 从图 4-2-4 中查取初始孔隙比 e_{1i} 和最终孔隙比 e_{2i},计算每层沉降量如表 4-2-2 所示。

表 4-2-2 基底中点 2 的沉降计算

分层编号	分层厚度 (mm)	自重应力平均值 p_{1i}(kPa)	附加应力平均值 Δp_i (kPa)	最终应力 p_{2i}(kPa)	e_{1i}	e_{2i}	$\dfrac{e_{1i}-e_{2i}}{1+e_{1i}}$	$S_i=\dfrac{e_{1i}-e_{2i}}{1+e_{1i}}h_i$
I	3000	88.29	30.9	119.19	0.783	0.745	0.021 3	63.9
II	5000	142.2	29.05	171.25	0.695	0.665	0.017 7	88.5
III	7000	201.11	24.05	225.16	0.610	0.595	0.009 3	65.1
$S=\sum S_i=217.5\text{mm}$								

(7)再按上述相同方法,可以求得基础两侧 1、3 点的沉降量分别为 72mm 与 143mm。由此看出,1、2、3 点的沉降各不相同,存在不均匀沉降,其中中点处的沉降量最大。

4.2.2 土的原始压缩曲线与压缩性指标

1. 土的应力历史

在自然条件下按土的受荷历史(上覆土重作用)以及固结完成的程度,土可以分三种情况来研究,即正常固结土、超固结土和欠固结土。天然土层在历史上所经受过的最大的固结压力(指土体在固结过程中所受的最大有效压力),称为先(前)期固结压力。土在形成和存在的历史过程中只受过等于现有覆盖土重的先期固结压力的作用,并达到完全固结的土称为正常固结土。

图 4-2-5(a)表示地基中 A 点土在 p_1 作用下已固结完成,其先期固结压力 $p_c=p_1$;反之,图 4-2-5(b)表示 A 点土在 $p_c>p_1$ 的压力作用下曾固结过,如原冰川的重量对 A 点土的压力为 $p_c=\gamma h_c$,后来冰川受到剥蚀,上覆压力降低至现存的 p_1,这种土称为超固结土;若土属于新近沉积的堆积物,在其现存上覆压力 p_1 作用下尚未完全固结,则在 p_1 作用下,土还将继续压缩固结,地面将下沉到虚线位置,这种土称为欠固结土,如图 4-2-5(c)所示。

土的超固结程度用超固结比 OCR 表示,其定义为

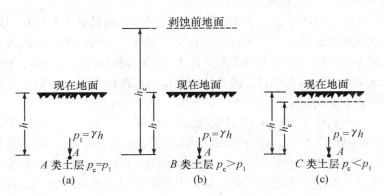

图 4-2-5　三种不同应力历史的土层

$$OCR = \frac{p_c}{p_1} \tag{4-2-8}$$

式中：p_c——先期固结压力，kPa；p_1——现有上覆压力，kPa。

（1）当 $OCR > 1$ 时，称为超固结土；

（2）当 $OCR = 1$ 时，称为正常固结土；

（3）当 $OCR < 1$ 时，称为欠固结土。

为了鉴别土的受荷历史和土的固结压缩性质，必须确定先期固结压力 p_c。最常用的方法是卡萨格兰德所建议的经验作图法，做法如下（见图 4-2-6）：

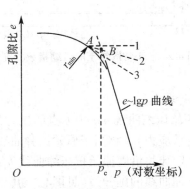

图 4-2-6　先期固结压力的确定

①在 e-$\lg p$ 试验曲线上找出曲率最大（或曲率半径最小）的某点 A，过 A 点作水平线 $A1$ 和切线 $A3$；

②作线 $A1$、$A3$ 的角平分线 $A2$，延长曲线后半段的直线部分与线 $A2$ 交于 B 点，该 B 点的横坐标值就是先期固结压力 p_c。

应该指出，先期固结压力 p_c 只是反映土的压缩性能陡变的一个界限，其成因不一定都是由土的受荷历史所致。比如黏土风化过程中结构变化、粒间的化学胶结、土的老化现象、地下水溶滤和干湿循环等因素都可能使黏土呈现一种似超固结性状。

2. 由现场原始压缩曲线确定土的压缩性指标

室内压缩试验所采用的土样，由于经历了卸荷过程，而且试样在取样、运输、制备以及试验过程中不可避免地要受到不同程度的扰动，因此，土的室内压缩曲线不能完全代表现场原状土样的孔隙比和有效应力的关系。H. J. 施默特曼（Schmertmann，1955）提出了根据土的室内压缩曲线进行修正得到土的现场原始压缩曲线的方法，其确定方法为：

（1）若试样是正常固结土（$p_c = p_1$）。

假定土在现场天然状态下的 e_0 与自重应力 p_1 已知，在图 4-2-7 中土的室内压缩曲线所处的 e-$\lg p$ 坐标系中定出 $b(e_0, p_1)$，这是现场压缩的起点，其中 p_1 等于按卡萨格兰德方法确定的 B 点所对应的先期固结压力 p_c。再从纵坐标 $e = 0.42e_0$ 做一水平线交室内压缩曲线于 c 点，这是因为根据许多室内压缩试验，土在不同程度扰动时所得出的不同室内压缩曲线的直线段都大致交于点 $0.42e_0$，由此推想原始压缩曲线也大致交于该点。然后作 bc 直线，即为现场原始压缩曲线的直线段。该直线的斜率就是正常固结土的压缩指数 C_c。

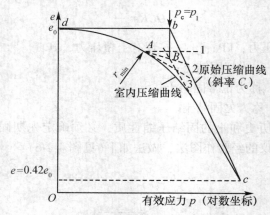

图 4-2-7 正常固结土的压缩指数的确定

（2）若试样是超固结土（$p_c > p_1$）。

如图 4-2-8 所示，相应于原始压缩曲线 abc 中 b 点的压力是土样的先期固结压力 p_c，后来有效应力减小到现有土的自重应力 p_1（相当于原始回弹曲线 bb_1 上 b_1 点的压力，$p_1 < p_c$）。在现场应力增量的作用下，孔隙比将沿着原始再压缩曲线 b_1c 变化。但压力超过先期固结压力后，曲线将与现场原始压缩曲线的延伸线（见图 4-2-8 虚线 bc 段）重新连接。如图 4-2-9 所示，超固结土的原始压缩曲线可以按下列步骤求得。先作 $b_1(e_0, p_1)$ 点，即原位压缩的起点，然后过 b_1 点作一直线，其斜率等于室内回弹曲线与再压缩曲线的平均斜率，该直线与通过 $b(p_c)$ 点的垂线交于 b 点，b_1b 就是现场再压缩曲线，其斜率为回弹指数 C_e。将 b、c 连线（c 点做法同正常固结土），即得现场压缩曲线，其斜率为压缩指数 C_c。

（3）若试样是欠固结土（$p_c < p_1$）。

由于土在自重作用下的压缩尚未稳定，只能近似地按正常固结土的方法求得现场原始压缩曲线，从而确定压缩指数 C_c。

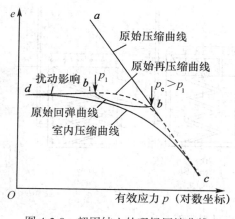

图 4-2-8　超固结土的现场压缩曲线

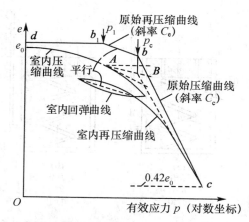

图 4-2-9　超固结土的压缩指数的确定

4.3　饱和土的渗透固结理论

一般认为当土中孔隙体积的 80% 以上为水充满时，土中虽有少量气体存在，但大多是封闭气体，就可以视为饱和土。

饱和黏性土地基在建筑物荷载作用下要经过相当长时间才能达到最终沉降，不是瞬时完成的。为了建筑物的安全与正常使用，应在工程实践和分析研究中掌握沉降与时间关系的规律性。

4.3.1　饱和土的渗透固结

饱和土的渗透固结，可以借助如图 4-3-1 所示的弹簧-活塞-水模型来说明。图 4-3-1 为太沙基最早提出的渗透固结的力学模型。它是由盛满水的钢筒①，带有细小排水孔道的活塞②和支承活塞的弹簧③所组成。钢筒模拟侧限应力状态；弹簧模拟土的骨架；筒中水模拟土骨架中的孔隙水；活塞中的小孔道则模拟土的渗透性。

当活塞上没有荷载时，如图 4-3-1(a) 所示，与钢筒连接的测压管中的水位和筒中的静水位齐平。筒中的孔隙水压力为静水压力，任意深度处的总水头都相等，没有渗流发生。

当活塞上瞬时施加荷载 σ 时，即 $t=0$ 时（图 4-3-1(b)），模拟土的渗透性的孔径很小，水有一定的黏滞性，容器内的水来不及流出，相当于这些孔隙在瞬时被堵塞而处于不排水状态。筒内的水在瞬时受压力 σ，又因水不可压缩，故筒内体积变化为 $\Delta V = 0$，活塞不能下移，弹簧就不受力，弹簧（土骨架）上的有效应力为 0，外加荷载 σ 全部由水承担，测压管中的水位将上升到 h_0，它代表由荷载引起的初始超静孔隙水压力 $u = \sigma = \gamma_w h_0$。而作用于弹簧上的有效应力 $\sigma' = 0$。

当 $t > 0$，例如 $t = t_i$ 时（图 4-3-1(c)），由于活塞两侧存在水头差 Δh，必将有渗流发生，水从活塞的孔隙中不断排出，活塞向下移动，其下的筒内水量减少，代表土骨架的弹簧被压缩，部分荷载作用于弹簧上（σ'），与此同时筒内的水压力 u 减少，测压管内的水位降低，$h_i < h_0$。但从竖向的静力平衡可知：$u + \sigma' = \sigma$。

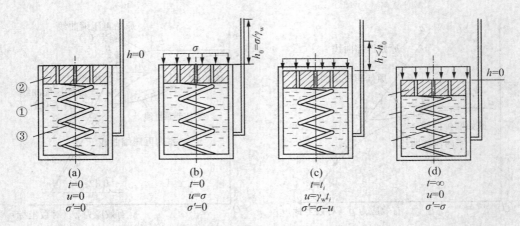

图 4-3-1　饱和土渗流固结模型

　　上述的过程不断持续，直到时间足够长时，筒内的超静孔隙水压力完全消散，即 $u=0$。活塞内外压力平衡，测压管水位又恢复到与静水位齐平，渗流停止。全部荷载都由弹簧承担，活塞稳定到某一位置，亦即总应力 σ 等于土骨架的有效应力 σ'。

　　上述这一过程就形象地模拟了饱和土体的渗透固结过程。在这一过程中，饱和土体内的超静孔隙水压力逐渐消散，总应力转移到土骨架上，有效应力逐渐增加，与此同时土体被压缩。

　　分析以上的渗透固结过程，可以得到如下几点认识：

　　(1)在渗透固结过程中，超静孔隙水压力 u 与有效应力 σ' 都是时间的函数，即 $u=f_1(t)$，$\sigma'=f_2(t)$。当外荷载不变时，始终 $u+\sigma'=\sigma$。渗透固结过程的实质就是两种不同的应力形态的转化过程，最后造成土体的压缩。

　　(2)上述由外荷载引起的孔隙水压力称为超静孔隙水压力，简称超静孔压。超静孔压是由外部作用(如荷载、振动等)或者边界条件变化(如水位升降)所引起的，它不同于静孔隙水压力，它会随时间持续而逐步消散，并伴以土的体积改变。以后我们会看到，超静孔压可以为正，也可为负。在现实中，我们经常会遇到超静孔压引起的现象：路面以下黏土的含水率很高时，就会在重车荷载作用下从路面的裂隙中冒出泥水，即所谓的翻浆；含饱和砂土的地基，在地震作用下会喷砂冒水，即所谓的液化。

　　(3)上述模拟的是饱和土体侧限应力状态下的渗透固结过程，渗透固结也会发生在复杂应力状态下，对于二维与三维的渗透固结问题我们会在下面的章节中提到。

　　这个模型的上述过程可以用来模拟实际的饱和黏土的渗透固结。弹簧与土的固体颗粒构成的骨架相当，圆筒内的水与土骨架周围孔隙中的水相当，水从活塞内的细小孔排出相当于水在土中的渗流。

　　当在如图 4-3-2 所示的饱和黏性土地基表面瞬时大面积均匀堆载 p 后，将在地基中各点产生竖向附加应力 $\sigma_z=p$。加载后的一瞬间，作用于饱和土中各点的附加应力 σ_z 开始完全由土中水来承担，土骨架不承担附加应力，即超静孔隙水压力 u 为 p，由土骨架承担的应力 $\sigma'=0$，这种由土中固体颗粒(土粒)接触点传递的粒间应力，我们称之为有效应力，这一点也可以通过设置于地基中不同深度的测压管内的水头看出，加载前测压管内水头与地下水位齐平，即各点只有静水压力。而加压后测压管内水头升至地下水位以上最高值 $h=\dfrac{p}{\gamma_{w}}$。随后类似于上述模型中的圆筒内的水开始从活塞内小孔排出，土层孔隙中的一些自由水也被挤出，这样土体积减少，土骨架就被压缩，附加应力逐渐转嫁给土骨架，土骨架承担的有效应力 σ' 增加，相应的孔隙水受到的超静孔隙水压力 u 逐渐减少，可以观察出测压管内的水头开始下降。直至最后全部附加应力 σ 由土骨架承担，即 $\sigma'=p$，超静孔隙水压力 u 消散为零。在这一过程中任意时刻均有：$\sigma'+u=p$，此即有效应力原理。

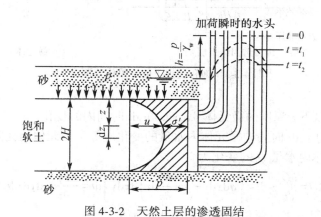

图 4-3-2 天然土层的渗透固结

　　为了具体求饱和黏性土地基在渗透固结过程中任意时刻的土骨架及孔隙水对外荷载的分担量，下面就一维侧限应力状态（如大面积均布荷载下薄压缩层地基）下的渗透固结引入太沙基（K. Terzaghi，1925）一维固结理论。

4.3.2　太沙基一维渗透固结理论

　　当可压缩土层的下面（或上下两面）有排水砂层，在土层表面有均布外荷作用时，该层中孔隙水主要沿铅直方向流动（排出），类似于室内侧限压缩试验的情况，我们称之为单向渗透固结或一维渗透固结。

　　1. 基本假设

　　（1）荷载是瞬时一次施加的；

　　（2）土是均质的、饱和的；

　　（3）土粒和水是不可压缩的；

　　（4）土层的压缩和土中水的渗流只沿竖向发生，是一维的；

　　（5）土中水的渗流服从达西定律，且渗透系数 k 保持不变；

　　（6）压缩系数 a 保持不变。

　　2. 单向渗透固结微分方程的建立

　　设有一厚度为 H 的饱和土层，如图 4-3-3 所示，在自重应力作用下已固结完成，其上为排水边界，其下为不透水的非压缩土层，假设在这种地基上一次性瞬时施加一无限宽广的均布荷载 p，该荷载在地基中所引起的附加应力 $\sigma_z(=p)$ 不随深度而变。有关条件符合基本假定，属于单向排水条件。

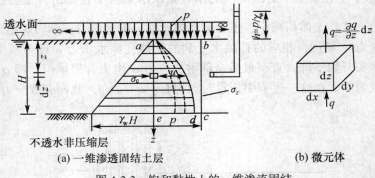

(a) 一维渗透固结土层　　　　　　　　(b) 微元体

图 4-3-3　饱和黏性土的一维渗流固结

考察土层顶面以下 z 深度的微元体 $\mathrm{d}x\mathrm{d}y\mathrm{d}z$ 在 $\mathrm{d}t$ 时间内的变化。

（1）连续性条件：$\mathrm{d}t$ 时间内微元体内水量的变化应等于微元体内孔隙体积的变化。

$\mathrm{d}t$ 时间内微元体内水量 Q 的变化为

$$\mathrm{d}Q = \frac{\partial Q}{\partial t} \cdot \mathrm{d}t = \left[q\mathrm{d}x\mathrm{d}y - \left(q + \frac{\partial q}{\partial z}\mathrm{d}z \right)\mathrm{d}x\mathrm{d}y \right]\mathrm{d}t = -\frac{\partial q}{\partial z}\mathrm{d}x\mathrm{d}y\mathrm{d}z\mathrm{d}t \tag{4-3-1}$$

式中：q —— 单位时间内流过单位水平横截面积的水量。

$\mathrm{d}t$ 时间内微元体内孔隙体积 V_v 的变化为

$$\mathrm{d}V_v = \frac{\partial V_v}{\partial t}\mathrm{d}t = \frac{\partial (eV_s)}{\partial t}\mathrm{d}t = \frac{1}{1+e_1}\frac{\partial e}{\partial t}\mathrm{d}x\mathrm{d}y\mathrm{d}z\mathrm{d}t \tag{4-3-2}$$

式中：V_s —— 固体体积，$V_s = \dfrac{1}{1+e_1}\mathrm{d}x\mathrm{d}y\mathrm{d}z$，不随时间而变；

e_1 —— 渗流固结前初始孔隙比。

由 $\mathrm{d}Q = \mathrm{d}V_v$ 得

$$\frac{1}{1+e_1} \cdot \frac{\partial e}{\partial t} = -\frac{\partial q}{\partial z} \tag{4-3-3}$$

（2）根据达西定律：

$$q = ki = k\frac{\partial h}{\partial z} = \frac{k}{\gamma_w}\frac{\partial u}{\partial z} \tag{4-3-4}$$

式中：i —— 水头梯度；

h —— 超静水头，m；

u —— 超静孔隙水压力，kPa。

（3）根据侧限条件下孔隙比的变化与竖向有效应力变化的关系（见基本假设）得

$$\frac{\partial e}{\partial t} = -\frac{a\partial \sigma'}{\partial t} \tag{4-3-5}$$

（4）根据有效应力原理，式(4-3-5)变为

$$\frac{\partial e}{\partial t} = -\frac{a\partial \sigma'}{\partial t} = -\frac{a\partial (\sigma - u)}{\partial t} = \frac{a\partial u}{\partial t} \tag{4-3-6}$$

上式在推导中利用了在一维固结过程中任一点竖向总应力 σ 不随时间而变的条件。

将式(4-3-4)及式(4-3-6)代入式(4-3-3)可得

$$\frac{a}{1+e_1}\frac{\partial u}{\partial t} = \frac{k}{\gamma_w}\frac{\partial^2 u}{\partial z} \tag{4-3-7}$$

令 $C_v = \dfrac{k(1+e_1)}{a\gamma_w} = \dfrac{kE_s}{\gamma_w}$,则式(4-3-7)成为

$$\frac{\partial u}{\partial t} = C_v \frac{\partial^2 u}{\partial z} \tag{4-3-8}$$

上式即为太沙基一维固结微分方程,其中 C_v 称为土的竖向固结系数(单位:cm²/s)。

3. 固结微分方程的解析解

式(4-3-8)一般称为一维渗流固结微分方程,可以根据不同的起始条件和边界条件求得它的特解。对图 4-3-3 所示的情况:

当 $t=0,0 \leqslant z \leqslant H$ 时,$u = u_0 = p$;

当 $0 < t \leqslant \infty$,$z = 0$ 时,$u = 0$;

当 $0 \leqslant t \leqslant \infty$,$z = H$ 时,$\dfrac{\partial u}{\partial z} = 0$;

当 $t = \infty$,$0 \leqslant z \leqslant H$ 时,$u = 0$。

应用傅里叶级数,可求得满足上述边界条件和初始条件的解答如下:

$$u_{zt} = \frac{4\sigma_z}{\pi}\sum_{m=1}^{\infty}\frac{1}{m}\sin\frac{m\pi z}{2H}e^{-m^2\left(\frac{\sigma^2}{4}\right)T_v} \tag{4-3-9}$$

式中:m——正奇数$(1,3,5,\cdots)$;

　　　e——自然对数底数;

　　　H——最远排水距离,当土层为单面排水时,H 等于土层厚度;当土层上下双面排水时,H 采用土层厚度的一半,m;

　　　T_v——时间因数(无量钢)按下式计算:

$$T_v = \frac{C_v}{H^2}t \tag{4-3-10}$$

式中:C_v——土层的竖向固结系数;cm²/yr;

　　　t——固结历时,yr。

在上述边界条件下,固结微分方程的解析解式(4-3-9)具有如下特点:

(1)孔压 u 用无穷级数表示;

(2)孔压 u 与 σ_z 成正比;

(3)每一项的正弦函数中仅含变量 z,表示孔压在空间上按三角函数分布;

(4)每一项的指数函数中仅含变量 t 且系数为负,表示孔压在时间上按指数衰减;

(5)随着 m 的增加,以后各项的影响急剧减小。

根据上述特点(5),在时间 t 不是很小时,式(4-3-9)取一项即可满足一般工程要求的精度。

按式(4-3-9),可以绘制不同 t 值时土层中的超静孔隙水压力分布曲线(u-z 曲线),如图

4-3-4 所示。从 $u-z$ 曲线随 t(或 T_v)的变化情况可看出渗流固结过程的进展情况。$u-z$ 曲线上某点的切线斜率反映该点处的竖向水力梯度,即 $i = -\dfrac{1}{\gamma_w}\dfrac{\partial u}{\partial z}$。

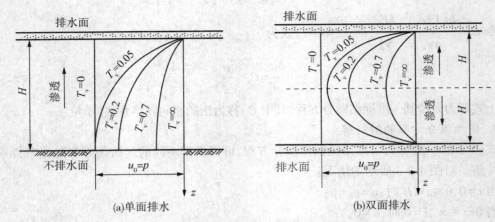

图 4-3-4 土层在固结过程中超静孔隙水压力的分布

4. 固结度

图 4-3-3(a)表示在附加应力 σ_z 的作用下,在 t 时刻,土层中的有效应力 σ'_{zt} 和超静孔隙水压力 u_{zt} 的分布。在某一深度 z 处,t 时刻有效应力 σ'_{zt} 与 $t=\infty$ 时有效应力 $\sigma'_{z\infty}$ 的比值,称为该点土的固结度。对图 4-3-3 所示的情况,深度 z 处的固结度还等于有效应力 σ'_{zt} 对总应力 σ_z 的比值,亦即超静孔隙水压力的消散部分 $u_0 - u_{zt}$ 对起始孔隙水压力 u_0 的比值,表示为

$$U_t = \frac{\sigma'_{zt}}{\sigma'_{z\infty}} = \frac{\sigma'_{zt}}{\sigma_z} = \frac{u_0 - u_{zt}}{u_0} \tag{4-3-11}$$

对于实际工程,更有意义的是土层的平均固结度。t 时刻土层的平均固结度等于此时土层中土骨架已经承担的平均有效应力面积对最终平均有效应力面积的比例。表示为

$$U_t = \frac{\text{面积 } abcd}{\text{面积 } abce}$$

亦即

$$U_t = \frac{\int_0^H u_0 \mathrm{d}z - \int_0^H u_{zt} \mathrm{d}z}{\int_0^H u_0 \mathrm{d}z} = 1 - \frac{\int_0^H u_{zt} \mathrm{d}z}{\int_0^H u_0 \mathrm{d}z} \tag{4-3-12}$$

将式(4-3-9)代入式(4-3-12),积分化简后便得:

$$U_t = 1 - \frac{8}{\pi^2}\sum_{m=1}^{\infty}\frac{1}{m^2}e^{-m^2\frac{\pi^2}{4}T_v} \quad (m = 1,\ 3,\ 5,\ \cdots) \tag{4-3-13}$$

或

$$U_t = 1 - \frac{8}{\pi^2}\left(e^{-\frac{\pi^2}{4}T_v} + \frac{1}{9}e^{-9\frac{\pi^2}{4}T_v} + \cdots\right) \tag{4-3-14}$$

由于括号内是快速收敛的级数，通常为实用目的在 T_v 不是很小时采用第一项已经有足够精度，此时，式(4-3-14)亦可近似写成：

$$U_t = 1 - \frac{8}{\pi^2} e^{-\frac{\pi^2}{4} T_v} \tag{4-3-15}$$

式(4-3-14)给出的 U_t 和 T_v 之间的关系可用图 4-3-5 中的曲线①表示。由式(4-3-14)和式(4-3-15)及图 4-3-5 可以看出，U_t 和 T_v 之间具有一一对应的递增关系，且 T_v 是表达式中唯一的一个变量，因而时间因数 T_v 是一个反映土层固结度的参数。

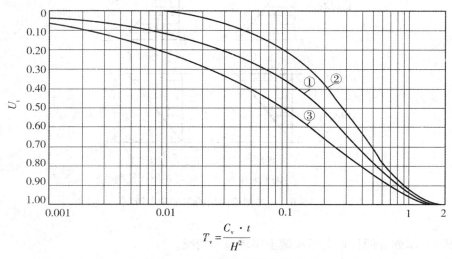

图 4-3-5　U_t-T_v 关系曲线

为计算简便，曲线①或式(4-3-14)亦可用下列近似公式表达：

$$T_v = \frac{\pi}{4} U_t^2 \quad (U_t \leqslant 0.6) \tag{4-3-16a}$$

$$T_v = -0.933 \lg(1 - U_t) - 0.085 \quad (U_t > 0.6) \tag{4-3-16b}$$

$$T_v \approx 3 U_t \quad (U_t = 1.0) \tag{4-3-16c}$$

对于起始超静水压力 u_0 沿土层深度为线性变化的情况(图 4-3-6(a)中单面排水的情况 2 和情况 3)，可根据此时的边界条件，解微分方程(4-3-8)，并积分式(4-3-12)，分别得情况 2 和情况 3 对应的固结度表达式：

$$U_{t2} = 1 - 1.03 \left(e^{-\frac{\pi^2}{4} T_v} - \frac{1}{27} e^{-9 \frac{\pi^2}{4} T_v} + \cdots \right) \tag{4-3-17}$$

$$U_{t3} = 1 - 0.59 (e^{-\frac{\pi^2}{4} T_v} + 0.37 e^{-9 \frac{\pi^2}{4} T_v} + \cdots) \tag{4-3-18}$$

这两种情况下的 U_t-T_v 关系曲线如图 4-3-5 中的曲线②和曲线③所示。也可利用表 4-3-1 查相应于不同固结度的 T_v 值。

实际工程中，作用于饱和土层中的起始超静孔隙水压力分布要比图 4-3-6 所示的三种情况复杂，但实用上可以足够准确地把可能遇到的起始超静孔隙水压力分布近似地分为五种情况处理(图 4-3-7)。

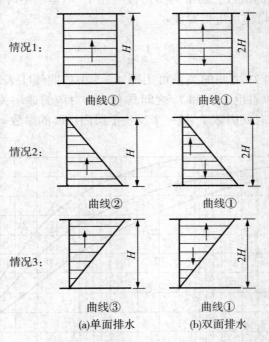

情况1:

曲线①　　　　　曲线①

情况2:

曲线②　　　　　曲线①

情况3:

曲线③　　　　　曲线①

(a)单面排水　　　　(b)双面排水

图 4-3-6　一维渗流固结的三种基本情况

情况 1:基础底面积很大而压缩土层较薄的情况。

情况 2:相当于无限宽广的水力冲填土层,由于自重应力而产生固结的情况。

情况 3:相当于基础底面积较小,在压缩土层底面的附加应力已接近零的情况。

情况 4:相当于地基在自重作用下尚未固结就在上面修建建筑物的情况。

情况 5:与情况 3 相似,但相当于在压缩土层底面的附加应力还不接近于零的情况。

尽管情况 3、4、5 已不是一维问题,但在一般实际工程中常按一维问题近似求解。情况 4 和情况 5 的固结度 U_{t4}、U_{t5} 可以根据土层平均固结度的物理概念,利用情况 1,2,3 的 U_t-T_v 关系式叠加与推算。

表 4-3-1　　　　　　　　　　　　　　U_t-T_v 对照表

固结度 U_t (%)	时间因数 T_v		
	T_{v1}(曲线①)	T_{v2}(曲线②)	T_{v3}(曲线③)
0	0	0	0
5	0.002	0.024	0.001
10	0.008	0.047	0.003
15	0.016	0.072	0.005
20	0.031	0.100	0.009
25	0.048	0.124	0.016

固结度 U_t	时间因数 T_v		
(%)	T_{v1}（曲线①）	T_{v2}（曲线②）	T_{v3}（曲线③）
30	0.071	0.158	0.024
35	0.096	0.188	0.036
40	0.126	0.221	0.048
45	0.156	0.252	0.072
50	0.197	0.294	0.092
55	0.236	0.336	0.128
60	0.287	0.383	0.160
65	0.336	0.440	0.216
70	0.403	0.500	0.271
75	0.472	0.568	0.352
80	0.567	0.665	0.440
85	0.676	0.772	0.544
90	0.848	0.940	0.720
95	1.120	1.268	1.016
100	∞	∞	∞

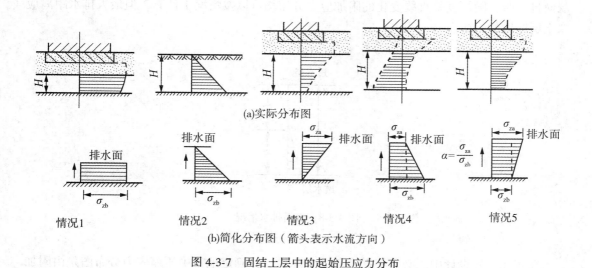

(a)实际分布图

(b)简化分布图（箭头表示水流方向）

图 4-3-7　固结土层中的起始压应力分布

　　相关研究表明，在某种分布图形的压缩应力作用下，任一历时内均质土层的变形，相当于这个应力分布图形各组成部分在同一历时内所引起的变形的代数和，亦即在固结过程中，有效应力与孔隙水压力分布图形可以用叠加原理加以确定。例如图 4-3-7 中的情况 3 在任一历时 t 内所产生的沉降量 S_{c3}，应等于该图中情况 1 和情况 2 在相同历时内所引起的沉降量之差，即

$$S_{c3} = S_{c1} - S_{c2}$$
$$U_{t3} S_{c3} = U_{t1} S_{c1} - U_{t2} S_{c2}$$

$$U_{t3} \frac{\frac{\sigma_z}{2}}{E_s} H = U_{t1} \frac{\sigma_z}{E_s} H - U_{t2} \frac{\frac{1}{2}\sigma_z}{E_s} H$$

于是可得

$$U_{t3} = 2U_{t1} - U_{t2} \tag{4-3-19}$$

同理，情况 4 和情况 5 的土层固结度 U_t，均可利用情况 1 和情况 2 的固结度来表示，即

$$U_t = \frac{2\alpha U_{t1} + (1-\alpha) U_{t2}}{1+\alpha} \tag{4-3-20}$$

式中

$$\alpha = \frac{\sigma_{za}}{\sigma_{zb}} = \frac{\text{透水面上的压缩应力}}{\text{不透水面上的压缩应力}} \tag{4-3-21}$$

对于双面排水，则不论土层中附加应力分布为哪一种情况，只要是线性分布，均质土层的固结度均可以按情况 1 计算，这是根据叠加原理而得的结论。以图 4-3-8 为例。图中附加应力分布面积为 $abcd$，土中水可以向上下两面排出。在三角形附加应力 feb 作用下，水向上排出所产生的变形应等于虚设三角形分布附加应力 egc 作用时，水向下排出所产生的变形。所以附加应力 $abcd$（梯形面积）可以用附加应力 $afgd$（矩形面积）来代替，亦即在双面排水时，随深度呈直线变化的附加应力分布均可以按情况 1 计算，但最大排水距离应取土层厚度的一半。

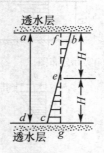

图 4-3-8　双面排水情况

在实际工程设计中，必须根据地基的实际情况，确定地基中压缩应力分布图是由附加应力与自重应力综合组成的，还是由其中一种应力单独构成的，再结合排水条件，选用如图4-3-7所示的情况之一来计算固结过程。

从固结度的计算公式可以看出，固结度是时间因数的函数，时间因数 T_v 愈大，固结

度 U_t 亦愈大，土层的沉降越接近于最终沉降量。从时间因数 $T_v = \dfrac{C_v t}{H^2} = \dfrac{k(1+e_1)}{a\gamma_w} \cdot \dfrac{t}{H^2}$ 的各

个因子可清楚地分析出固结度与这些因数的关系：

① 渗透系数 k 越大，越易固结，因为孔隙水易排出；

② $\dfrac{1+e_1}{a} = E_s$ 越大，即土的压缩性越小，越易固结，因为土骨架发生较小的压缩变形

就能分担较大的外荷载，因此孔隙体积无需变化太大（不需排较多的水）；

③ 时间 t 越长，显然固结越充分；

④ 渗流路径 H 越长，显然孔隙水越难以排出土层，越难固结。

固结度计算的精度值得探讨。在上述推导及求解过程中，存在以下一些问题：

① 假设了水在孔隙中流动规律遵循达西定律，但未考虑当土中水头梯度小于起始梯度 i_0 时，水不会发生渗流的情况。渗透系数为常量的假定也与实际不符，因为随着土层的固结压缩，土中的孔隙将会逐渐减少，渗透系数亦会降低；

② 假设在整个固结过程中压缩系数 a 不变，即土的侧限应力-应变关系是线性的，这一点显然与室内侧限压缩试验不符；

③ 实际土层的边界条件十分复杂，不可能如理论假设那样简单；

④ 各种计算指标的来源，难以十分准确地反映土层的实际情况。

【例4-3-1】 设在不透水的非压缩性岩层上，有一厚 5m 的饱和黏土层。黏土层之上为一薄砂层，砂层上作用有连续均布荷载 $p = 200\text{kPa}$。试求在加荷半年后，地基中孔隙水压力随深度 z 的分布。已知该黏土层的物理力学性质如下：渗透系数 $k = 1.4\text{cm/yr}$，初始孔隙比 $e_1 = 0.8$；压缩系数 $a_v = 1.83 \times 10^{-4}\text{kPa}^{-1}$。

【解】 先求出黏土层的固结系数 C_v，即

$$C_v = \frac{1+e_1}{\gamma_w a_v}k = \frac{1+0.8}{0.00981 \times 0.00183} \times 1.4 = 1.4 \times 10^5 \text{cm}^2/\text{yr}$$

再按式（4-3-10）计算出时间因数 T_v，即

$$T_v = \frac{C_v}{H^2}t = \frac{1.4 \times 10^5}{500^2} \times \frac{1}{2} = 0.28$$

求得 T_v 值后，即可按式（4-3-9）确定加荷半年后土层不同深度处的孔隙水压力。为简单计，式（4-3-9）中只取级数的第一项，这对较大的 t 时间的计算，不会造成多大的误差。

当 $z = 0 \times H$ 时，

$$u_{zt} = u_{0t} = \frac{4}{\pi}\sigma_z \sin\left(\frac{\pi \times 0 \times H}{2H}\right)e^{-\frac{\pi^2}{4}T_v} = 0$$

同样地，可以计算出 $z = 0.25H$、$0.5H$、$0.75H$ 及 $1.00H$ 处的 u_{zt} 分别为 48.1kPa、88.3kPa、114.8kPa 及 124.6kPa。由此即可绘出当 t 为半年时，地基中孔隙水压力随深度 z 的分布如图4-3-9所示。

4.3.3　利用沉降观测资料推算后期沉降量

对于大多数工程问题，次固结沉降与主固结沉降相比较是不重要的。因此，地基的最终沉降量通常仅取瞬时沉降量与主固结沉降量之和，即 $S = S_d + S_c$，相应地，施工期 T 以后

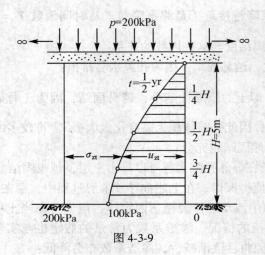

图 4-3-9

($t>T$) 的沉降量为

$$S_t = S_d + S_{et} \tag{4-3-22a}$$

或

$$S_t = S_d + U_t S_c \tag{4-3-22b}$$

上式中的沉降量若按一维固结理论计算，其结果往往与实测成果不相符合，因为地基沉降多属于三维问题，而实际情况又很复杂，因此，利用沉降观测资料推算后期沉降(包括最终沉降量)，有其重要的现实意义。下面介绍常用的两种经验方法——对数曲线法(三点法)和双曲线法(二点法)。

1. 对数曲线法

不同条件的固结度 U_t 的计算公式，可以用一个普遍表达式来概括

$$U_t = 1 - A\exp(-Bt) \tag{4-3-23}$$

式中，A 和 B 是两个参数，若将上式与一维固结理论的公式(4-3-15)相比较，可见在理论上参数 A 是个常数值$\dfrac{8}{\pi^2}$，B 则与时间因数 T_v 中的固结系数、排水距离有关。如果 A 和 B 作为实测的沉降与时间关系曲线中的参数，则其值是待定的。

将式(4-3-23)代入式(4-3-22b)，得

$$\frac{S_t - S_d}{S_c} = 1 - A\exp(-Bt) \tag{4-3-24}$$

再将 $S = S_d + S_c$ 代入上式，并以推算的最终沉降量 S_∞ 代替 S，则得

$$S_t = S_\infty\left[1 - A\exp(-Bt)\right] + S_d A\exp(-Bt) \tag{4-3-25}$$

如图 4-3-10 所示，如果 S_∞ 和 S_d 也是未知数，加上 A 和 B，则上式包含四个未知数。从实测的早期 $S\text{-}t$ 曲线选择荷载停止施加以后的 3 个时间 t_1、t_2 和 t_3，其中 t_3 应尽可能与曲线末端对应，时间差 $t_2 - t_1$ 和 $t_3 - t_2$ 必须相等且尽量大些。将所选时间分别代入上式，得

$$\begin{cases} S_{t1} = S_\infty\left[1 - A\exp(-Bt_1)\right] + S_d A\exp(-Bt_1) \\ S_{t2} = S_\infty\left[1 - A\exp(-Bt_2)\right] + S_d A\exp(-Bt_2) \\ S_{t3} = S_\infty\left[1 - A\exp(-Bt_3)\right] + S_d A\exp(-Bt_3) \end{cases} \tag{4-3-26}$$

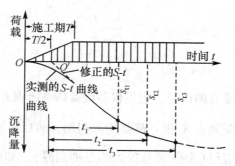

图 4-3-10　沉降与时间关系实测曲线

附加条件

$$\exp\left[B(t_2-t_1)\right]=\exp\left[B(t_3-t_2)\right] \tag{4-3-27}$$

联解式(4-3-26)和式(4-3-27)可得

$$B=\frac{1}{t_2-t_1}\ln\frac{S_{t2}-S_{t1}}{S_{t3}-S_{t2}} \tag{4-3-28}$$

$$S_\infty=\frac{S_{t3}(S_{t2}-S_{t1})-S_{t2}(S_{t3}-S_{t2})}{(S_{t2}-S_{t1})-(S_{t3}-S_{t2})} \tag{4-3-29}$$

将时间 t_1 与 S_{t1}、S_{t2}、S_{t3} 实测值算得的 B 和 S_∞ 一起代入式(4-3-26)，即可求得 S_d 的计算表达式如下：

$$S_d=\frac{S_{t1}-S_\infty\left[1-A\exp(-Bt_1)\right]}{A\exp(-Bt_1)} \tag{4-3-30}$$

式中，参数 A 一般采用一维固结理论近似值 $\frac{8}{\pi^2}$，然后可以按式(4-3-25)推算任一时刻的后期沉降量 S_t。以上各式中的时间 t 均应由修正后零点 O' 算起，若施工期荷载等速增长，则 O' 点在加荷期的中点。

2. 双曲线法

建筑物的沉降观测资料表明其沉降与时间的关系曲线，$S\text{-}t$ 曲线，接近于双曲线(施工期间除外)，双曲线经验公式如下：

$$S_{t1}=\frac{S_\infty t_1}{a_t+t_1} \tag{4-3-31a}$$

$$S_{t2}=\frac{S_\infty t_2}{a_t+t_2} \tag{4-3-31b}$$

式中：S_∞——推算最终沉降量，理论上所需时间 $t=\infty$；

$\quad\quad S_{t1}$、S_{t2}——经历时间 t_1 和 t_2 出现的沉降量，时间应从施工期一半起算(假设为一级等速加荷)；

$\quad\quad a_t$——曲线常数，待定。

在式(4-3-30)中两组 S_{t1}、t_1 和 S_{t2}、t_2 为实测已知值，就可求解 S_∞ 和 a_t 如下：

$$S_\infty = \frac{t_2 - t_1}{\dfrac{t_2}{S_{t2}} - \dfrac{t_1}{S_{t1}}} \tag{4-3-32}$$

$$a_t = S_\infty \cdot \frac{t_1}{S_{t1}} - t_1 = S_\infty \cdot \frac{t_2}{S_{t2}} - t_2 \tag{4-3-33}$$

为了消除观测资料可能有的误差，包括仪器设备的系统误差、粗心大意的人为误差以及随机误差，一般后段的观测点 S_{ti} 和 t_i 都要加以利用，然后计算各 $\dfrac{t_i}{S_{ti}}$ 值，点在 $t \sim \dfrac{t}{S_t}$ 直角坐标系中，其后段应为一直线（个别误差较大的点则剔除），如图 4-3-11 所示。从测定的直线段上任选两个代表性点 t_1'、t_2' 和 $\dfrac{t_1'}{S_{t1}'}$、$\dfrac{t_2'}{S_{t2}'}$，即可代入式（4-3-31）和式（4-3-33），确定最终沉降量 S_∞ 和常数 a_t；此两值又代入式（4-1-31）确定后期任意时刻的沉降量。

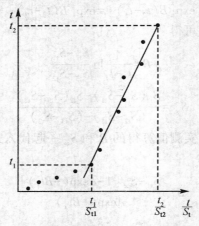

图 4-3-11　双曲线法推算后期沉降量

4.3.4　饱和黏性土地基沉降的三个阶段

在 4.2 中我们介绍了实用最终沉降计算方法：分层总和法，它是利用室内侧限压缩试验得到的侧限压缩指标进行地基沉降计算的，在工程实践中被广泛使用。饱和黏性土地基最终的沉降量从机理上来分析，是由三个部分组成的，如图 4-3-12 所示，即

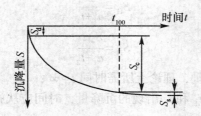

图 4-3-12　黏性土地基沉降的三个组成部分

$$S = S_d + S_c + S_s \qquad (4\text{-}3\text{-}34)$$

式中：S_d——瞬时沉降（初始沉降、不排水沉降）；

　　　S_c——固结沉降（主固结沉降）；

　　　S_s——次固结沉降（次压缩沉降、徐变沉降）。

下面分别介绍这三种沉降产生的主要机理及常用的计算方法。

1. 瞬时沉降

瞬时沉降是在施加荷载后瞬时发生的，在很短的时间内，孔隙中的水来不及排出，因此对于饱和的黏性土来说，沉降是在没有体积变形的条件下产生的，这种变形实质上是通过剪应变引起的侧向挤出，是形状变形。因此这一沉降计算是考虑了侧向变形的地基沉降计算，而分层总和法等实用的沉降计算方法则没有考虑这一过程。在单向压缩（如薄压缩层地基上大面积均布堆载）时由于没有剪应力，也就没有侧向变形，可以不考虑瞬时沉降这一分量。

大比例尺的室内试验及现场实测表明，可以用弹性理论公式来分析计算瞬时沉降，对于饱和的黏性土在适当的应力增量情况下，弹性模量可以近似地假定为常数，即

$$S_d = \frac{p_0 b(1-\mu^2)}{E}\omega \qquad (4\text{-}3\text{-}35)$$

式中，E、μ——弹性模量及泊松比，E 的室内试验测定参见 4.1 节中的介绍，由于这一变形阶段体积变形为零，可以取 $\mu = 0.5$。

2. 固结沉降

固结沉降是在荷载作用下，孔隙水被逐渐挤出，孔隙体积逐渐减小，从而土体压密产生体积变形而引起的沉降，是黏性土地基沉降最主要的组成部分。

在实用中可以采用分层总和法等方法计算固结沉降，只是这些方法基于侧限假定，即按一维问题来考虑，与实际的二、三维应力状态不符。但由于室内确定压缩性指标等既复杂又困难，所以目前难以严格按二、三维应力状态考虑。

3. 次固结沉降

次固结沉降是指超静孔隙水压力消散为零，在有效应力基本上不变的情况下，随时间继续发生的沉降量，一般认为这是在恒定应力状态下，土中的结合水以黏滞流动的形态缓慢移动，造成水膜厚度相应地发生变化，使土骨架产生徐变的结果。

许多室内试验和现场量测的结果都表明，在主固结沉降完成之后发生的次固结沉降的大小与时间的关系在半对数坐标图上接近于一条直线，如图 4-3-13 所示。这样次固结引起的孔隙比变化可以表示为

$$\Delta e = C_\alpha \lg \frac{t}{t_1} \qquad (4\text{-}3\text{-}36)$$

式中：C_α——半对数坐标系后半段直线的斜率，称为次固结系数；

　　　t_1——相当于主固结达到 100% 的时间，根据次固结与主固结曲线切线交点求得；

　　　t_2——需要计算次固结的时间。

这样，地基次固结沉降的计算公式即为

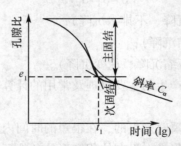

图 4-3-13 孔隙比与时间半对数的关系曲线

$$S_s = \sum_{i=1}^{n} \frac{H_i}{1+e_{0i}} C_{\alpha i} \lg \frac{t}{t_1} \qquad (4\text{-}3\text{-}37)$$

事实上，这三种沉降并不能截然分开，而是交错发生的，只是某个阶段以某一种沉降变形为主而已。不同的土，三个组成部分的相对大小及时间是不同的。例如，干净的粗砂地基沉降可认为是在荷载施加后瞬间发生的（包括瞬时沉降和固结沉降，此时已很难分开），次固结沉降不明显。对于饱和软黏土，实测的瞬时沉降可占最终沉降量的 30%～40%，次固结沉降量同固结沉降量相比较往往是不重要的。但对于含有有机质的软黏土，就不能不考虑次固结沉降。

习　题　4

1. 某基础宽 6m，长 18m，基础埋深 1.5m，基础中心受垂直荷载 $P = 10388$ kN。地基为均质正常固结黏土。地下水位于地面以下 9m 处，不考虑毛细水饱和带。地基土的湿重度为 18.64kN/m³，饱和重度为 20.64kN/m³。地基土的压缩曲线见下图，试求基础中心点的最终沉降量。

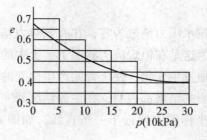

2. 某一超固结黏土层厚 2.0m，先期固结压力 $P_c = 300$ kPa，现存的上覆土压力 $P_1 = 100$ kPa，设有一建筑物建成之后引起该层土产生平均附加应力 $\sigma_z = 400$ kPa。已知土的压缩指数 $C_c = 0.4$，回弹指数 $C_e = 0.1$，初始孔隙比 $e_0 = 0.70$，求该黏土层的最终压缩量。

3. 某建筑物下面有一厚 6m 的黏土层，其上下均为不可压缩的排水层，黏土层的压缩系数 $a_{1\text{-}2} = 0.5$ MPa⁻¹，初始孔隙比 $e_0 = 0.80$，土的泊松比 $\mu = 0.4$，试求该黏土层的压缩模量 E_s、变形模量 E_0 和在基底平均附加压力 $\sigma_z = 150$ kPa 作用下的最终压缩量。

4. 某饱和黏土的固结试验成果表示如下(每级荷载作用下固结 24 小时)：

压力(kPa)	试样压缩固结稳定后的高度(mm)
0	20.00
50	19.70
100	19.60
200	19.34
400	18.77
800	18.20

试验时土样的初始含水率 $\omega = 33.1\%$，比重 $G_s = 2.72$，湿密度 $\rho = 1.8\text{g/cm}^3$，试计算每级荷载下土样的 e 值，绘出 e-p 曲线，并计算 a_{1-2} 和评价土的压缩性。

5. 某土坝及其地基的剖面如下图所示，其中黏土的压缩系数 $a = 0.245\text{MPa}^{-1}$，初始孔隙比 $e_1 = 0.947$，渗透系数 $k = 2.0\text{cm/yr}$，黏土层内的附加应力分布如下图中阴影部分所示，试按单向渗透固结理论(设荷载是一次加上的)求：

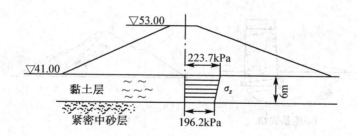

(1)黏土层的最终沉降量；

(2)黏土层沉降达 12cm 所需时间；

(3)加荷一个月后，黏土层的沉降量。

(提示：填土的 k 值很小，可以认为黏土中的水只能从下面的中砂层排出。此外，下卧紧密中砂层可以视为不可压缩的。)

第5章 土的抗剪强度

土与一般的固体材料不同，土的抗拉强度很小，可以忽略不计，但能承受一定的剪力和压力。工程实践表明，建筑物地基和土工建筑物的破坏绝大多数属于剪切破坏，例如，建筑物地基的失稳和堤坝边坡的坍滑都是土体中某一些面上的剪应力τ超过土的抗剪强度τ_f所造成；室内试验也表明，土样的破坏多数属剪切破坏。一旦发生滑动破坏，这些面两侧的土体就产生很大的相对位移，故称它们为滑动面或破坏面。土的剪切破坏形式多种多样，有的表现为脆裂，破坏时形成明显剪切面，如密砂和干硬黏土；有的表现为塑流，即应力不增加而应变继续增加，形成流动状，如软黏土等。通常土的强度就是指土的抗剪强度，对于剪裂破坏，抗剪强度是指剪切面上剪应力的最大值；对于塑流破坏，抗剪强度是指剪切面上剪应力的最大值(对变形控制不敏感)或按容许变形确定的抗剪强度值(对变形要求较严)。因此，土的抗剪强度τ_f是决定地基或土工建筑物稳定性的关键因素。

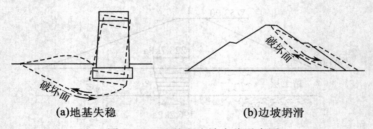

(a)地基失稳　　　　　　　　　　**(b)边坡坍滑**

图 5-0-1　地基和边坡失稳示意图

黏性土或无黏性土都是松散颗粒的集合体。这类土的破坏或表现为土粒之间的连接破坏，或表现为土粒与土粒之间产生过大的相对移动，而一般较少考虑颗粒本身的破坏。对于某一种土来说，其抗剪强度τ_f也不是一个常数值。首先，τ_f随剪切面上所受法向应力σ而变化，这就是土区别于其他许多建筑材料的一个重要特征。其次，τ_f不仅与土粒大小、形状、级配、紧密程度(孔隙比或相对密度)、矿物成分和含水率等因素有关，而且还与土受剪时的排水条件、剪切速率等外界环境条件有关。这就是土的抗剪强度的试验手段和指标选用较为复杂的原因。

5.1　土的抗剪强度规律和极限平衡条件

5.1.1　库仑定律

库仑(Coulomb, C. A. 1776)通过一系列砂土剪切试验，提出砂土抗剪强度的表达式为

$$\tau_f = \sigma\tan\varphi \tag{5-1-1}$$

之后，库仑又进一步将上述关系推广到黏性土中，得出

$$\tau_f = c + \sigma\tan\varphi \tag{5-1-2}$$

式中：τ_f——土的抗剪强度，kPa；

　　　σ——作用于剪切面上的法向应力，kPa；

　　　φ——土的内摩擦角，度；

　　　c——土的黏聚力，kPa。

式(5-1-1)与式(5-1-2)一起，统称为库仑定律。无黏性土(如砂土)的 $c=0$，上述两式也可以分别用图 5-1-1(a)、(b)表示。

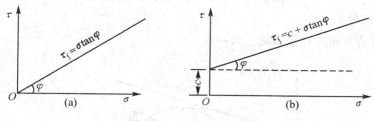

图 5-1-1　抗剪强度曲线

从式(5-1-1)可以看出，无黏性土的抗剪强度仅取决于土颗粒之间的摩擦阻力，其抗剪强度与作用在剪切面上的法向应力 σ 成正比。而从式(5-1-2)知，黏性土的抗剪强度，除与摩擦分量有关外，还取决于土颗粒之间的黏聚力 c。

当某剪切面上剪应力 τ 小于其抗剪强度 τ_f 时，土体不会沿该面发生剪切破坏，处于弹性状态；当 $\tau = \tau_f$ 时，土体才会沿该面发生剪切破坏；但是 τ 不可能超过 τ_f，因为土体剪破面上剪应力不能继续增加。因此，用库仑定律可以判断土中某一截面是否破坏。

应该指出，土的 c 和 φ，实际上只是表达 σ-τ_f 关系的试验成果的两个数学参数。从物理意义上来说，在不同的法向应力作用下，土的黏聚力也不可能是常数。因此，即使是同一种土，其 c 和 φ 值也并非固定值，它们均随试验方法和土样的试验条件(如排水条件)等的不同而有所变化。

5.1.2　土的极限平衡条件

由第 3 章可以求得在自重与外荷载作用下土体(如地基)中任意一点 A 的应力状态 σ_z、σ_x 和 τ_{xz}(以平面应变问题为例，见图 5-1-2)，现研究该点土单元体是否产生破坏。

从材料力学应力状态分析可知 A 点的大、小主应力值及其作用面方向与 x-z 坐标上 σ_z、σ_x 和 τ_{xz} 之间的相互转换关系。表达方式有二：(1)摩尔圆作图法，如图 5-1-3 所示；(2)应力状态坐标转换公式为

$$\left.\begin{array}{c}\sigma_1\\\sigma_3\end{array}\right\} = \frac{\sigma_z+\sigma_x}{2} \pm \sqrt{\frac{(\sigma_z-\sigma_x)^2}{4}+\tau_{xz}^2} \tag{5-1-3}$$

$$\theta = \frac{1}{2}\arctan^{-1}\frac{2\,\tau_{xz}}{\sigma_z-\sigma_x} \tag{5-1-4}$$

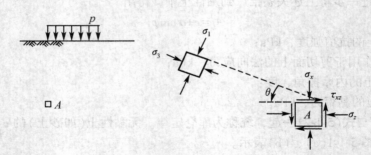

图 5-1-2　地基中任一点的应力状态

注意，θ 角的转动方向应与摩尔圆上的一致。

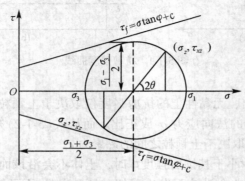

图 5-1-3　摩尔圆作图法

若给定了土的抗剪强度参数 c 和 φ 以及土中 A 点的应力状态(见图 5-1-4(a))，则可以将抗剪强度线与摩尔应力圆绘于同一张坐标图中(见图 5-1-4(b))，可以判断该点的状态：

(1)若 A 点的摩尔应力圆刚好与抗剪强度线相切(见图 5-1-4(c))，切点为 c 和 c'，两切点所代表的平面上的剪应力等于抗剪强度，表明土中该点濒于破坏，处于极限平衡状态。圆上切点与圆心的连线与大主应力 σ_1 作用面的夹角为 $2\alpha_f$，可知在土体中的 A 点处的破坏面与 σ_1 作用面方向之间的夹角为 α_f。

(2)如果摩尔应力圆与抗剪强度线不接触(见图 5-1-4(b)中的 A 圆)，则土尚未破坏。

(3)反之，若摩尔应力圆与抗剪强度线相割，则土早已破坏，事实上，该状态是不可能存在的，因为不存在 $\tau > \tau_f$ 的情况。

根据摩尔应力圆与 $\tau_f = c + \sigma\tan\varphi$ 抗剪强度线相切的几何关系，可以推导出土的极限平衡条件式为

$$\sin\varphi = \frac{\sigma_1 - \sigma_3}{\sigma_1 + \sigma_3 + 2c \cdot \cot\varphi} \tag{5-1-5}$$

或写为

$$\frac{\sigma_1 - \sigma_3}{2} = \frac{\sigma_1 + \sigma_3}{2}\sin\varphi + c \cdot \cos\varphi \tag{5-1-6}$$

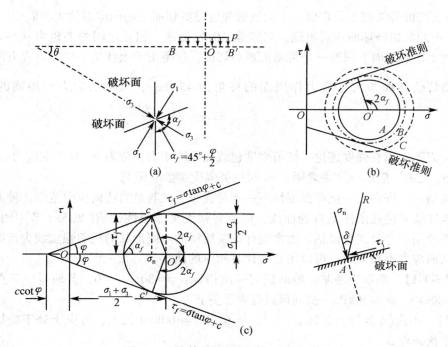

图 5-1-4　土体破坏的判别方法示意图

经过转换后还可以写为

$$\sigma_1(1-\sin\varphi) = \sigma_3(1+\sin\varphi) + 2c \cdot \cos\varphi$$

或

$$\sigma_1 = \sigma_3\tan^2\left(45° + \frac{\varphi}{2}\right) + 2c \cdot \tan\left(45° + \frac{\varphi}{2}\right)$$

或

$$\sigma_3 = \sigma_1\tan^2\left(45° - \frac{\varphi}{2}\right) - 2c \cdot \tan\left(45° - \frac{\varphi}{2}\right) \tag{5-1-7}$$

土处于极限平衡状态时破坏面与大主应力作用面之间的夹角 α_f，可以由图 5-1-4（c）中几何关系得

$$\alpha_f = \frac{1}{2}(90° + \varphi) = 45° + \frac{\varphi}{2} \tag{5-1-8}$$

图 5-1-4（a）还表示，当土中 A 点处于极限平衡状态时，在摩尔应力圆上横坐标上、下对称地有两个破坏点（切点）c 和 c'，表明 A 点处产生的破坏面成对出现，它们均与大主应力 σ_1 作用面夹角为 $\alpha_f = 45° + \dfrac{\varphi}{2}$。破坏面上的法向应力 σ_n 和剪应力 τ（等于抗剪强度，即 $\tau = \tau_f$）分别为

$$\sigma_n = \frac{\sigma_1 + \sigma_3}{2} - \frac{\sigma_1 - \sigma_3}{2}\sin\varphi \tag{5-1-9}$$

$$\tau = \tau_f = \frac{\sigma_1 - \sigma_3}{2}\cos\varphi \tag{5-1-10}$$

综上所述，摩尔-库仑关于土的抗剪强度理论，可以归纳为如下几点：

（1）土的抗剪强度不是定值，土的抗剪强度随剪切面上法向应力的大小而变。

（2）土的剪切破坏面成对出现，它们是同时发生的，相互之间的夹角为 $90°-\varphi$，实践中常看到土体破坏时，只有一个滑动面或剪切面，这是由于土性质不均匀或应力不均匀造成的。剪切破坏面与大主应力作用面的夹角为 $45°+\dfrac{\varphi}{2}$，与小主应力作用面的夹角为 $45°-\dfrac{\varphi}{2}$。

（3）按摩尔-库仑强度理论，抗剪强度包线只取决于大主应力 σ_1 和小主应力 σ_3，与中主应力 σ_2 无关。但试验结果表明，σ_2 对抗剪强度参数有影响。

但应指出，许多土的抗剪强度线不一定是直线，尤其是当法向应力范围比较大的情况下，该强度线常呈逐渐向下弯的曲线，即抗剪强度呈非线性性质（见 5.4 节中图 5-4-8），这样就不能用库仑公式来概括，通常统称试验所得的不同形状的抗剪强度线为抗剪强度包线。在法向应力不很大时，可以用直线代替相应的曲线。

【例 5-1-1】 某砂土地基，砂的抗剪强度指标：$\varphi=30°$，$c=0$，若地基中某点的主应力 $\sigma_1=100\text{kPa}$，$\sigma_3=30\text{kPa}$。试问该点是否已剪破？

【解】 由式（5-1-7），并将 $\varphi=30°$，$c=0$，$\sigma_1=100\text{kPa}$ 代入，可得土处于破坏状态时的极限平衡条件式

$$\sigma_1=\sigma_3\tan^2\left(45°+\frac{\varphi}{2}\right)$$

或

$$\sigma_{3f}=\sigma_1\tan^2\left(45°-\frac{\varphi}{2}\right)=100\times\tan^2 30°=33(\text{kPa})$$

而实际的 $\sigma_3=30\text{kPa}$，小于算得的极限平衡条件下的 $\sigma_{3f}=33.0\text{kPa}$，故可以判断该点已剪破。反之，若设 $\sigma_3=30\text{kPa}$ 为已知，去推求极限平衡条件下的 σ_{1f}，可得

$$\sigma_{1f}=\sigma_3\tan^2\left(45°+\frac{\varphi}{2}\right)=30.0\times\tan^2 60°=90(\text{kPa})$$

而实际的 $\sigma_1=100\text{kPa}$，大于上式所求得的，也可以判断该点已剪破。

由上述可见，凡是应力圆已与土抗剪强度包线相交者，该点土体早就处于破坏状态。如上所述，实际上该应力圆不可能存在，因为土体中塑性区应力分布已不符合弹性理论解答。反之，若应力圆不与土抗剪强度包线相交，则不破坏。

5.2 土的剪切试验

土的抗剪强度指标，可以通过室内试验和现场原位测试获得。室内试验常用的仪器有直接剪切仪、三轴压缩仪、无侧限抗压仪和单剪仪等；现场原位测试常用的仪器有十字板剪切仪、大型原位直接剪切仪等。图 5-2-1 直观地表示了滑动面上各点的滑动方向和再现各点应力状态的各种剪切试验。

5.2.1 直接剪切试验

直接剪切试验使用的仪器称为直接剪切仪（简称直剪仪），按施加剪应力方式的不同，

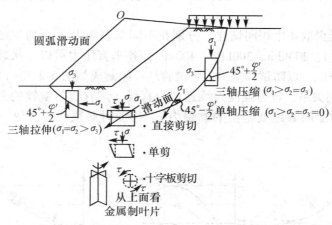

图 5-2-1　确定滑动面上应力状态的试验方法示意图

直剪仪分为应变控制式和应力控制式两种，前者是等速推动试样产生位移，测定相应的剪应力；后者则是对试样分级施加水平剪应力测定相应位移。目前我国普遍采用的是应变控制式直剪仪，如图 5-2-2(a)所示，该仪器主要由固定的上盒和活动的下盒组成，试样放在盒内上、下两块透水石之间。

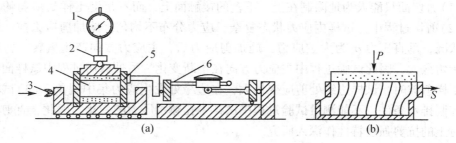

1—垂直变形量表；2—垂直加荷框架；
3—推动座；4—试样；5—剪切盒；6—量力环
图 5-2-2　应变控制式直剪仪示意图

　　试验开始前将金属上盒和下盒的内圆腔对正，把试样置于上、下盒之间。通过传压板和滚珠对土样施以某一垂直压力 σ。在垂直压力 σ 不变的情况下，然后对下盒施以水平推力并逐渐增加，使试样沿上、下盒的水平接触面发生剪切位移直至破坏。

　　对于应变控制式直剪仪，剪应力的大小可以由与上盒接触的量力环的变形值来确定。在剪切过程中，隔固定时间间隔，亦即每隔一定的剪切变形增量值测读一次施加于试样截面上的剪应力值。图 5-2-3 表示在某一法向应力 σ 条件下，剪切过程中剪应力 τ 与剪切位移 δ(即上、下盒之间相对水平位移)之间的关系，坚实的黏土及密砂土的 τ-δ 曲线出现峰值，取剪应力峰值为抗剪强度 τ_f；软黏土和松砂的 τ-δ 曲线则常不出现峰值，此时可以取相应某一剪切变形量(如 δ=4mm)的剪应力值作为 τ_f。有峰值的 A 线上，峰后强度随应变增大而降低,称为应变软化特征;无峰值的 B 线,强度随应变增大而增大,称为应变硬化特征。

对同一种土至少取 4 个相同试样,分别在不同垂直压力 σ 下剪切破坏,一般可以取垂直压力为 100kPa、200kPa、300kPa、400kPa,各垂直压力可以一次轻轻施加,若土质松软,也可以分级施加以防试样挤出。将试验结果绘制成如图 5-2-3(c)所示的抗剪强度 τ_f 与垂直压力 σ 之间关系,抗剪强度包线近似为直线,该直线与横轴的夹角为土的内摩擦角 φ,而其在纵轴上的截距就是土的黏聚力 c。绘图时必须注意使纵、横坐标的比例尺一致。

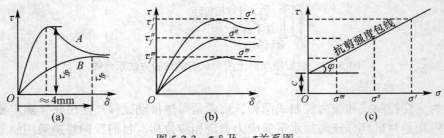

图 5-2-3 τ-δ 及 σ-τ 关系图

直剪仪构造简单,操作方便,至今仍被一般工程单位广泛采用。但该试验存在着如下缺点:(1)剪切面只能人为地限制在上、下盒的接触面上,而不是沿土样最薄弱的面剪切破坏;(2)剪切过程中,试样内应力状态复杂,应力分布不均匀。施加剪应力前,试样处于侧限状况,垂直压力 σ 为大主应力,施加剪应力后,主应力方向产生偏转,剪应力愈大,偏转角愈大,因此试验过程中主应力方向在不断变化。另外剪切过程中试样面积逐渐减少,土样剪破时,试样边缘处剪应变最大,在边缘处发生应力集中现象;(3)试验时不能严格控制排水条件,不能测量试验过程中试样中孔隙水压力的变化。因此,直剪试验不宜用来对土的抗剪强度特性作深入研究。

5.2.2 三轴剪切试验

1. 试验仪器和试验方法

三轴剪切试验是测定土的抗剪强度的一种较为完善的方法。三轴剪力仪(也称为三轴压缩仪)有压力室、轴向加载系统、施加周围压力系统、孔隙水压力量测系统等组成,如图5-2-4所示。其核心部分是三轴压力室,轴压系统用来对试样施加轴向附加压力,并可以控制轴向应变的速率,周围压力系统通过液体(通常是水)对试样施加周围压力。

试验用的试样为正圆柱形,常用的高度与直径之比为 2~2.5。试样用薄橡皮膜包裹,使试样的孔隙水与膜外液体(水)完全隔开,孔隙水通过试样下端的透水面与孔隙水压力量测系统连接,并由阀门 B 加以控制。

当试样置于压力室后,进行试验加压。试验时,先打开阀门 A,当压力表显示对试样施加的周围压力已达到所需的 σ_3 时就维持不变;然后又由轴压系统通过活塞使试样在轴向受到附加的压力 q 作用,$\sigma_3+q=\sigma_1$ 即为试样的轴向压力(见图 5-2-5(a))。试验过程中,

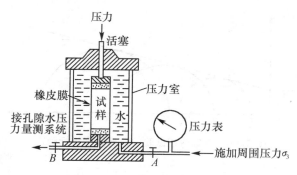

图 5-2-4　三轴压缩仪示意图

q 不断加大而 σ_3 却保持不变。因此，随着 q 的增大，土样的应力圆也不断扩大（见图 5-2-5(c)中各虚线圆）。当应力圆达到一定大小时，试样即被剪破（见图 5-2-5(c)）。这时的应力圆称为破坏应力圆。

三轴剪切试验的试样顶部，一般还接有排水管，引出压力室。可以根据工程目的的不同，采取不同的排水条件（详见 5.3 节）进行试验。

假定试样上、下端所受约束的影响忽略不计，则轴向即为大主应力方向。由 5.1 节知，试样剪破面 $m\text{-}n$（见图 5-2-5(b)）的方向与大主应力作用面的夹角为 $\alpha_f = 45° + \dfrac{\varphi}{2}$。按试样剪破时的 σ_1 和 σ_3 作极限应力圆（见图 5-2-5(c)），该应力图必与抗剪强度包线切于 A 点。A 点的坐标值即为剪破面 $m\text{-}n$ 上的法向应力 σ_f 与极限剪切应力 τ_f。

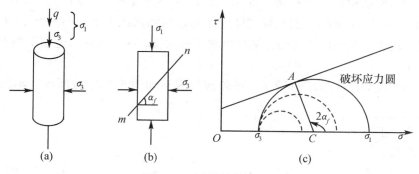

图 5-2-5　试样的剪切过程

2. 按三轴剪切试验成果确定土的抗剪强度指标 c 和 φ

在给定的周围压力 σ_3 作用下，一个试样的试验一般只能得到一个破坏应力圆，至少要有 3~4 个相同试样在不同的 σ_3 作用下进行剪切，得出 3~4 个不同的破坏应力圆，绘出其公切线，即为抗剪强度包线。公切线一般近似呈直线状，该直线与横坐标之间的夹角为 φ，与纵坐标的截距为黏聚力，如图 5-2-6 所示。

3. 三轴剪切试验的优缺点

这种试验可以供复杂应力条件下研究土的抗剪强度特征之用，与直剪试验相比较，三

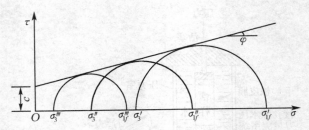

图 5-2-6　三轴剪切试验的抗剪强度指标确定

轴试样中的应力分布比较均匀。三轴剪切试验仪还可以根据工程实际需要，严格地控制试样中孔隙水的排出，并能准确地测定土样在剪切过程中孔隙水压力的变化，从而得以定量地获得土中有效应力的变化情况。

然而，三轴试样的制备工作比较麻烦，易受扰动。试样上、下端或多或少地受刚性压板的约束影响。对存在水平层的试样(如取自夹有水平走向的软淤泥土层的试样)，剪破面常不是最软弱的面，这就对成层土的试验成果影响较大。此外，目前常用的三轴剪切仪，实际上中主应力 σ_2 等于小主应力 σ_3，即 $\sigma_2 = \sigma_3$，属轴对称应力状态，将其应用到平面应变或三向应力状态的问题中会有不符合之处。因此，为了模拟实际应力状态，已研制成功了平面应变仪和真三轴仪($\sigma_1 > \sigma_2 > \sigma_3$)等新型三轴剪力设备，能获得较合理的抗剪强度数据。

5.2.3　无侧限压缩试验

这是三轴压缩试验的一个特例，即正圆柱试样不用橡皮膜包裹(与三轴压缩试验不同)，不加周围压力($\sigma_3 = 0$)，而只对试样施加垂直的轴向压力 σ_1。试验时由于试样在侧向不受限制，故称无侧限压缩试验，又称单轴压缩试验。这一试验只适用于黏土，尤其适用于饱和黏土。

试验受力情况如图 5-2-7(a)所示，试验成果表达如图 5-2-7(b)所示。轴向极限压缩

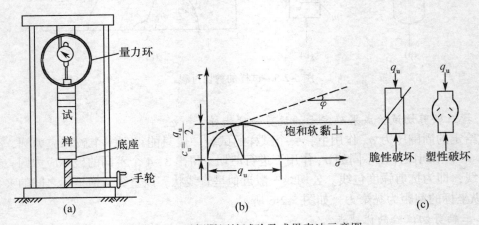

图 5-2-7　无侧限压缩试验及成果表达示意图

应力即相当于三轴剪切试验中试样在 $\sigma_3 = 0$ 条件下破坏时的 σ_{1f}，故式(5-1-7)可以改写为

$$\sigma_{1f} = q_u = 2c \times \tan\left(45° + \frac{\varphi}{2}\right) \tag{5-2-1}$$

式中：q_u——称为黏土的无侧限抗压强度，kPa。

或按上式可以推得土的黏聚力为

$$c = \frac{q_u}{2\tan\left(45° + \dfrac{\varphi}{2}\right)} \tag{5-2-2}$$

几个相同土样进行无侧限压缩试验时，由于各试样的侧限条件相同即 $\sigma_2 = \sigma_3 = 0$，各土样的 σ_{1f} 都应相等，只能得到一个破坏应力圆，而由一个破坏应力圆无法定出抗剪强度包线，除非另加其他条件：

(1)如果土样为干硬黏土，破坏时有明显的剪裂面，并可以测得破裂面与水平面的夹角 α_f，则理论上可以根据式(5-1-8)$\alpha_f = 45° + \dfrac{\varphi}{2}$ 推得 φ，并根据式(5-2-2)求得 c。

(2)如果试样为饱和软黏土，破坏时常呈现为塑流变形而不出现明显的破裂角(见图 5-2-7(c))，则无法推求 φ 与 c。对于饱和黏土，由于剪切速度较快，孔隙水来不及排出，可以认为是不排水条件下的剪切试验，剪切面上的有效应力为零，抗剪强度 τ_f 只剩下黏聚力 c_u 这一项，这意味着 $\varphi = 0$(此概念见本章 5.3 节)。则饱和黏土的无侧限抗压强度 q_u 与不排水剪强度 $c_u(\tau_f)$ 的关系为

$$c_u = \frac{q_u}{2} \tag{5-2-3}$$

将黏土试样从地基深处取到大气中，由于解除了约束应力，试样会产生体积膨胀，试样中产生负的孔隙水压力(此概念见本章 5.4 节)，试样的有效应力要比在地基中相应减少，因此，在采用其成果时必须充分注意到单轴试验成果不能准确地确定地基土的强度。

5.2.4 十字板剪切试验

常用于现场测定软黏土的原位抗剪强度。与室内无侧限压缩试验一样，十字板剪切试验所测得的成果相当于不排水抗剪强度。

十字板剪切仪的主要工作部分如图 5-2-8 所示。测试前把十字板探头插入待测的土层高程处，然后在地面上加扭转力矩，带动十字板旋转，使翼板转动范围内的圆柱形土体与周围不动的土体之间发生相对的剪切位移。通过量力设备测出其最大扭转力矩 M_{max}，据此计算出土的抗剪强度。

从图 5-2-8 可以看出土的抗扭力矩由两部分组成：

1)圆柱形土体侧面上的抗扭力矩

$$M_1 = \tau_{fv}\left(\pi DH\frac{D}{2}\right) \tag{5-2-4}$$

式中：D、H——分别为十字板的宽度(即圆柱体直径)和高度，m；

τ_{fv}——竖直面上土的抗剪强度(公式推导中假设土的强度为各向相同的)，kPa。

2)圆柱形土体上、下两个水平剪切面上的抗扭力矩

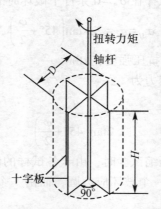

图5-2-8 十字板剪切仪示意图

$$M_2 = \tau_{fh} \left(\frac{\pi D^2}{4} \times 2 \times \frac{D}{3} \right) \tag{5-2-5}$$

式中：$\dfrac{D}{3}$——力臂值，因合力作用在圆半径的2/3处（距圆心），m；

　　　τ_{fh}——水平面上土的抗剪强度，kPa。

为了简化计算，在十字板剪切试验中假定$\tau_{fh} = \tau_{fv} = \tau_f$，于是

$$M_{\max} = M_1 + M_2 = \tau_f \left(\frac{\pi H D^2}{2} + \frac{\pi D^2}{2} \times \frac{D}{3} \right)$$

所以

$$\tau_f = \frac{M_{\max}}{\dfrac{\pi D^2}{2} \left(H + \dfrac{D}{3} \right)} \tag{5-2-6}$$

常用十字板的$\dfrac{H}{D} = 2$，故

$$\tau_f = \frac{M_{\max}}{\dfrac{\pi}{2} \times \dfrac{7}{3} D^3} \approx \frac{2 M_{\max}}{7 D^3} \tag{5-2-7}$$

十字板剪切试验测定土的抗剪强度，类似于不排水剪的试验条件，所得结果τ_f接近不排水抗剪强度c_u，即$\tau_f \approx c_u = \dfrac{q_u}{2}$。该试验具有无需钻孔取样试验和使土少受扰动的优点，但所得τ_f主要反映垂直面上的强度，一般易得偏高的结果，且这种原位测试方法中剪切面上的应力条件十分复杂，排水条件又不能控制得很严格，因此，十字板试验的τ_f值与原状土室内的不排水剪试验成果不完全相等。

5.2.5　原位直剪试验

对于粗颗粒土，即使采用大型三轴仪也难以进行试验，这时可以在现场进行大型原位剪切试验，测定土体本身和土体软弱面的抗剪强度。试验一般在试坑或探槽中进行，将试体修整好后，在顶面放上盖板，周边套上剪切框，剪切框与试体之间的间隙用膨胀快凝水

泥砂浆充填，剪切框底边距剪切面应有稍许高度，施加垂直压力，待垂直变形达到相对稳定后，施加水平剪力开始剪切，如图 5-2-9 所示。取 3~4 个相同试体分别在不同垂直压力作用下进行剪切试验，由 $\tau\text{-}\sigma$ 关系得到抗剪强度包线，可以求得土体的抗剪强度指标 c 和 φ。

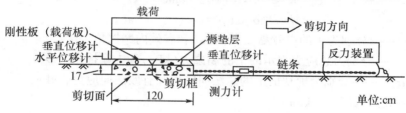

图 5-2-9　原位直剪试验示意图

【例 5-2-1】　将半干硬黏土样进行无侧限抗压强度试验，当垂直压力 $\sigma_1 = 100\text{kPa}$ 时，土样被剪破。将同一土样进行三轴压缩试验，先施加围压 $\sigma_3 = 150\text{kPa}$，再施加垂直压力，直到 $\sigma_1 = 400\text{kPa}$ 时土样剪破。试求：该土的抗剪强度指标 c 和 φ；在三轴仪中剪破时破裂面上的法向应力和剪应力。

【解】　土样在剪破时，摩尔应力圆与抗剪强度线相切，大、小主应力满足极限平衡方程。将无侧限抗压强度试验中剪破时的大、小主应力 $\sigma_1 = 100\text{kPa}$ 和 $\sigma_3 = 0\text{kPa}$，以及三轴压缩试验中剪破时的大、小主应力 $\sigma_1 = 400\text{kPa}$，$\sigma_3 = 150\text{kPa}$ 代入式（5-1-6），可得

$$\frac{100-0}{2} = \frac{100+0}{2}\sin\varphi + c \cdot \cos\varphi$$

$$\frac{400-150}{2} = \frac{400+150}{2}\sin\varphi + c \cdot \cos\varphi$$

求解上式可知，$\sin\varphi = 0.3333$，$\varphi = 19.46°$，$c = 35.36\text{kPa}$。

根据式（5-1-9）和式（5-1-10），三轴试验中剪破时破裂面上的法向应力和剪应力分别为

$$\sigma_n = \frac{400+150}{2} - \frac{400-150}{2}\sin19.46° = 233.3\text{kPa}$$

$$\tau = \tau_f = \frac{400-150}{2}\cos19.46° = 117.9\text{kPa}$$

剪破面与竖直线(大主应力方向或小主应力作用面方向)之间的夹角为 $45° - \dfrac{\varphi}{2} = 35.27°$。

5.3 总应力强度指标与有效应力强度指标

在5.2节中,我们把土视为一种具有摩擦性质的散粒体,来研究剪切面上总法向应力与抗剪强度的关系,而并没有涉及土这种三相的、多孔的分散颗粒集合体的最主要特征——有效应力问题。

土体中的孔隙水不能承受剪应力但能承受压力,因此土体的剪应力只能由土骨架来承担。由于孔隙水压力沿各个方向都相等,不会使土骨架产生变形,因此土的抗剪强度并不取决于剪切面上的总法向应力 σ,而取决于该面上的有效法向应力 σ'。因此,土的抗剪强度有两种表示方法,一种是剪切面上的法向应力用总应力 σ 表示,称为总应力法;另一种是剪切面上的法向应力用有效法向应力 $\sigma'(=\sigma-u)$ 表示,称为有效应力法。

$$\tau_f = c + \sigma_n \cdot \tan\varphi$$
$$\tau_f' = c' + \sigma_n'\tan\varphi' = c' + (\sigma_n - u)\tan\varphi' \tag{5-3-1}$$

式中:c'、φ'——分别为土的有效黏聚力(kPa)和有效内摩擦角,度;

  c、φ——分别为总应力表示的土的黏聚力(kPa)和内摩擦角,度;

  σ_n,σ_n' ——分别为剪切面上的总法向应力和有效法向应力,kPa;

  u——孔隙水压力,kPa。

用同一种剪切试验方法对同一个试样进行试验,测得的抗剪强度 τ_f 只有一个值,但可以用式(5-3-1)中两种不同形式来表示,一般情况下 $\sigma_n \neq \sigma_n'$,得到的 c、φ 与 c'、φ' 必然有所不同,这是由于孔隙水压力造成的。根据有效应力原理,同种土的抗剪强度参数 c' 和 φ' 是定值,因此 c' 和 φ' 才是真正的抗剪强度参数。

从第4章知,饱和黏土地基在外荷作用下,其总应力是常数,但土中孔隙水压力 u 随时间变化从最大值逐渐消散为零,即土的固结压缩需要一段时间,因此,土体的抗剪强度也必然是随着土的固结压密而不断增长的。

理想的抗剪强度试验最好能直接测定试样在剪切过程中 σ 和 u 的变化,用有效应力强度指标去研究实际工程中土体的稳定性。限于室内和现场设备和试验条件,土体中的孔隙水压力不是在任何条件下都能获得的,因此不可能在所有工程中都采用有效应力分析法,实践中比较多的还是采用总应力分析法,只是要求试验中尽可能地模拟现场土体在受剪时的固结和排水条件,求取土体总应力强度指标 c 和 φ,而不必测定土在剪切过程中 u 的变化。

在三轴剪切试验中,不同的排水条件对抗剪强度指标有很大的影响,实验室中通常考虑两种极端情况:完全不排水条件和完全排水条件。根据固结时和剪切时排水条件的不同,可以分为三种试验方法,如表5-3-1所示。在实验室中使土样恢复到原地基中的应力状态，施加围压 σ_3 时允许试样排水称为"固结"（consolidated），否则称为"不固结"（unconsolidated）；剪切过程中允许试样排水称为"排水剪"（drained shear），否则称为"不排水剪"（undrained shear）。设计时，可以根据工程实际情况，选用最近似的一种试验方法以测定土的总应力强度指标。

表 5-3-1 　　　　　　　　　　　　　　　　剪切试验方法

直接剪切		三轴剪切	
试验方法	下角标符号	试验方法	下角标符号
快　　剪	q	不固结不排水剪（UU）	uu
固结快剪	cq	固结不排水剪（CU）	cu
慢　　剪	s	固结排水剪（CD）	d

5.3.1　直剪试验强度指标

在直剪试验过程中，无法严格控制试样的排水条件，但可通过控制剪切速率近似模拟现场的排水条件。据此可将直剪试验分为快剪、固结快剪、慢剪三种类型。可将它们分别与三轴不固结不排水试验、固结不排水试验和固结排水试验相对应。

1. 慢剪试验

慢剪试验的要点是保证试验中试样要能充分排水，不能累积孔隙水压力。施加垂直应力 σ 后，要让试样充分排水固结，加剪应力的速率也很缓慢，让剪切过程中的超静孔隙水压力完全消散。这种试验与三轴固结排水试验方法相对应。

用慢剪试验测得的指标称为慢剪强度指标，标记为 c_s 和 φ_s。由于试样中没有孔隙水压力，总应力就是有效应力，所以这种指标与有效应力强度指标相当。经验表明，由于试验仪器和方法的不同，c_s、φ_s 一般略高于三轴试验有效应力强度指标 c'、φ'。所以，作为有效应力强度指标应用时，常乘以 0.9 的系数。

2. 固结快剪试验

固结快剪试验的要点是，加垂直应力 σ 后，让试样充分固结，之后快速进行剪切。通常要求试样在 3~5min 内剪坏，以尽量减少试样的排水。对于黏性土，这种试验与三轴固结不排水试验方法相对应。用固结快剪试验测得的指标称为固结快剪指标，标记为 c_{cq}、φ_{cq}。

3. 快剪试验

快剪试验的要点是，加垂直法向应力 σ 后，不让试样固结，立即快速进行剪切，通常要求在 3~5min 内将试样剪坏，以尽量减少试样的排水。对于黏性土，这种试验与三轴不排水试验方法相对应。用这种试验方法测得的抗剪强度指标，称为快剪强度指标，标记为 c_q、φ_q。

需要注意的是，直剪试验采用加载速率控制试样的排水固结条件。但实际上，试样的排水固结状况不但与加荷速率有关，而且还取决于土的渗透性和土样的厚度等因素。因此，各类试验方法所测得的指标的差别与土的性质关系很大。如果是黏性较大的土样，进行快速剪切时，能保持孔隙水压力基本不消散，密度基本不变化，此时固结快剪和快剪试验分别与三轴固结不排水和不排水试验的性质基本相同。但对于低黏性土或无黏性土，因为试样很薄，边界不能保证绝对不排水，所以在规定的加载速率下，土样仍能部分排水固结，甚至接近完全排水固结。这时固结快剪和快剪试验测得的抗剪强度指标与三轴固结不排水或不排水试验测得的强度指标就会有较大的差别。

表 5-3-2 给出了几种塑性指数不同的饱和黏性土进行直剪试验时，用三种不同方法测得的抗剪强度指标的差别。对于塑性指数高的黏性土，各种指标有明显的区别，而且比较符合三轴试验同类指标的变化规律。但是对于塑性指数较低的黏性土，不同方法所测得的内摩擦角已经没有多大的差别。由于砂土的渗透系数较大，三种试验都接近完全排水的情况，结果都接近于有效应力指标 c' 和 φ'。这说明，在选用试验方法和分析试验成果时，应特别注意土的性质。

表 5-3-2 黏性土直剪强度指标比较

土样编号	塑性指数 I_p	快剪		固结快剪		慢剪	
		c_q(kPa)	φ_q(°)	c_{cq}(kPa)	φ_{eq}(°)	c_s(kPa)	φ_s(°)
1	15.4	90	2°30′	33	18°30′	23	24°30′
2	9.1	66	24°30′	44	29°00′	20	36°30′
3	5.8~8.5	51	34°50′	37	36°00′	15	36°30′

5.3.2 三轴试验强度指标

严格地说，只有三轴剪切试验才能严格控制试样在固结和剪切过程中的排水条件，而直剪试验中不能严格控制排水条件，只能近似地模拟工程所可能出现的固结和排水情况。因此，将表 5-3-1 中两类剪切试验中的三种主要方法互相对应，其意义是要求直剪快剪（q）试验尽可能使土样符合三轴不固结不排水（UU）剪切试验的条件，其余类推。下面仅就三轴试验方法分别介绍。

1. 不固结不排水剪（不排水剪，UU 试验）

在三轴剪切试验过程中自始至终不让试样排水，故土的含水率不变。对于饱和黏土，试样在剪前周围压力 σ_3 的作用下所产生的初始孔隙水压力 $u_1 \approx \sigma_3$，然后在试样轴向上施加压力 q 时，土中 u 继续发生变化，增量为 u_2（一般 u_2 为正值）。剪破时有 $u_f = u_1 + u_2$，试样的应力条件为（下角标 f 表示土样剪破）

$$\sigma_{1f} = \sigma_3 + q, \qquad \sigma'_{1f} = \sigma_3 + q - u_f$$
$$\sigma_{3f} = \sigma_3, \qquad \sigma'_{3f} = \sigma_3 - u_f \tag{5-3-2}$$

饱和黏土在不排水条件下进行试验，由于 $u_1 = \sigma_3$，$\sigma'_3 = 0$，表明改变围压 σ_3 只能引起 u 的变化，不会改变试样中的有效应力。取 3~4 个相同饱和黏土样在不同的 σ_3 下进行不排水剪试验，由于各试样在剪切前的有效应力、含水率和密度均相同，因此各试样的抗剪强度相同，各破坏应力圆的直径相同，因而总应力抗剪强度包线为水平线，即 $\varphi_u = 0$，

$\tau_f = c_u = \dfrac{1}{2}(\sigma_1 - \sigma_3)$。$\varphi_u = 0$ 并不表明饱和黏土不具有摩擦强度，因为只要剪破面上有有效压力，就应该有摩擦强度，只不过这时摩擦强度隐藏在 c_u 中，两者难以区分。虽然分别量测了各试样剪破时的孔隙水压力 u_f，但对应于几个不同的总应力圆却只有一个有效应力圆，剪破时有效应力圆与有效应力强度包线相切，但由一个有效应力圆无法求得有效应力强度包线，如图 5-3-1 所示。

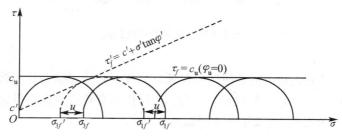

图 5-3-1　UU 试验强度包线

在直剪仪的快剪试验中，试样上、下放有不透水蜡纸或薄膜。施加预定的垂直压力 P 后，立即施加水平剪力，并用较快的速度（3~5min 以内）将土样剪破，其目的是使试样接近不排水条件。对于饱和黏土样，快速剪切中能保证孔隙水压力基本不消散，试验成果与 UU 接近；对于无黏性或黏性较低的土，快剪试验过程中不能保证不透水，试验成果与 UU 有差别。

2. 固结不排水剪（CU 试验）

三轴试验中使试样先在周围压力 σ_3 作用下完全排水固结，故 $u_1 = 0$。然后关闭排水阀，施加轴向力 q 将土样剪破，剪破过程中不容许土样排水，故产生孔隙水压力 $u = u_2$。剪破时 $u_f = u_2$，试样的应力条件仍由式（5-3-2）表示。

由于固结过程中，$\sigma_3' = \sigma_3$，因此在固结过程中试样只产生挤密而不破坏，固结压力越大，试样的抗剪强度越高。取 3~4 个相同饱和黏土样在不同的周围压力 σ_3 下进行固结不排水剪试验，可以得到不同的破坏应力圆。若分别量测各试样剪破时的孔隙水压力 u_f，可以得到几个不同的有效应力圆，作其公切线分别得到总应力强度包线和有效应力强度包线，如图 5-3-2 所示。

用直剪仪进行固结快剪试验时，剪前要使试样在垂直荷载下充分固结。剪切时速率较快（3~5min 以内剪破），尽量使土样在剪切过程中不再排水。

3. 固结排水剪（排水剪，CD 试验）

在三轴试验中不但要使试样在周围压力 σ_3 作用下充分固结排水（至 $u_1 = 0$），而且剪切过程中也要让土样充分排水固结（不产生 u_2），因此，剪切速率应尽可能地缓慢（30~40min 以内剪破），至剪破时，$u_f = 0$，$\sigma_1' = \sigma_1 = \sigma_3 + q$，$\sigma_3' = \sigma_3$，即总应力强度线和有效应力强度线相同。

排水剪的 c_d、φ_d 和固结不排水剪的 c'、φ' 接近，但两者的试验条件不同，前者在剪切过程中体积有变化，后者体积不变。

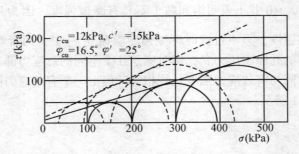

图 5-3-2　CU 试验强度包线

　　用直剪仪进行慢剪试验也就是使试样在垂直荷载下充分固结，并在剪切过程中充分排水。由于慢剪试验的 c_s、φ_s 一般比 c'、φ' 高，所以作为有效应力强度指标来应用时，常将慢剪试验的 c_s、φ_s 予以折减(如按 0.9 折减)。

5.3.3　剪切试验成果的表示方法

　　凡按上述三种特定试验方法进行试验所得的成果，都可以用总应力与抗剪强度之间的关系来表示，其指标称为总应力强度指标。而直接应用这些指标所进行的土体稳定分析就称为总应力分析法。

　　总应力抗剪强度表达式要随试验方法之不同而在 c、φ 指标符号的下角分别标以不同的符号(即表 5-3-1 中的下角标符号)。例如用三轴仪进行不排水剪的总应力抗剪强度表达式为

$$\tau_f = c_u + \sigma \cdot \tan\varphi_u \tag{5-3-3}$$

其余类推。

　　三种不同三轴试验方法的成果虽然也可以用上述总应力强度表达式来表示，但若试验过程中直接测定了试样中孔隙水压力的变化，则可以定量地确定式(5-3-1)中土的有效应力强度指标 c' 和 φ'。严格地说，一种土的 c' 和 φ' 都应该是常数，就是说无论是用 UU、CU 或 CD 试验成果，都可以获得相同的 c' 和 φ' 值，它们不随试验方法而变。

　　直剪试验因仪器条件限制不能测定试样中孔隙水压力的变化，只能用总应力强度指标来表示其试验成果。

　　若工程实践中可以测得土体中原位孔隙水压力 u 值(或用固结理论推估出来)，便可以定量地评价土的实际抗剪强度及其随土体固结的不断变化。这种土体稳定性分析方法称为有效应力分析法。无疑地，这种方法比总应力分析法更为精确，随着土力学理论和土工测试技术的不断进步，工程界已愈来愈多地采用有效应力分析法。

　　从三轴试验成果推算 c' 和 φ' 的方法可以用图 5-3-3 加以说明。设试验为固结不排水剪，将所得的总应力破坏摩尔圆(图 5-3-3 中各实线圆)，利用式(5-3-2)中的关系向左移动一个相应的 u 值的距离，而圆的半径保持不变，就可以绘成有效应力破坏摩尔圆(图中各虚线圆)。按各虚线圆求得的公切线，为该土的有效应力抗剪强度包线，据此可以确定 c' 和 φ'。

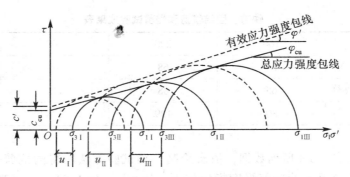

图 5-3-3　总应力强度包线和有效应力强度包线

5.3.4　土的抗剪强度指标取值

采用有效应力分析法进行设计时，应采用有效应力强度指标 c' 和 φ'。

工程实践中比较多的还是采用总应力分析法，即按土体可能的排水固结情况分别选用不同的指标。对于饱和黏土地基，在其上比较快地建造构筑物时，由于黏土地基没有时间固结，是以原有黏土地基所具有的强度来承受荷载，宜采用"不固结不排水剪"或"快剪"强度指标；若在黏土地基上施加大范围的长期填土荷载，然后在填土地基上再以较快速度建造构筑物(如填海造陆等)，这时大范围的填土荷载能使黏土地基固结，因此可以采用"固结不排水剪"或"固结快剪"强度指标；对于无黏性土地基，在荷载作用下孔隙水容易排出，而不产生孔隙水压力，一般采用"排水剪"或"慢剪"强度指标。以上三种试验方法的适用条件大致如表5-3-3所示。

实际工程中，还应考虑最危险的状态是在荷载刚加上后的短期内发生的，还是加载后经过长时间后发生的。例如，软土地基上修建堤坝和高速公路等局部填土工程问题，只要加载后黏土地基没有破坏，地基土在荷载作用下逐渐固结，强度提高，会越来越安全。

表 5-3-3　　　　　　　　　　　三种试验方法的适用条件

试验方法	孔隙水压力 u 的变化		适用条件(举例)
	剪前	剪切过程中	
不固结不排水剪或快剪	$u_1 > 0$（正常固结土）	$u = u_1 + u_2 \neq 0$（不断变化）	地基为不易排水的饱和软黏土，建筑施工较快，研究施工期稳定性
固结不排水剪或固结快剪	$u_1 = 0$	$u = u_2$（不断变化）	建筑物竣工以后较久，荷载又突然增大，如水闸挡水的情况
固结排水剪或慢剪	$u_1 = 0$	任意时刻 $u = u_2 = 0$	地基容易排水固结，如砂性土，而建筑物施工又较慢的情况

【例 5-3-1】　一种黏性较大的土进行直剪试验，分别做快剪、固结快剪和慢剪试验，成果如表 5-3-4 所示，试用作图方法求该种土的三种抗剪强度指标。

表 5-3-4 快剪、固结快剪和慢剪试验成果表

$\sigma(kPa)$		100	200	300	400
$\tau_f(kPa)$	快　剪	65	68	70	73
	固结快剪	65	88	111	133
	慢　剪	80	129	176	225

【解】 根据表 5-3-4 所列数据，依次绘制三种试验方法所得的抗剪强度包线，如图 5-3-4所示。然后量得各种抗剪强度指标如下，快剪：$\varphi_q = 1.5°$、$c_q = 62kPa$；固结快剪：$\varphi_{cq} = 13°$、$c_{cq} = 41kPa$；慢剪：$\varphi_s = 27°$、$c_s = 28kPa$。

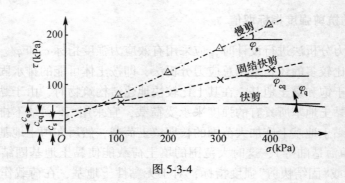

图 5-3-4

【例 5-3-2】 取相同的某种饱和黏性土样进行固结不排水剪试验，三个试样分别在围压 σ_3 为 60，100 和 150kPa 作用下固结，然后又分别在 σ_1 为 143，220 和 313kPa 作用下剪破。剪破时三试样实测孔隙水压力 u_f 依次为 23，40 及 67kPa，试确定该试样的 φ_{cu}，c_{cu} 和 φ' 和 c'。

【解】 根据所测三组 σ_1，σ_3 值，按比例在 $\tau \sim \sigma$ 坐标中绘出三个总应力破坏摩尔圆，如图 5-3-5 中的实线圆，再绘出该三圆的总应力强度包线，量得 $\varphi_{cu} = 18°$，$c_{cu} = 10kPa$。

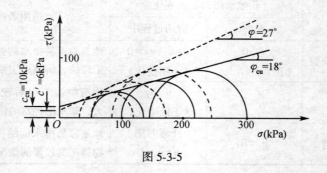

图 5-3-5

将三个总应力破坏摩尔圆，按各自测得的 u_f 值，分别向左平移相应的 u_f 值，绘出三个有效应力破坏摩尔圆，再绘出有效应力强度包线，量得 $\varphi' = 27°$，$c' = 6kPa$。

5.4　土在剪切过程中的性状

5.4.1　不排水剪切过程中土的性状

为简便起见，先研究饱和黏土这一典型情况。在第 4 章中已经介绍了先期固结压力和超固结比的概念以及这些概念与土的压缩性质的关系，而这些概念在研究黏土的强度规律中同样起着十分重要的作用。

以三轴试验为例，如果加在试样周围的压力 σ_3 小于土的先期固结压力 p_c 时，试样就处于超固结状态；反之，若 $\sigma_3 = p_c$，则试样处于正常固结状态，这两种状态的黏土在不排水剪切过程中所产生的孔隙水压力增量 u_2 的变化规律是完全不同的。

在固结不排水条件下，饱和黏土的孔隙水压力系数 B 始终为 1.0，但系数 A 则随着 σ_1 的增加而呈非线性的变化。

由 $\Delta\sigma_3 = 0$，$B = 1.0$，可得

$$A = \frac{\Delta u}{\Delta\sigma_1} \tag{5-4-1}$$

而试样剪破时

$$A_f = \frac{\Delta u_f}{\Delta\sigma_{1f}} = \frac{\Delta u_f}{(\sigma_1 - \sigma_3)_f} \tag{5-4-2}$$

图 5-4-1 中，各图横坐标 ε_a 代表试样的轴向应变。由图 5-4-1 可知，无论土处于何种状态，孔隙水压力系数 A 是偏应力 $(\sigma_1 - \sigma_3)$ 的函数。正常固结黏土的 A 值始终大于零，表示不排水剪切中始终存在正的孔隙水压力，且在剪破时 A_f 为最大。而超固结黏土的 A 值在一定的 $\Delta\sigma_1$ 作用下就渐趋于负值，且在剪破时 A_f 负值为最大。土的超固结比愈大，A_f 负值也就愈大。

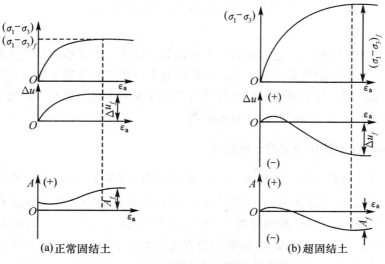

(a) 正常固结土　　　　　　　(b) 超固结土

图 5-4-1　黏性土不排水剪过程中土的性状

因此,孔隙水压力系数 A_f 也是超固结比的函数,但是 A_f 在数值上不同于研究土的变形问题中的系数 A,因为随着 $(\sigma_1-\sigma_3)$ 的增大,Δu 值并不是线性增长的。

5.4.2 排水剪切过程中土的性状

以正常固结和超固结两种黏土为例,在排水剪切过程中,土体体积随 $(\sigma_1-\sigma_3)$ 的增加(亦即轴向应变 ε_a 之增大)而不断变化,如图 5-4-2 所示。正常固结黏土的体积在剪切中不断减少,称为剪缩,而超固结黏土的体积在剪切中则不断地增加(除开始段),称为剪胀。

事实上,从土在不排水剪中孔隙水压力值的变化趋势可以推演土在排水剪中体变的规律,反之亦然,两者是互相对应的。如正常固结黏土,在排水剪中有剪缩趋势,所以当进行不排水剪时,因孔隙水排不出,这剪缩趋势就转化为试样中孔隙水压力的不断增加。反之,超固结土在排水剪中不但不排出水分,反而有剪胀而吸收水分的趋势。但试样在不排水剪时无法吸水,于是就产生负孔隙水压力。对照图 5-4-1 和图 5-4-2 可见一斑。

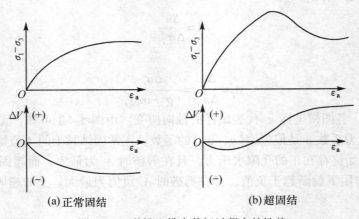

(a)正常固结   (b)超固结

图 5-4-2 黏性土排水剪切过程中的性状

对于不同密实度的砂土,也存在着与上述相似的规律。中密砂约相当于轻微超固结黏土,松砂具有类似正常固结黏土的特征,密砂的剪胀性比超固结黏土更为突出。不过,对砂土进行不排水剪切,对于研究一般土的静力学问题无多大实际意义,只是在研究砂土受振动产生液化等土动力学问题时,才引起重视。

5.4.3 饱和黏土抗剪强度的一般规律

饱和黏土的三轴剪切试验必须取 3~4 个试样分别在不同周围压力 σ_3 作用下进行某一种方法的试验(如固结不排水剪),方能获得该土相应的总应力强度指标或有效应力强度指标。三轴仪的周围压力 σ_3 范围较宽(一般仪器为 0~600kPa),与实际地基土的先期固结压力 p_c 相近(即 $0<p_c<600$kPa)。试验中为方便起见,常用与 p_c 数值相等的各向等压的周围压力 σ_c 代替和模拟对试样所施加的先期固结压力 p_c。这样,凡试样在 $\sigma_3<\sigma_c$ 的周围压力下进行剪切,将呈现超固结土的特性;反之,当 $\sigma_3 \geqslant \sigma_c$ 时进行剪切,就表现为正常

固结土的特性。对于原状土样，无论是正常固结土或超固结土，在三轴试验中都可能处于正常固结状态或超固结状态，这取决于固结压力 σ_3 和 p_c 的大小关系。

1. 固结不排水剪

实验室中正常固结土是指将含水率为液限的土制成土膏状的扰动土样，由于呈流塑状故其抗剪强度 $\tau_f \approx 0$，且这种土未在任何应力下固结，因此该土的抗剪强度线必然通过原点。

超固结的含义是，在同样的固结压力下，超固结土的孔隙比 e 比正常固结土的孔隙比小，也就是比较密实(见图 5-4-3(a))。因此在同样的垂直有效应力作用下，超固结土的抗剪强度大于正常固结土的抗剪强度(见图 5-4-3(b))。在超固结状态($\sigma_3' < \sigma_c$)下，虽然所处的 σ_3' 相同，但超固结土的抗剪强度要比正常固结土大。正常固结土的 A_f 值几乎保持常数(0.8~1.0)，而超固结土的 A_f 值却反之(为负值)。因此，固结历史对土的抗剪强度有着十分重要的影响。

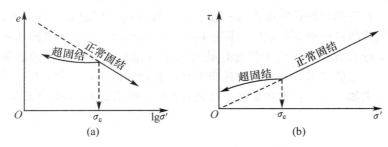

图 5-4-3 应力历史对抗剪强度的影响

由此可见，如果将某一种土的几个试样先在相同应力 $\sigma_3 = \sigma_c$(先期固结压力)下固结后，关闭排水阀，再对各个土样施以大小不等的新的 σ_3，然后施加轴向压力作不排水剪切，那么就可以得到一条曲折状的抗剪强度包线，如图 5-4-4 所示。前段 B 线为超固结状态(呈曲线)，后段 D 线为正常固结状态(呈直线，其延长线通过原点 O)。为达到实际工程实用的目的，一般不需要作如此复杂的分析，加之试验成果也有一定的离散性，因此只要按 5.3 节中求多个破坏应力圆的公切线的方法，就可以获得超固结土的固结不排水剪强度包线及其指标 φ_{cu} 和 c_{cu}，如图 5-4-4 中的点画线，该线可以被视为 B 和 D 两线段的综合近似表达形式。

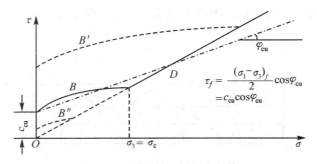

图 5-4-4 超固结土的强度包线

由图 5-4-4 还可以看出,如果地基土的先期固结压力很高,以致三轴试验中所施加的周围压力 σ_3 都小于 σ_c,那么试验点都落在超固结段 B' 上,由 B' 推算的 c_{cu} 就较大,而 φ_{cu} 较小。反之,若地基土原来所受的固结压力 σ_c 很低,各土样试验时所施 σ_3 大多超过 σ_c,则试验点都落在正常固结段 D 线上,超固结段 B'' 范围很小,于是由 $B''D$ 折线推算的近似抗剪强度线在纵坐标上的截距 c_{cu} 就很小,甚至接近于零,土呈现正常固结性质,而其 φ_{cu} 则较大。

2. 不固结不排水剪

通常地基中的土多少总受过一定的上覆土重的压缩作用而固结到一定程度。土从钻孔中取出,虽受一定卸荷作用,但若取样至制备试样历时很短,土来不及吸水膨胀,便可以认为含水率基本保持不变。试验表明,只要在含水率恒定条件下进行不固结不排水剪,则无论在多大的 σ_3 作用下所得的极限强度恒为常数。这是因为,即使任意地增加 σ_3,但试样始终不能排水固结而含水率保持为常数,孔隙水压力随 σ_3 增加而相应地增加,有效应力 σ' 却不发生变化,所以强度也就始终不变。

图 5-4-5 中三个实线总应力圆分别表示 $\sigma_3 = 0$(无侧限压缩试验)、$\sigma_{3\mathrm{I}}$ 及 $\sigma_{3\mathrm{II}}$ 下的 UU 试验。破坏时,各自测得的孔隙压力为 $-\Delta u_f$、$\Delta u_{f\mathrm{I}}$ 和 $\Delta u_{f\mathrm{II}}$。经过 $\sigma'_3 = \sigma_3 - \Delta u$ 的校正,可以得知该三项试验所得的破坏有效应力圆是同一个,如图 5-4-5 中虚线圆所示。而且该虚线圆还与固结不排水剪的有效应力强度包线相切于 A 点。因此,正常固结黏土在其含水率不变时,作不排水剪切可得相同的有效应力状态和相同的不排水剪强度。有学者根据这种物理现象归纳出如下规律:饱和黏性土存在着"含水率-有效应力-不排水强度"唯一性关系的特征。

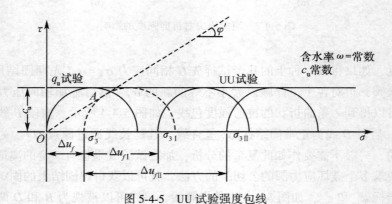

图 5-4-5　UU 试验强度包线

含水率愈高,有效应力愈低,不排水强度也愈低。反之亦然,如图 5-4-6 所示。

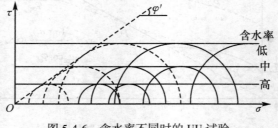

图 5-4-6　含水率不同时的 UU 试验

3. 排水剪

如前所述，在排水剪试验中，试样在固结和剪切全过程中始终不产生孔隙水压力。因此，对正常固结黏土来说，排水剪的成果 φ_d 应等于有效应力强度指标 φ'，而 $c_d = c' \approx 0$。

如果将用液限土膏制备的试样所作的 UU，CU 和 CD 三组试验成果综合表示在一张 $\sigma \sim \tau$ 坐标图上，如图 5-4-7 所示，则可以清楚地看出三组试验之间的关系。

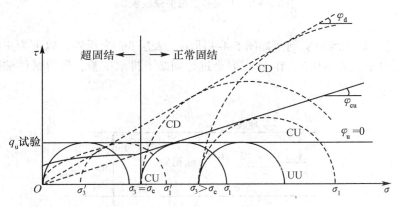

图 5-4-7　UU、CU、CD 试验成果对比

设先使各试样在 σ_c 周围压力下固结，然后对试样施加 $\sigma_3 (>\sigma_c)$，并在不同的固结和排水条件下进行剪切，可得 3 个不同大小的破坏应力圆（见图 5-4-7 中右方 CD，CU 和 UU 三个圆），它们分别切于有效应力强度包线、固结不排水总应力强度包线和不固结不排水总应力强度包线。显然，正常固结土的 $\varphi' > \varphi_{cu} > \varphi_u$，而且 $\varphi_u \approx 0$。

当 $\sigma_3 < \sigma_c$ 时，土具有超固结特征，剪切过程中可能出现剪胀和吸水的趋势。这样，排水剪强度就要比固结不排水剪强度为低，因为前者试样在剪切中有可能吸水软化，而后者却无此可能性。此外，超固结土在其回弹过程中（即周围压力从 σ_c 减至 σ_3 时）若不容许吸入水分，含水率保持在原固结压力 σ_c 下都不变，则其不固结不排水剪试验强度可比排水剪或固结不排水剪的强度都高。这可以从 UU，CU 和 CD 三强度包线在 $\sigma_3 = \sigma_c$ 横坐标左方的位置之间比较而知。正好与 $\sigma_3 = \sigma_c$ 横坐标右方的正常固结状态下的情况相反。

与此同理，在直剪试验中，正常固结和超固结的土也会出现类似的强度变化规律。

上述超固结土的这些特性，可以用天然土堑的开挖为例加以说明。开挖初期，土体中巨大的剪应力区内会出现负的孔隙水压力值，赋予土体很高的不排水强度，短期内可以不用支撑而土堑能维持竖立陡壁不坍（有的可以高达 7.5m）。但若容许土堑土体在其存在的时间内逐渐吸水剪胀软化，则负孔隙水压力也就逐渐消散，土强度会下降 60%~80%，一直下降到土的排水剪强度。如果注意到超固结土的排水剪强度远低于其不排水剪强度，那么，一定会理解该土堑的安全系数将会随着时间而逐渐降低甚至失去其稳定性。

非饱和黏性土的抗剪强度性状与前述饱和黏性土的有所不同。所得不排水不排气抗剪强度包线往往呈曲线形状，如图 5-4-8 所示。后段之所以变得平缓，是因为在较大的周围压力下土趋于饱和，土中孔隙水压力增大，而有效应力则变化不大。因此，抗剪强度也就不能随 σ_3 增大而有显著提高。

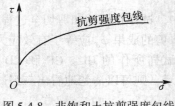

图 5-4-8 非饱和土抗剪强度包线

【例 5-4-1】 某场地地质剖面如图 5-4-9 所示。表层 3m 为粗砂，以下为正常固结黏性土，静止侧压力系数 $K_0 = 0.7$。在 M 点取土进行固结不排水试验，测得试件破坏时的数据如表 5-4-1 所示。

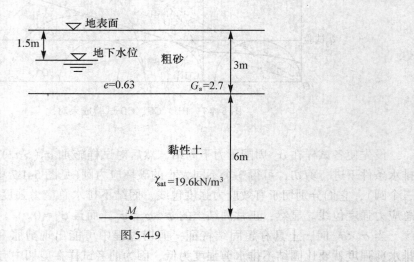

图 5-4-9

表 5-4-1

周围压力（kN/m^2）	偏差应力（kN/m^2）	孔隙水压力（kN/m^2）
490	286	271
686	400	379

试求：（1）黏性土的总应力强度指标和有效应力强度指标。（2）破坏时的孔隙水压力系数 A_f。（3）估算该标高处土的无侧限抗压强度 q_u。

【解】（1）根据 $\sigma_3 = 490 \text{kN/m}^2$，　　$\sigma_1 = \sigma_3 + \Delta\sigma_1 = 490 + 286 = 776 (\text{kN/m}^2)$；

$$\sigma_3 = 686 \text{kN/m}^2,\qquad \sigma_1 = 686 + 400 = 1086 (\text{kN/m}^2);$$

绘总应力圆并绘制其公切线，如图 5-4-10 中曲线①，得总应力抗剪强度指标

$$c_{cu} = 0 \qquad \varphi_{cu} = 13.5°$$

根据

$$\sigma_3' = \sigma_3 - u = 490 - 217 = 219 (\text{kN/m}^2)$$

$$\sigma_1' = \sigma_1 - u = 776 - 271 = 505 (\text{kN/m}^2)$$

及
$$\sigma'_3 = 686 - 379 = 307 (\,kN/m^2\,)$$
$$\sigma'_1 = 1086 - 379 = 707 (\,kN/m^2\,)$$

绘有效应力圆及其公切线，如图 5-4-10 曲线②，得有效应力抗剪强度指标为
$$c' = 0, \qquad \varphi' = 23.2°$$

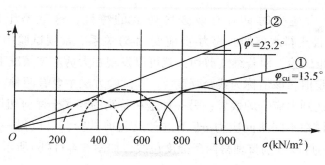

图 5-4-10

（2）孔隙水压力系数：
$$A_{f1} = \frac{\Delta u_f}{\Delta \sigma_{1f}} = \frac{271}{286} = 0.948$$

$$A_{f2} = \frac{\Delta u_f}{\Delta \sigma_{1f}} = \frac{379}{400} = 0.948$$

（3）作用于 M 点上的有效自重应力 σ_{sv} 计算：

砂土的干重度 $\qquad \gamma_d = \dfrac{G_s \gamma_w}{1+e} = \dfrac{2.7 \times 9.8}{1+0.63} = 16.2 (\,kN/m^2\,)$

饱和重度 $\qquad \gamma_{sat} = \dfrac{(G_s + e)\gamma_w}{1+e} = \dfrac{(2.7 + 0.63) \times 9.8}{1 + 0.63} = 20.0 (\,kN/m^3\,)$

砂土浮重度 $\qquad \gamma' = 20 - 9.8 = 10.2 (\,kN/m^3\,)$

黏性土的浮重度 $\qquad \gamma' = 19.6 - 9.8 = 9.8 (\,kN/m^3\,)$

$$\sigma_{sv} = 1.5 \times 16.2 + 1.5 \times 10.2 + 6 \times 9.8 = 98.4 (\,kN/m^2\,)$$
$$\sigma_{sh} = k_0 \sigma_v = 0.7 \times 98.4 = 68.9 (\,kN/m^2\,)$$

平均固结应力 $\qquad \sigma' = \dfrac{1}{3}(\sigma_{sv} + 2\sigma_{sh}) = \dfrac{1}{3}(98.4 + 2 \times 68.9) = 78.73 (\,kN/m^2\,)$

σ' 相当于三轴试验的固结应力 σ'_3

正常固结土的强度包线通过原点，因此应力圆的直径与固结应力成正比。故当 $\sigma'_3 = 78.73$ 时的主应力差为

$$\Delta \sigma'_1 = \frac{78.73}{490} \times 286 = 46 (\,kN/m^2\,)$$

或
$$\Delta \sigma'_1 = \frac{78.73}{686} \times 400 = 46 (\,kN/m^2\,)$$

这就是 M 点土样做不排水试验应该得到的应力圆直径，也就是无侧限抗压强度 q_u、即 $q_u = 46\text{kN}/\text{m}^2$。

5.4.4 黏性土的残余强度、灵敏度和触变性

1. 残余强度

某些黏性土在大应变时具有有效强度较低的特性，这就是土的残余强度。图 5-4-11(a)表示某黏性土排水剪的剪应力-剪应变($\tau\text{-}\delta$)关系。常规试验中，一般当 τ 达到峰值 τ_{fp} 后不久，即终止试验。但若继续剪切，就可以发现在大剪应变情况下强度会降低，而达到某一最终的稳定值，该值称为残余强度 τ_{ft}。其试验方法主要有两种：一种是在直剪仪中做反复剪，使其达到大应变的效果；另一种是在特制的环式土样剪切仪中进行。

例如取若干试样在不同法向应力 σ_n' 下进行反复剪试验，可以得一组相应于一定 σ_n 值的 τ_{fp} 和 τ_{ft}。由此，可以分别整理得两条强度包线，如图 5-4-11(b)所示。

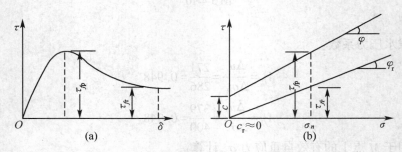

图 5-4-11 排水剪的 $\tau\text{-}\delta$ 及 $\sigma\text{-}\tau$ 关系曲线

相关试验表明，残余强度包线在纵坐标上的截距 $c_r \approx 0$，一般可以取为零，即

$$\tau_{ft} = c_r + \sigma_n \cdot \tan\varphi_r \approx \sigma_n \cdot \tan\varphi_r \tag{5-4-3}$$

对黏性土的残余强度现象有许多解释，主要原因是沿剪切面两侧有一薄层细颗粒的结构排列，由原来的非定向性随着剪应变的增加而逐渐转化为沿剪切方向的定向性，其抗剪强度随之变小。

应该指出，土体中剪应变的发展也不是各处均衡的，即使在一条剪切滑动带上也可能不同。往往在局部区域内土体先发生较大剪应变，而在其他区域内剪应力发挥得还较小，剪应变也不大。但若土具有明显的残余强度特征，则大剪应变区内土的 τ_f 先达到峰值强度并随后逐渐下降，最终达到其终值。因此，可以推理，这种土体的破坏过程可能是从点到点逐步发展的，此即所谓渐进性破坏。这在研究天然黏性土土坡的长期稳定性问题中，有着十分重要的实践意义。

2. 灵敏度和触变性

饱和软黏土灵敏度 S_t 的定义为：在含水率不变的条件下，原状土不排水强度与彻底扰动后土的不排水强度之比，彻底扰动后的试样称为重塑土样。S_t 可以用无侧限压缩试验或用十字板剪切试验求得

$$S_t = \frac{q_u}{q_u'} \tag{5-4-4}$$

或

$$S_t = \frac{\tau_v}{\tau_v'} \tag{5-4-5}$$

式中：q_u、q_u' ——分别为原状土和重塑土的无侧限抗压强度，kPa；

τ_v、τ_v' ——分别为原状土和重塑土的十字板剪切强度，kPa。

一般超固结土的 S_t 并不大，而正常固结黏土的 S_t 可达 5~10。流动黏土的特点是高含水率和高孔隙比，并具有片架结构，其 S_t 最大。按 S_t 对黏土进行分类可以参考表 5-4-2。

S_t 有高达 150 者（挪威德拉门黏土），其未扰动前具有相当高的强度，一经扰动后，强度几乎完全丧失，变成流动液体状。

表 5-4-2　　　　　　　　　　　　　　**土灵敏度分类表**

S_t	土灵敏度分类
1	不灵敏
1~2	低灵敏度
2~4	中灵敏度
4~8	高灵敏度
8~16	超高灵敏度
>16	流动黏土

黏性土触变性的定义为：在含水率不变的条件下，土经扰动之后强度下降，经过静置土的初始强度可随时间而逐渐恢复的现象。一般地说，土的原来强度不可能完全恢复，如图 5-4-12 所示。触变性现象可用第 1 章中土的双电层理论和土的结构排列概念予以解释。

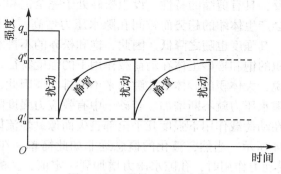

图 5-4-12　黏性土的触变性

5.4.5　砂性土的剪胀性和液化现象

由图 5-4-13 知，松砂剪切时不出现峰值强度，其破坏强度的取值以一定的剪应变量作为标准。而密砂则不然，剪切过程中密砂的应力-应变关系有类似于超固结土的现象，即有明显的峰值强度和较大变形时的终值强度，但其物理原因与超固结黏土完全不同。密砂超过峰值以后强度的降低是与剪胀性相对应的。

图 5-4-13(a)阴影部分表示密砂在受剪时因剪胀作用而产生的剪应力增加的现象。剪切中砂粒之间咬合力促使砂粒产生相对滚动，孔隙比变大，土体积增大(剪胀)，有部分剪切的能量消耗在体积变化上。如果将这一部分体积增大所做之功减去，则在一定法向应力下，密砂土纯为克服剪切阻力所做的功与松砂差别不大。同时，两者的最终孔隙比大致趋于某一稳定值 e_{cr}，该值称为相应于一定法向应力的临界孔隙比，如图 5-4-13(b)所示。在三轴剪切试验中，密砂也有类似的剪胀现象和相应于一定周围压力 σ_3 的临界孔隙比 e_{cr}。

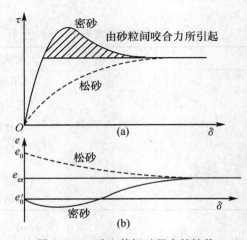

图 5-4-13 砂土剪切过程中的性状

由上述可见，砂土剪切过程中颗粒之间相对排列变化的特征，对研究砂土的强度甚为重要。松砂与密砂相反，具有剪缩的特性。设想松砂处于完全饱和的状态下，当其受到剪切应力作用时就必然会产生体缩的趋势而粒间孔隙水压力增高，使砂土的有效应力降低，由有效应力原理可知，其强度也随之降低。因此，饱和松砂的不排水强度是十分低的。

进一步考察大体积的饱和松砂土体在动荷载作用下的强度特征。由于动荷载施加的时间十分短促，相对来说，大体积的砂体中孔隙水来不及排出。因此，在反复的动剪应力作用下，饱和松砂中孔隙水压力就不断增加。若砂土中有效应力强度降至零，砂土便会发生流动，这种饱和砂土在动荷载作用下强度几乎全部丧失而像黏性流体那样流动的现象称为砂土液化，如图 5-4-14 所示。当然，液化的概念远非如此简单，在一定的应力条件(σ_1，σ_3)组合下，当砂土受动力作用时，孔隙水压力增加到一定值，土的动应变幅值已达到相当大的数量，这也可以被认为是砂土已达破坏的象征。因此，动应变幅值也是一种判断液化的依据。

显然，砂土液化的条件是：土体必须是饱水的；排水不畅；土结构较疏松；有适当动荷载条件(频率，振幅和振次等)作用。据相关研究，不均匀系数 $c_u<5$ 的匀粒细砂，若相对密度小于 $\frac{1}{3}$，即处于疏松状态，最易液化。有关水工建筑物和地基的砂土液化的判断方

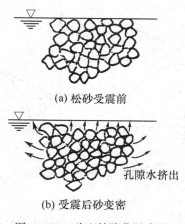

(a) 松砂受震前

孔隙水挤出

(b) 受震后砂变密

图 5-4-14　砂土的液化示意图

法、设计标准等可以参阅《水工建筑物抗震设计规范》(SL203—97)(DL 5073—2000)。

除砂土之外，含砂粒较多的低黏性土和粉质土都可能有类似的液化现象发生。至于有的软黏土在动力作用下所产生的强度丧失或降低，则与它们的片架结构的破坏有关，其机理较为复杂。

5.5　三轴试验中试样的应力路径

5.5.1　应力路径的概念

对同一种土，采用不同的试验仪器和不同的加荷方法使之剪破，试样中应力的变化过程是不同的，为了分析应力变化过程对土的力学性质的影响，可以用应力坐标图中应力点的移动轨迹(即应力路径)来描述土体在外荷载作用下的应力变化。

例如常用的摩尔应力圆中，每一个试样三轴压缩的全过程可以用一系列的摩尔圆反映应力的变化。如果为了特定的需要研究剪破面上的应力变化，由前述可知该面与大主应力作用面之间的夹角为 $\alpha_f = 45° + \dfrac{\varphi}{2}$，然后由每个摩尔圆上相应位置确定该破坏面上的应力状态。连接图 5-5-1(a) 中各圆上相应的该面上的应力状态点，就得到 mn 线(直线)。该直线称为常规三轴压缩试验中剪破面上的应力路径。m 点表示只有周围压力 σ_3 作用，而尚未施加轴向附加压力的初始应力情况。n 点表示轴向压力已增加到破坏值 σ_{1f}，m 与 n 两点之间的各点则表示剪切过程。

三轴试验的加荷方法有多种多样，随着加荷方法的不同，应力路径也就不同。例如，在 $\sigma \sim \tau$ 坐标图中可以做试样的另一种三轴压缩试验剪破面上的应力路径，这种试验保持 σ_1 不变，而不断减小 σ_3，如图5-5-1(b)所示。值得注意的是，因两种试验都是三轴压缩，所以圆柱试样的轴向都代表大主应力 σ_1 的作用方向，而剪破面和大主应力作用平面之间夹角 α_f 都是 $45° + \dfrac{\varphi}{2}$。

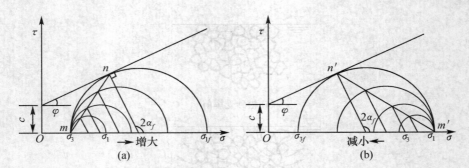

图 5-5-1　三轴试验的应力路径

5.5.2　在 $\dfrac{\sigma_1+\sigma_3}{2} \sim \dfrac{\sigma_1-\sigma_3}{2}$ 应力坐标上应力路径的表达形式

如果摩尔应力圆顶点的坐标为已知，那么土体中某点的应力状态也就被确定了。图 5-5-2(a) 中 A' 点的坐标，表示平面应力状态中土体某点的平均正应力 $\dfrac{\sigma_1+\sigma_3}{2}$（应力圆心横坐标）和最大剪应力 $\tau_{\max}=\dfrac{\sigma_1-\sigma_3}{2}$（应力圆半径）。所以说，$A'$ 点位置决定了土所处的应力状态，也决定了摩尔圆的大小和位置。这样，就可以在 $\dfrac{\sigma_1+\sigma_3}{2} \sim \dfrac{\sigma_1-\sigma_3}{2}$ 坐标图上，点出整个三轴试验压缩过程中不同摩尔应力圆顶点的坐标值，把各点连接起来即得图 5-5-2(b) 中一条应力路径 AB，该直线必与横坐标轴夹角为 45°，因为常规三轴压缩试验中 σ_3 维持不变，随着 σ_3 的增加，应力在纵、横坐标上的增量相等。

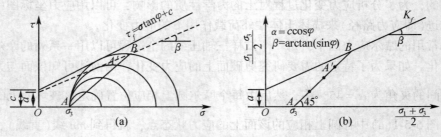

图 5-5-2　三轴试验中的应力路径

应力路径的表达形式有较多的优点，第一，应力路径上各点明确地表示土的应力状态，而不专指破坏面上的应力；第二，不必预知或假定破坏面方向；第三，对不考虑中主应力 σ_2 影响的轴对称和平面应变，应用较方便。

在 $\dfrac{\sigma_1+\sigma_3}{2} \sim \dfrac{\sigma_1-\sigma_3}{2}$ 应力坐标上的抗剪强度线以 K_f 线表示。其坡度 $\tan\beta$ 和 K_f 线与纵坐标的截距 a 值，可以由抗剪强度值 c、φ 通过几何关系推算而得，或由土的极限平衡条件

推求出来。由式(5-1-5)知，当土处于极限平衡状态时

$$\frac{1}{2}(\sigma_1-\sigma_3)_f=c\cos\varphi+\frac{1}{2}(\sigma_1+\sigma_3)_f\sin\varphi \tag{5-5-1}$$

而从图 5-5-2(b)中可知土的抗剪强度线 K_f 的表达式为

$$\frac{1}{2}(\sigma_1-\sigma_3)_f=a+\frac{1}{2}(\sigma_1+\sigma_3)_f\tan\beta \tag{5-5-2}$$

因此

$$\begin{cases} \tan\beta=\sin\varphi, & \varphi=\sin^{-1}(\tan\beta) \\ a=c\cos\varphi, & c=\dfrac{a}{\cos\varphi} \end{cases} \tag{5-5-3}$$

5.5.3　总应力路径和有效应力路径

由于受外荷载作用时土中可能产生孔隙水压力。因此，在受剪时土中应力也可以分为总应力和有效应力两种。两者的变化规律是不同的，所以需要分别用总应力路径和有效应力路径来描述它们。

总应力路径就是受荷土体内某点在应力坐标图中总应力变化的轨迹，而有效应力路径则是土体内相应点的有效应力变化的轨迹。

只有在 $\dfrac{\sigma_1+\sigma_3}{2}\sim\dfrac{\sigma_1-\sigma_3}{2}$ 应力坐标图上，才能确切地阐明总应力路径和有效应力路径之间的对应关系。因为在该坐标图上，应力点位置与破坏面的方向无关，所以下面仅就该坐标系统予以简要的讨论。

图 5-5-3 中，总应力路径(ca 线)的绘制方法与图 5-5-2 的 AB 线相同，ca 线与横坐标之间的夹角为 45°。有效应力路径的确定，取决于剪切过程中孔隙水压力变化的规律。绘制的原理是根据

$$\frac{1}{2}(\sigma_1'+\sigma_2')=\frac{1}{2}(\sigma_1+\sigma_3)-u \tag{5-5-4}$$

和

$$\frac{1}{2}(\sigma_1'-\sigma_2')=\frac{1}{2}(\sigma_1-\sigma_3) \tag{5-5-5}$$

将 ca 线上任意一个总应力点的横坐标减去相应的实测值(例如 a' 点与 b' 点的水平距离为 Δu)，得相应的有效应力点 b'。连接各有效应力点，就可获得有效应力路径 cb 线。不难看出，ca 线与 cb 线之间所包含的阴影面中，平行于横坐标轴方向上的宽度表示土体中某点孔隙水压力随总应力变化而不断变化的过程。这已由式(5-4-1)在数量上予以描述

$$\Delta u=A(\Delta\sigma_1-\Delta\sigma_3) \tag{5-5-6}$$

三轴试验中 $\Delta\sigma_3=0$，所以 $\Delta u=A\Delta\sigma_1$。

图 5-5-3 表明，当土达到剪破时，a、b 两点的坐标分别表示破坏时试样的总应力和有效应力状态。它们分别落在总应力强度包线和有效应力强度包线 K_f 和 K_f' 上。应用式(5-5-2)和式(5-5-3)可以由该两线推求出该土的 φ_{cu}、c_{cu} 和 φ'、c' 来。

设将上述试样作排水剪，则试样内 Δu 始终保持为零，其有效应力路径与总应力路径重合。且因土在剪切中继续不断固结，体积压缩，强度增加，故排水剪的有效应力路径沿着 ca 方向继续向右上方延伸，直到交于 K_f' 线上 d 点方始破坏，如图 5-5-4 所示。显然，

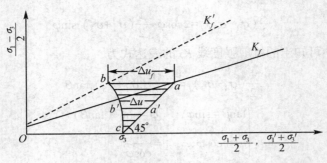

图 5-5-3　总应力路径

同样的两个正常固结黏土试样，排水剪破坏强度必然要比固结不排水剪的高。

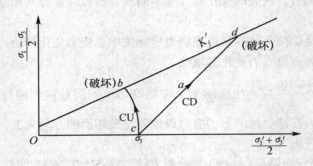

图 5-5-4　CU 和 CD 试验排水剪应力路径

应用类似的方法，还可以进一步分析正常固结黏土与超固结黏土在剪切过程中 Δu 变化规律之不同。如图 5-5-5 所示，设某一饱和黏土试样在 A 点下固结，然后作三轴压缩试验，可得总应力路径 AD 和有效应力路径 AC。点 C 表示土已达破坏，故落在 K'_f 线上。设另一试样在相同的周围压力下固结（即 A 点下固结），然后将周围压力降低至 B 点，使土处于超固结状态。再做不排水三轴压缩试验，则又可得另外的总应力路径 BE 和有效应力路径 BFC 曲线。正常固结黏土在剪切过程中始终产生正的孔隙水压力，破坏时的 Δu_f 达最大值。而超固结黏土在剪切的开始阶段可能产生少量正孔隙水压力，而接近破坏时会产生负的孔隙水压力 $-\Delta u_f$。设这两个试样的含水率相同，则两者在破坏时的不排水强度也基本一致（见图 5-5-5 中 C 点的纵坐标）。

【例 5-5-1】　某饱和砂样在周围压力 $\sigma_3 = 98\text{kN/m}^2$ 下固结，然后增加轴向应力 $\Delta\sigma_1$ 直至试件破坏时的偏差应力 $\Delta\sigma_{1f} = (\sigma_1 - \sigma_3)_f = 440\text{kN/m}^2$。破坏时的孔压系数 $A_f = -0.16$，试在 $p\text{-}q$ 图上作出有效应力路径（ESP）和总应力路径（TSP），并求出破坏主应力线和破坏包线。

【解】　（1）求试件破坏时的孔隙水压力 Δu_f。

$$\Delta u_f = A_f(\sigma_1 - \sigma_3)_f = -0.16 \times 440 = -70.4\ (\text{kN/m}^2)$$

（2）求破坏时试件的有效应力 p'_f、q'_f。

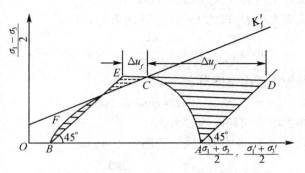

图 5-5-5　正常固结和超固结黏土的应力路径

$$p_f' = \frac{1}{2}(\sigma_{1f} + \sigma_3) - \Delta u_f = \frac{1}{2}(440 + 98 + 98) - (-70.4) = 388.4(\text{kN/m}^2)$$

$$q_f' = q_f = \frac{1}{2}(\sigma_1 - \sigma_3)_f = 220\text{kN/m}^2$$

（3）有效应力路径：

固结前：$p' = 0$，$q' = 0$，在原点。

固结后：$p' = \sigma_3' = 98\text{kN/m}^2$，在 p_0 点。

剪切破坏时：$p_f' = 388.4\text{kN/m}^2$；$q_f' = 220\text{kN/m}^2$，即 E 点。

故应力路径为图 5-5-6 中 $O-p_0-E$。

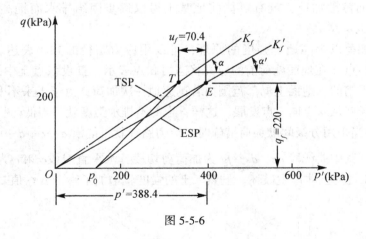

图 5-5-6

（4）总应力路径：

固结前：$p_0 = 0$，$q = 0$，在原点。

固结后：$u = 0$，故 $p_0 = p_0'$，$q = 0$，在 p_0 点。

剪切破坏时：$\Delta u_f = -70.4\text{kN/m}^2$。

故 $p = p_f' + \Delta u_f = 388.4 - 70.4 = 318(\text{kN/m}^2)$；$q_f = q_f' = 220(\text{kN/m}^2)$，即 T 点。

总应力路径为图 5-5-6 中 $O-p_0-T$。

（5）有效应力破坏主应力线 K_f' 和破坏包线。

有效应力破坏主应力线 K_f' 即为 OE 线，其倾角为 α' 即，

$$\alpha' = \arctan\frac{q_f'}{p_f'} = \arctan\frac{220}{388.4} = \arctan 0.566 = 29.5°$$

破坏包线的倾角为有效内摩擦角 φ'，即

$$\varphi' = \arcsin\tan\alpha' = \arcsin 0.566 = 34.47°。$$

（6）总应力破坏主应力线和破坏包线。

总应力破坏主应力线 K_f 即为 OT 线，其倾角为 α，即

$$\alpha = \arctan\frac{q_f}{p_f} = \arctan\frac{220}{318} = 34.68°$$

破坏包线的倾角为总应力内摩擦角 φ，即

$$\varphi = \arcsin\tan\alpha = \arcsin 0.692 = 43.77°$$

计算结果表明，由于破坏时为负孔隙水压力，所以总应力内摩擦角 φ 大于有效应力内摩擦角 φ'。

5.5.4　土的抗剪强度随固结而增长的过程

天然地基在一定的荷载作用下，随着固结排水的发展，土的抗剪强度会相应地逐渐增长，其基本原理在本章 5.4 中已有阐述。如果对软黏土地基施加荷载的速率过快，使地基在受荷过程中来不及排水，则当由荷载所产生的地基应力已达到土的不排水强度时，就可能导致地基的破坏。这样，地基所能承受的极限荷载很低。反之，若减缓加荷速率，或时而停歇加荷，就有可能使地基土得以逐步固结排水而提高其强度，从而地基的承载力也可增大。

这种控制加荷以提高地基强度的原理，可以用应力路径的方法表达。如图 5-5-7 所示，设地基内某点 A 在地面施荷前的应力状态由 a 点表示，且设该点土中无偏应力作用，而基土是正常固结的。地面上局部范围内若迅速地一次加荷，由于土来不及排水，A 处土的有效应力路径就从 a 点向 b 点发展。这样，土的不排水强度就相当低（见图 5-5-7 中 b 点的强度为 τ_{f0}）。当采用分级间歇加荷措施时，应力路径就可能沿 $a \rightarrow c \rightarrow d \rightarrow e \rightarrow f \rightarrow g$ 各点曲折地延伸发展，其中曲线段 ac、de、fg 为加荷剪切段，水平直线段 $\overline{cd}$ 和 $\overline{ef}$ 为固结段。这样要抵达 g 点，A 处的土才产生破坏。显然，土的强度就增加了一个 $\Delta\tau_f$ 值。

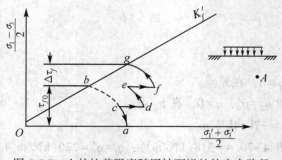

图 5-5-7　土的抗剪强度随固结而增长的应力路径

习 题 5

1. 一种土在 100，200，300，400（单位：kPa）法向应力作用下进行直剪试验，测得其抗剪强度分别为 $\tau_f = 105$，151，207，260（单位：kPa），试用作图方法求该种土的抗剪强度指标 φ、c。

2. 用两个相同的土样进行三轴压缩试验，一个在 $\sigma_3 = 40\mathrm{kPa}$ 和 $\sigma_1 = 160\mathrm{kPa}$ 下剪破，另一个在 $\sigma_3 = 120\mathrm{kPa}$ 和 $\sigma_1 = 400\mathrm{kPa}$ 下剪破，试求 φ、c 及剪破面方向。

3. 以某种土样进行三轴压缩试验，剪破时 $\sigma_1 = 500\mathrm{kPa}$，$\sigma_3 = 100\mathrm{kPa}$，剪破面与大主应力作用面交成 $60°$ 角，试绘制极限应力圆，求出 φ、c 值，并计算剪破面上的法向应力和剪应力。

4. 已知地基土的 $\varphi = 25°$、$c = 15\mathrm{kPa}$，并知地基中某点 A 的剪应力 $\tau = 85\mathrm{kPa}$，法向应力 $\sigma = 120\mathrm{kPa}$；另一点 B 的 $\tau = 152\mathrm{kPa}$，$\sigma = 360\mathrm{kPa}$，试分别判断 A，B 两点是否会沿剪应力的方向剪破。

5. 建筑物下地基土某点的应力为：$\sigma_z = 250\mathrm{kPa}$，$\sigma_x = 100\mathrm{kPa}$ 和 $\tau_{xz} = 40\mathrm{kPa}$。并已知土的 $\varphi = 30°$，$c = 0$，试问该点是否剪破？又若 σ_z 和 σ_x 不变，τ_{xz} 值增加至 $60\mathrm{kPa}$，则该点又如何？

6. 某饱和黏土作三轴固结不排水剪试验，测得 4 个试样的最大主应力，最小主应力和孔隙水压力如下表所示。试用总应力法确定该试样的 φ_{cu} 和 c_{cu}，并用有效应力法确定其 φ'，c'。

$\sigma_1(\mathrm{kPa})$	145	228	310	401
$\sigma_3(\mathrm{kPa})$	60	100	150	200
$u_f(\mathrm{kPa})$	31	55	92	120

7. 某黏性土样由固结不排水试验得到的有效应力强度指标为 $\varphi' = 22°$、$c' = 24\mathrm{kPa}$。如果该试样在周围压力 $\sigma_3 = 200\mathrm{kPa}$ 下进行固结排水剪切试验至破坏，试求破坏时的大主应力 σ_{1f}。

8. 某饱和正常固结黏土样进行固结不排水剪试验，得到的有效应力强度指标为 $\varphi' = 30°$。用相同的试样进行不排水剪试验，不排水抗剪强度 $c_u = 100\mathrm{kPa}$，试求破坏时的有效大、小主应力。如果该试样在周围压力 $\sigma_3 = 150\mathrm{kPa}$ 下进行固结排水剪切试验至破坏，试求破坏时的大主应力 σ_{1f}。

第6章　土　压　力

　　在水利、港口、道路及桥梁等工程设计中，都常会遇到建造挡土墙及使用板桩墙等问题。而作用在这些建筑物上的主要荷载是土压力。因此，如何在不同条件下，计算相应的土压力，有很重要的理论意义及实际意义。

　　以挡土墙为例，图 6-0-1 中所示的三个结构物的使用条件不同，实践证明，它们所受的土压力性质与大小都不一样。因此，研究土压力产生的条件，确定其性质，然后才能提出计算理论以计算出在一定条件下土压力的大小。

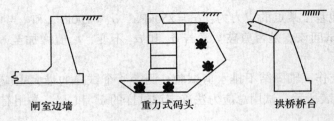

闸室边墙　　　　　重力式码头　　　　　拱桥桥台

图 6-0-1　不同型式挡土墙

　　为了分析土压力的性质，太沙基等学者进行了挡土墙的模型试验，研究了挡土墙的位移方向及大小与土压力之间的关系。实验结果如图 6-0-2，图中给出了实测的土压力系数 K（即水平向压力与铅直向压力之比）与挡土墙的相对位移（即墙顶位移值 ρ 与墙高 H 之比）。墙被推离土体时，其位移为正值 ρ；反之，挡土墙被外力推向土体，则位移为负

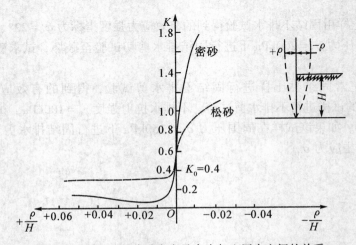

图 6-0-2　挡土墙的位移方向及大小与土压力之间的关系

值$-\rho$。若挡土墙受土压力作用而不产生位移，则$\rho=0$。这三种状态分别被称为主动的、被动的和静止的状态。同时测知，在上述三种不同状态下，就有三种性质不同、大小不一的土压力发生。由此可知，挡土墙的变位是产生不同土压力的一个重要条件。同时，土的种类和状态不同，也会对土压力的数值产生影响。

6.1 产生土压力的条件

6.1.1 挡土结构类型对土压力分布的影响

挡土墙按其刚度及位移方式可分为刚性挡土墙、柔性挡土墙和加筋挡土墙三类。

1. 刚性挡土墙

一般指用砖、石或混凝土砌筑或浇筑的断面较大的重力式挡土墙。由于刚度大，墙体在侧向土压力作用下，仅能发生整体平移或转动，墙身的挠曲变形则可忽略。对于这种类型的挡土墙，墙背受到的土压力一般呈三角形分布，最大压力强度发生在底部，类似于静水压力分布，见图 6-1-1(c)。

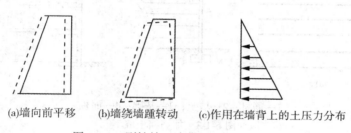

(a)墙向前平移　　(b)墙绕墙踵转动　　(c)作用在墙背上的土压力分布

图 6-1-1　刚性挡土墙背上的土压力分布

2. 柔性挡土墙

当挡土结构物自身在土压力作用下发生挠曲变形时，结构变形将影响土压力的大小和分布，这种类型的挡土结构物称为柔性挡土墙。例如在深基坑开挖中，为支护坑壁而设置于土中的板桩墙、混凝土地下连续墙及排桩等即属于柔性挡土墙。这时作用在墙身上的土压力为曲线分布，计算时可简化为直线分布，如图 6-1-2 所示。

3. 加筋挡土墙

加筋挡土墙靠筋材的拉力承担土压力，通过滑动面后面的土体与筋材间的摩擦力将筋材锚定，保持加筋土体整体稳定。筋材可分为刚性与柔性两种。刚性筋材有各种金属拉带、高强度的土工格栅等；柔性筋材最典型的是各种土工布。加筋挡土墙可以是有墙面也可以是无墙面的，图 6-1-3(a)为无墙面的包裹式挡土墙，其筋材一般为柔性的；图 6-1-3(b)表示的是整体混凝土墙面，筋材通过挂件固定在墙面后；图 6-1-3(c)表示的是砌块式墙面，筋材固定在砌块之后，施工中分层填筑碾压，分层加筋，分层砌筑墙面。

本章将主要介绍刚性墙土压力计算。因为它是土压力计算的基础，其他类型挡土结构物上作用的土压力大多以刚性墙土压力计算为根据。此外，还简要讨论埋管的土压力。

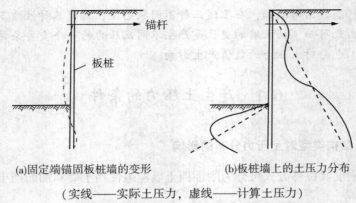

(a)固定端锚固板桩墙的变形　　　　　(b)板桩墙上的土压力分布

（实线——实际土压力，虚线——计算土压力）

图 6-1-2　柔性挡土墙上的土压力分布

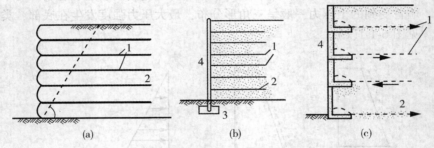

1—筋材；2—填土；3—基础；4—面板

图 6-1-3　加筋挡土墙

6.1.2　墙体位移与土压力类型

在影响土压力的诸多因素中，墙体位移条件是主要因素之一。墙体位移的方向和位移量决定着所产生的土压力性质和土压力大小。

1. 静止土压力

当挡土墙具有足够的截面和重量，并且建立在坚实的地基上（例如岩基），墙在墙后填土的推力作用下，不产生任何移动或转动时（图 6-1-4(a)），墙后土体没有水平位移，处于弹性平衡状态，这时作用于墙背上的土压力称为静止土压力 E_0。

2. 主动土压力

如果墙体可以水平位移，墙在土压力作用下产生向离开填土方向的移动或绕墙趾的转动时（图 6-1-4(b)），墙后土体因侧面所受约束的放松而有下滑趋势。为阻止其下滑，土内潜在滑动面上剪应力增加，从而使作用在墙背上的土压力减少。当墙的平移或转动达到某一数量时，滑动面上的剪应力等于土的抗剪强度，墙后土体达到主动极限平衡状态，产生一般为曲线形的滑动面 AC，这时作用在墙上的土压力达到最小值，称为主动土压力 E_a。

3. 被动土压力

当挡土墙在外力作用下向着填土方向移动或转动时（如拱桥桥台），墙后土体受到挤压，有上滑趋势（图6-1-4（c））。为阻止其上滑，土体的抗剪阻力逐渐发挥作用，使得作用在墙背上的土压力加大。直到墙的移动量足够大时，滑动面上的剪应力等于土的抗剪强度，墙后土体达到被动极限平衡状态，土体发生向上滑动，滑动面为曲面 AC，这时作用在墙上的土压力达到最大值，称为被动土压力 E_p。

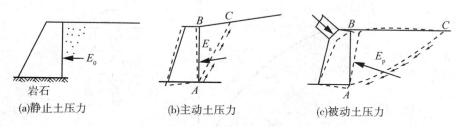

(a)静止土压力   (b)主动土压力   (c)被动土压力

图 6-1-4   作用在挡土墙上的三种土压力

综上所述，可将墙体位移对土压力的影响概括为两点：

第一，挡土墙所受的土压力类型，首先取决于墙体是否发生位移以及位移的方向，其三种特殊的情况为 E_0、E_a 和 E_p。

第二，挡土墙所受土压力大小并不是一个常数，随着位移量的变化，墙上所受土压力值也在变化。根据对中密以上的砂所进行的试验和数值计算的结果，墙的移动量与土压力的关系示意图如图 6-1-5 所示。图中横坐标 $\dfrac{\rho}{H}$ 代表墙的移动量（或转动量）与墙高之比，$+\dfrac{\rho}{H}$ 代表墙向离开填土方向移动，$-\dfrac{\rho}{H}$ 则代表墙朝向填土方向移动；纵坐标 E 代表作用在墙上的土压力。从图中可以看出：为使墙后土体达到主动极限平衡状态，从而产生主动土压力 E_a，所需的墙体位移量很小，对密砂或中密砂来说 $\dfrac{\rho}{H}$ 值只需 1‰~5‰，这种量级的位移在一般挡土墙中是容易发生的。因此，计算这种位移形式的挡土墙所受的土压力时，可以用主动土压力 E_a。从图中也可看出，产生被动土压力 E_p 要比产生主动土压力 E_a 困难得多，其所需的位移量很大，$\dfrac{\rho}{H}$ 大致要达 1%~5%，即约为达到主动土压力状态的位移量的 10 倍。显然，这样大的位移量在一般工程建筑中是不容许发生的，因为在墙后土体发生破坏之前，结构物可能已先破坏。因此，在估计挡土墙能抵抗多大外力作用而不发生滑动时（图6-1-5（c）），只能利用被动土压力的一部分，或以静止土压力 E_0 代替。

本章将主要介绍图 6-1-5 曲线上的三个特定点的土压力计算，即 E_0、E_a 和 E_p。其中，E_0 属于侧限应力状态土压力，对于弹性-理想塑性模型，假设土处于弹性阶段；E_a 和 E_p 则属于极限平衡状态土压力，目前对 E_a 和 E_p 的计算方法仍是以抗剪强度和极限平衡理论为基础的古典土压力理论，也就是下面将要重点介绍的朗肯土压力理论和库仑土压力理论。然而，实际工程中不少挡土结构的位移量不一定会达到土体发生主动或被动极限平衡状态所需的位移量，因而作用于挡土墙上的土压力可能是介于主动与被动之间的某一数值，这种任意位移下的土压力计算比较复杂，涉及墙、土和地基三者的变形、强度特性和共同作用，可用有限元等数值方法计算。

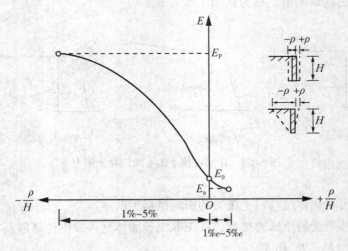

图 6-1-5　墙体位移与土压力关系曲线

6.2　静止土压力计算

如前所述，当挡土墙完全没有侧向位移、偏转和自身弯曲变形时，作用在其上的土压力即为静止土压力，建在岩石地基上的重力式挡土墙，或墙上下端有顶板、底板固定的重力式挡土墙，实际变形极小，墙后土体应处于侧限压缩应力状态，与土的自重应力状态相同，墙后的土压力就属于这种土压力。

6.2.1　静止土压力 σ_0

图 6-2-1(a)表示半无限土体中 z 深度处一点的应力状态，由于任一竖直平面都是对称面，其水平面和竖直面都是主应力面，所以，作用于该土单元上的竖直向主应力就是自重应力 $\sigma_v = \gamma z$，水平向自重应力 $\sigma_h = K_0 \sigma_v = K_0 \gamma z$。设想用一堵刚性墙代替墙背左侧的土体，若该墙的墙背垂直光滑（无摩擦剪应力），则代替后，右侧土体中的应力状态并没有改变，墙后土体仍处于侧限应力状态（图 6-2-1(b)）；σ_v 仍然是土的自重应力，只不过 σ_h 由原来表示土体内部的应力，现在变成土对墙的压力，按定义即为静止土压力的强度 σ_0，故

$$\sigma_0 = K_0 \gamma z \tag{6-2-1}$$

式中：K_0——静止土压力系数，对于一种土，一般设为常数。

若将处在静止土压力时土单元的应力状态用摩尔圆表示在 $\tau-\sigma$ 坐标上，则如图 6-2-1(d)所

示。可以看出,这种应力状态离破坏包线还很远,属于弹性平衡状态。

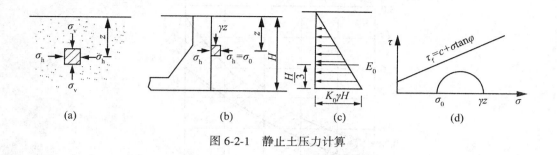

图 6-2-1 静止土压力计算

6.2.2 静止土压力分布及总静止土压力

由式(6-2-1)可知,σ_0 沿墙高呈三角形分布;若墙高为 H,则作用于单位长度墙上的总静止土压力 E_0 为

$$E_0 = \frac{1}{2} K_0 \gamma H^2 \qquad (6-2-2)$$

E_0 的作用点应在距墙底 $\frac{H}{3}$ 处,见图 6-2-1(c)。

6.2.3 关于静止土压力系数 K_0

对于弹性体,式(4-1-13)给出了泊松比 μ 与静止土压力系数的关系,但土并不是完全弹性体。K_0 的大小可根据试验测定,也可根据经验公式计算。研究证明,K_0 除了与土性及密度有关外,黏性土的 K_0 值还与应力历史有很大关系。下列经验公式可供估算 K_0 值之用。

对于无黏性土及正常固结黏性土

$$K_0 = 1 - \sin\varphi' \qquad (6-2-3)$$

式中:φ'——土的有效内摩擦角。显然,对这类土,K_0 值均小于 1.0。

对于超固结黏性土

$$(K_0)_{\text{O.C}} = (K_0)_{\text{N.C}} \cdot (\text{OCR})^m \qquad (6-2-4)$$

式中:$(K_0)_{\text{O.C}}$——超固结土的 K_0 值;

$(K_0)_{\text{N.C}}$——正常固结土的 K_0 值;

OCR——超固结比;

m——经验系数,一般取 $m = 0.40 \sim 0.50$,塑性指数小的取大值。

图 6-2-2 表示超固结比 OCR 与 K_0 值范围的关系,它是根据大量实测数据总结得到的,分别令 $m = 0.4$ 与 $m = 0.5$,也把用式(6-2-4)计算的曲线绘在图中,可以看出,对于 OCR 较大的超固结土,K_0 值可大于 1.0。

土的静止土压力系数不仅与土的种类有关,而且与土的密度和含水率等因素有关,可以在较大的范围内变化。在初步计算时表 6-2-1 的值可供参考。

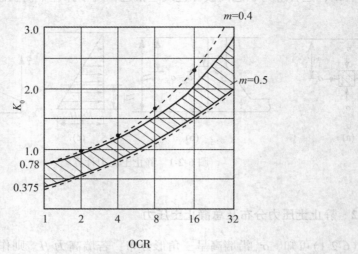

图 6-2-2 K_0 与超固结比 OCR 的关系

表 6-2-1 静止土压力系数 K_0 值

土类及物性		K_0	土类及物性		K_0
砾石土		0.17	黏土	硬黏土	0.11~0.25
砂土	$e=0.5$	0.23		紧密黏土	0.33~0.45
	$e=0.6$	0.34		塑性黏土	0.61~0.82
	$e=0.7$	0.52	泥炭土	有机质含量高	0.24~0.37
	$e=0.8$	0.60		有机质含量低	0.40~0.65
粉土与粉质黏土	$\omega=15\%\sim20\%$	0.43~0.54	砂质粉土		0.33
	$\omega=25\%\sim30\%$	0.60~0.75			

6.3 朗肯土压力理论

朗肯(Rankine, W. J. M. 1857)土压力理论,属古典土力学理论之一,因其概念明确,方法简便,故沿用至今。这一理论研究了半无限弹性土体中处于极限平衡条件的区域内的应力状态,继而导出极限应力的理论解。

为了满足土体的极限平衡条件,朗肯在其基本理论推导中,作出了如下的一些假定:(1)挡土墙是刚性的,墙背铅直;(2)墙后填土表面是水平的;(3)墙背光滑与填土之间没有摩擦力。因此,墙背土体中的应力状态可以视为与一个半无限体中的情况相同,而墙背可以假想为半无限土体内部的一个铅直平面。

当墙后土体处于弹性平衡状态时,土体中任一点处的应力状态,可以用摩尔应力圆表示。

视墙的移动方向与大小，可以设想半无限土体中产生水平向的延伸和压缩，以致发生主动的和被动的两种极限平衡状态和相应的土压力，下面分别加以介绍。

6.3.1　主动土压力

1. 无黏性土

当铅直墙背被土推离土体时，随着位移渐增，土体在一定范围内可以逐渐达到主动极限平衡状态（见图 6-3-1（a）、（c））。即在该区域内的土体各点，都产生了两组相互交成 $90°-\varphi$ 角的剪破面。由于墙背是铅直而光滑的，所以，墙后土体各点的铅直面与水平面都是主平面。在这两个面上剪应力都为 0。在主动极限平衡状态时，土的自重应力 $\sigma_z(=\gamma z)$ 是大主应力 σ_1，而水平方向作用的土压力 σ_a 是小主应力 σ_3。因此，求解主动土压力就是根据铅直方向的大主应力（土重），去求解水平方向的小主应力（土压力）。可以应用第 5 章中极限平衡条件下 σ_1 与 σ_3 的关系式（5-1-7）求解。

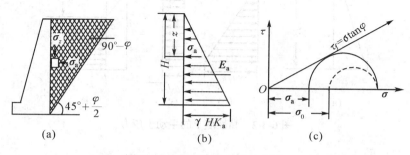

图 6-3-1　无黏性土主动土压力

已知垂直方向的压力 $\sigma_z=\gamma z$。在主动极限平衡状态时，σ_z 是大主应力 σ_1，而水平方向的土压力则是小主应力 σ_3。无黏性土的 $c=0$。因此，按式（5-1-7），可得

$$\sigma_a = \sigma_z \tan^2\left(45°-\frac{\varphi}{2}\right) = \gamma z \cdot K_a \tag{6-3-1}$$

式中：K_a——主动土压力系数，无因次。$K_a=\tan^2\left(45°-\dfrac{\varphi}{2}\right)$；

　　　γ——墙后填土的重度，kN/m^3。

墙后填土为均质的，土的 φ 值与 γ 值都为定值，因此主动土压力强度与深度成正比，分布图形是三角形（见图 6-3-1（b）），若墙高为 H，填土面与墙高齐平，则作用于墙背的总主动土压力为

$$E_a = \frac{1}{2}\gamma H^2 K_a \tag{6-3-2}$$

E_a 的作用点在距墙底的 $\dfrac{H}{3}$ 处，作用方向水平。

2. 黏性土

对于墙后土体是黏性土的情况，除了考虑前述各项条件之外，还应考虑土的黏聚力 c，如仍按式（5-1-7），可得

$$\sigma_a = \sigma_z K_a - 2c \times \sqrt{K_a} \tag{6-3-3}$$

从上式可见，黏性土的主动土压力是由两个部分组成的，对给定的土，上式右侧的第一项取决于土的重度与所在深度，即 $\sigma_z = \gamma z$，随深度为三角形分布，而与土的黏聚力无关（见图6-3-2(b)）。第二项为黏聚力因素所造成的，第二项起到降低土压力的作用（故为负值），随深度成矩形分布（见图 6-3-2(c)）。将这两个图形叠加起来，便可以看出，在某一深度 z_0 处的土压力值为零，即令式(6-3-3)为零而得

$$\sigma_a = \sigma_z K_a - 2c \times \sqrt{K_a} = 0$$

而在 z_0 处的 $\sigma_z = \gamma z_0$，故

$$z_0 = \frac{2c}{\gamma \sqrt{K_a}} \tag{6-3-4}$$

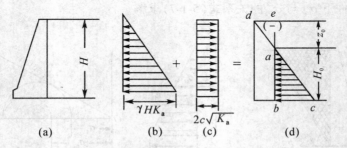

图 6-3-2 黏性填土的主动土压力

在 z_0 深度内，图 6-3-2(d)虽出现土压力为负值，但实际上不能认为该深度内会产生土与墙之间的拉力。因为土的抗拉强度很低，稍微超过，即会开裂。所以，该值只能起到抵消该部分土压力的作用。即 z_0 以内三角形部分不再对墙产生主动土压力。于是，作用于墙背 $H-z_0$ 高度内的总土压力如图 6-3-2(d)中的 $\triangle abc$ 所示，即

$$E_a = \frac{1}{2}\gamma H^2 K_a - 2cH \sqrt{K_a} + \frac{z_0}{2} 2c \sqrt{K_a}$$

简化得

$$E_a = \frac{1}{2}\gamma H^2 K_a - 2cH \sqrt{K_a} + \frac{2c^2}{\gamma} \tag{6-3-5}$$

该力的作用点在距墙底 $\frac{1}{3}(H-z_0)$ 处。

3. 复杂条件下朗肯主动土压力

以上是朗肯主动土压力的基本计算公式，下面将讨论实际工程中常会遇到的一些特殊条件下的主动土压力的计算方法。

(1) 墙后填土表面有连续均布荷载的情况(填土为砂土)。

由于连续均布荷载的作用，将对墙背产生附加的土压力，如图 6-3-3 所示。可以考虑将均布荷载强度 $q(kPa)$ 变换为等效填土高度 $H'(m)$。即

$$H' = \frac{q}{\gamma} \tag{6-3-6}$$

式中：γ ——墙后填土的重度，kN/m^3。

则作用于墙背深度为 z 处的土压力强度为

$$\sigma_a = \gamma(z+H')K_a \tag{6-3-7}$$

而在墙顶处的土压力强度为

$$\sigma_{a0} = \gamma H' K_a = qK_a \tag{6-3-8}$$

因此，在墙背上的土压力呈梯形分布，于是作用于墙背的总土压力可以按如下方法计算，即作用在墙背上的总土压力由两部分构成：一部分是由土体自重产生的土压力，另一部分是由超载产生的土压力。

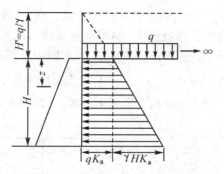

图 6-3-3　填土表面有连续均布荷载时的主动土压力

$$E_a = qHK_a + \frac{1}{2}\gamma H^2 K_a \tag{6-3-9}$$

（2）填土内有地下水的情况（填土为砂土）。

当填土中存在地下水时，将对土压力有三种影响：

①地下水位以下的填土重度减小而成为浮重度；

②地下水位以下填土的抗剪强度将会改变；

③地下水对墙背施加静水压力。

一般实际工程中，可以不计地下水对砂土抗剪强度的影响。但地下水会使黏性土的黏聚力与内摩擦角明显降低，这将使主动土压力增大，必须引起注意。

以上各项影响，应分别予以考虑。例如图 6-3-4 中，填土为砂土，则水位上下的 $\varphi_1 = \varphi_2$，水位以上为湿重度 γ_1，以下为浮重度 γ'。故在地下水位处的土压力强度为

$$\sigma_{a1} = \gamma_1 h_1 K_a \tag{6-3-10}$$

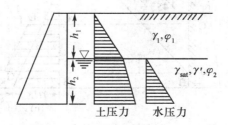

图 6-3-4　填土内有地下水时的主动土压力

而在墙底处为

$$\sigma_{a2} = (\gamma_1 h_1 + \gamma' h_2) K_a \tag{6-3-11}$$

因此，土压力分布呈折线，总土压力由上、下两部分求出。作用于墙背除有土压力外，还有在 h_2 深度内的静水压力

$$E_w = \frac{1}{2} \gamma_w h_2^2 \tag{6-3-12}$$

（3）填土为成层的情况（填土均为砂土）。

当填土有明显分层，则按各层土质情况，分别确定每一层土作用于墙背的土压力，下面以图 6-3-5 为例，加以说明：

图 6-3-5(a) 的条件是 γ_1 大于 γ_2 而 $\varphi_1 = \varphi_2$。所以，在 h_2 深度内，沿深度土压力增量减小，而土压力的分布直线的斜率就变大(斜率以分布线和水平线的夹角为准)。

图 6-3-5(b) 的条件是 $\varphi_1 < \varphi_2$。因此，$K_{a1} > K_{a2}$。下层中土压力分布线的斜率也变大了。所以下层顶面的土压力强度为 $\overline{bd} = \gamma_1 h_1 K_{a2}$，比上层底面的土压力强度 $\overline{bc} = \gamma_1 h_1 K_{a1}$ 小。

同理在图 6-3-5(c) 中，由于 $\varphi_1 > \varphi_2$，因此 $K_{a1} < K_{a2}$，故 $\gamma_1 h_1 K_{a1} < \gamma_1 h_1 K_{a2}$。

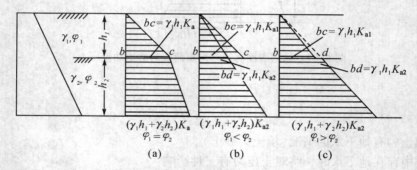

图 6-3-5　填土为成层土的主动土压力

（4）填土表面受局部均布荷载情况（填土为砂土）。

当墙背填土的水平表面上承受局部均布荷载(其强度为 q)时，这一荷载对墙背土压力强度的附加值 σ_q，可以按朗肯理论求得

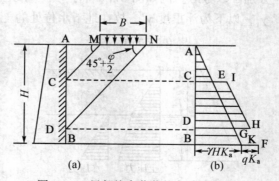

图 6-3-6　局部均布荷载的主动土压力

$$\sigma_q = qK_a \tag{6-3-13}$$

但其分布范围难以从理论上严格规定。如图6-3-6(a)所示为一种近似处理方法，即从局部均布荷载的两个端点 M、N 各作一条直线，都与水平表面交成 $45°+\dfrac{\varphi}{2}$ 角，与墙背相交于 C、D 点，则墙背 CD 一段范围内受 qK_a 的作用。这时，作用于整个墙背的土压力分布图形如图 6-3-6(b)所示。

6.3.2 被动土压力

1. 无黏性土

当铅直墙背受外力作用被推向填土时，填土在水平向受到挤压发生位移，土体在一定范围内可以达到被动极限平衡状态，如图 6-3-7 所示。在该区域内的土体各点，将产生两组相互交成 $90°+\varphi$ 角的剪破面。这时铅直方向的压力(土重)$\sigma_z = \gamma z$ 成了小主应力 σ_3。所以是在 σ_3 不变，而在加大 σ_1 的条件下使土剪破的。即被动土压力 σ_p 相当于大主应力 σ_1。按式(5-1-7)，考虑当 $c=0$ 时可得

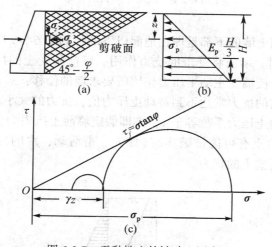

图 6-3-7　无黏性土的被动土压力

$$\sigma_p = \sigma_z K_p = \gamma z \cdot K_p \tag{6-3-14}$$

式中：K_p——被动土压力系数，无因次，$K_p = \tan^2\left(45°+\dfrac{\varphi}{2}\right)$。

被动土压力仍为三角形分布。总土压力为

$$E_p = \frac{1}{2}\gamma H^2 K_p \tag{6-3-15}$$

其作用点在墙底以上 $\dfrac{H}{3}$ 处，作用方向水平。

2. 黏性土

按式(5-1-7)，当 $c>0$(黏性土)时，可得

$$\sigma_p = \sigma_z K_p + 2c\sqrt{K_p} = \gamma z \times K_p + 2c\sqrt{K_p} \tag{6-3-16}$$

总被动土压力为

$$E_p = \frac{1}{2}\gamma H^2 K_p + 2cH\sqrt{K_p} \tag{6-3-17}$$

由上式可见，被动土压力也由两部分组成，把它们叠加起来即呈梯形分布，如图 6-3-8 所示。

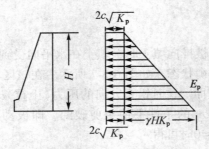

图 6-3-8　被动土压力的分布

　　在实际工程中，挡土墙的下部是埋在地面以下的，如图 6-3-9 所示，当墙背受土的推力(主动土压力)作用时，墙前将受土的抗力作用。墙前所受土的抗力大小，要看墙的向前位移多少而定。由于使墙受主动土压力作用所要求墙的位移，远比使墙受到被动土压力所需的小。所以，墙前的抗力常达不到被动土压力值，抗力的大小就难以确定。实际工程中常假定作用于墙前的土压力系数等于 1，亦即假定墙前土抗力为土重与墙埋入土下深度的乘积。但如果墙前的土有可能被破坏时(如人、畜活动，水的冲淘、冻胀和干裂等)，则为安全计，常忽略墙前土的抗力。

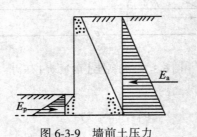

图 6-3-9　墙前土压力

6.4　库仑土压力理论

　　早在 1776 年，法国工程师库仑(Coulomb，C. A.)就根据城堡中挡土墙设计的经验，研究在挡土墙背后土体滑动楔块上的静力平衡，从而提出了一种土压力计算理论。由于概念简明，且在一定条件下较符合实际，故这一古典土力学理论也沿用至今。

6.4.1 主动土压力

库仑理论假定挡土墙是刚性的，墙背填土是无黏性土。当墙背受土推力前移达到某个数值时，部分土体有沿着某一滑动面发生整体滑动的趋势，以致达到主动极限平衡状态，如图 6-4-1 所示。这时，墙背上所受的是主动土压力。

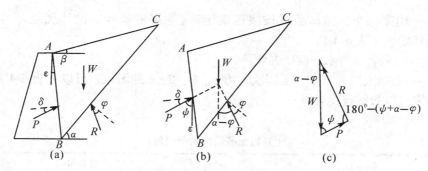

图 6-4-1 库仑主动土压力

除此以外，库仑理论在分析主动土压力时，还有三个基本假定：

(1)挡土墙受土推力前移，使三角形土楔 ABC 沿着墙背 AB 和滑动面 BC 下滑；

(2)滑动面 BC 是一个平面(垂直于纸面)；

(3)土楔 ABC 整个处于极限平衡状态。墙对土楔的反力 P 与墙身法线成 δ 角而向上作用。但不考虑楔体本身的变形。

取土楔 ABC 为脱离体，土楔在下述三个力的作用下达到静力平衡。其一是墙对土楔的反力 P，其作用方向与墙背面的法线呈 δ 角(δ 角为墙与土之间的外摩擦角，称为墙摩擦角)；其二是滑动面 BC 上的反力 R，其方向与 BC 面的法线呈 φ 角(φ 为土的内摩擦角)；其三是土楔 ABC 的重力 W，重力的大小和方向均为已知。因土的重度 γ 及墙背倾角 ε、填土表面与水平面夹角 β 都已给定，所以，只要假设滑动面与水平面的夹角为 α，便可以根据 W、P、R 三力构成力的平衡三角形(见图 6-4-1(c))。利用正弦定理，得

$$\frac{P}{\sin(\alpha-\varphi)}=\frac{W}{\sin[180°-(\psi+\alpha-\varphi)]}$$

所以

$$P=\frac{W\sin(\alpha-\varphi)}{\sin(\psi+\alpha-\varphi)} \tag{6-4-1}$$

其中

$$\psi=90°-(\delta+\varepsilon)$$

假定不同的 α 角可以画出不同的滑动面，就可以得出不同的 P 值。但是，计算的最终目的是为了寻求最不利的滑动面位置，故只有相应于某个特定 α 值的最危险的假设滑动面，才能产生最大的 P 值。而与其大小相等、方向相反的力，即为作用于墙背的主动土压力，以 E_a 表示。

由于 P 是 α 的函数，按 $\dfrac{\mathrm{d}P}{\mathrm{d}\alpha}=0$ 的条件，用数值解法可以求出 P 为最大值时的 α 角。然后代入式(6-4-1)求得主动土压力为

$$E_a = \frac{1}{2}\gamma H^2 \frac{\cos^2(\varphi-\varepsilon)}{\cos^2\varepsilon\cos(\varepsilon+\delta)\left[1+\sqrt{\dfrac{\sin(\varphi+\delta)\sin(\varphi-\beta)}{\cos(\delta+\varepsilon)\cos(\varepsilon-\beta)}}\right]^2} = \frac{1}{2}\gamma H^2 K_a \qquad (6\text{-}4\text{-}2)$$

式中：γ、φ——分别为填土的重度与内摩擦角；

ε——墙背与铅直线的夹角。以铅直线为准，顺时针为负，称仰斜；逆时针为正，称俯斜；

δ——墙摩擦角，由试验或按规范确定。《建筑地基基础设计规范》(GB50007—2011)中的规定列于表6-4-1；

β——填土表面与水平面所夹坡角；

K_a——主动土压力系数，无因次，为 φ、ε、β、δ 的函数。可以从表6-4-2查得(更详细的 K_a 表可以参阅有关著作)。

表 6-4-1 土对挡土墙墙背的摩擦角 δ

挡土墙情况	摩擦角 δ
墙背平滑，排水不良	$(0\sim0.33)\varphi_k$
墙背粗糙，排水良好	$(0.33\sim0.50)\varphi_k$
墙背很粗糙，排水良好	$(0.50\sim0.67)\varphi_k$
墙背与填土间不可能滑动	$(0.67\sim1.00)\varphi_k$

注：φ_k 为墙背填土的内摩擦角标准值。

必须注意，库仑理论是从分析土楔的平衡条件出发，其所得 E_a 是作用在墙背上的总土压力。但由式(6-4-2)可知，E_a 的大小与墙高的平方成正比，所以土压力强度是按三角形分布的。E_a 的作用点距墙底为墙高的 $\dfrac{1}{3}$。按库仑理论得出的土压力 E_a 分布如图6-4-2所示。土压力的方向与水平面交成 $(\varepsilon+\delta)$ 角。深度 z 处的土压力强度为

$$\sigma_{az} = \frac{dE_a}{dz} = \frac{d}{dz}\left(\frac{1}{2}\gamma z^2 K_a\right) = \gamma z K_a \qquad (6\text{-}4\text{-}3)$$

还应注意，上式是 E_a 对铅直深度 z 微分得来的，σ_{az} 只能代表作用在墙背的铅直投影高度上的某一点的土压力强度。

【例 6-4-1】 如图6-4-3所示，有一高5m，墙背倾角+10°的重力式挡土墙。回填砂土并填成水平，其重度 $\gamma=18\text{kN/m}^3$，$\varphi=35°$，δ 取20°。试计算墙背铅直投影面上的主动土压力。

【解】 按所给 ε、δ、φ 及 β 查表6-4-2，得 $K_a=0.322$。

墙底处土压力强度 $\sigma_a=\gamma H K_a=18\times5.0\times0.322=29\text{kPa}$。

总土压力

$$E_a = \frac{1}{2}\gamma H^2 K_a = \frac{1}{2}\times18\times5.0^2\times0.322 = 72.5\text{kN/m}。$$

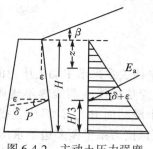

图 6-4-2 主动土压力强度

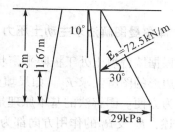

图 6-4-3

土压力作用方向与水平面交成 $\varepsilon+\delta$ 角。

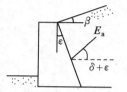

表 6-4-2   俯斜墙背的库仑主动
                   土压力系数 K_a 值

ε	β ＼ φ	20°	25°	30°	35°	40°	45°
				$\delta=15°$			
0°	0°	0.434	0.363	0.301	0.248	0.201	0.160
	10°	0.522	0.423	0.343	0.277	0.222	0.174
	20°	0.914	0.546	0.415	0.323	0.251	0.194
	30°		0.777	0.422	0.305	0.225	
10°	0°	0.511	0.411	0.378	0.323	0.273	0.228
	10°	0.623	0.526	0.473	0.366	0.305	0.252
	20°	1.103	0.679	0.535	0.432	0.351	0.284
	30°		1.005	0.571	0.430	0.334	
20°	0°	0.611	0.540	0.476	0.419	0.366	0.317
	10°	0.757	0.649	0.560	0.484	0.416	0.357
	20°	1.383	0.862	0.697	0.579	0.486	0.408
	30°		1.341	0.778	0.606	0.487	
				$\delta=20°$			
0°	0°		0.357	0.297	0.245	0.199	0.160
	10°		0.419	0.340	0.275	0.220	0.174
	20°		0.547	0.414	0.322	0.251	0.193
	30°		0.798	0.425	0.306	0.225	
10°	0°		0.438	0.377	0.322	0.273	0.229
	10°		0.521	0.438	0.367	0.306	0.254
	20°		0.690	0.540	0.436	0.354	0.286
	30°		1.051	0.582	0.437	0.338	
20°	0°		0.543	0.479	0.422	0.370	0.321
	10°		0.659	0.568	0.490	0.423	0.363
	20°		0.891	0.715	0.592	0.496	0.417
	30°		1.434	0.807	0.624	0.501	

6.4.2 库尔曼图解法求主动土压力

上节是根据墙背填土处于极限平衡状态的力系平衡关系来求主动土压力的。此外，也可以用力多边形的图解法求 E_a。如果填土表面或墙背是折线或曲线等不规则形状时，应用图解法更为方便。图解法的基本原理是：假定一个滑动面 BC，计算出土楔 ABC 的重量 W_i，且如前述，P_i 及 R_i 的作用方向都为已知，故可以按力系平衡多边形求出 E_a 值。然后再假设几个滑动面，用同样方法计算出相应的 P 值，各 P 值中最大的一个值，即为所要求的主动土压力。如图 6-4-4 所示。

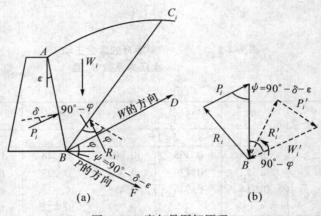

图 6-4-4　库尔曼图解原理

库尔曼(C. Culmann，1875)，把上述试算方法加以改进，使得图解法在实际工程计算中得到广泛运用。

库尔曼图解法的步骤如下(如图 6-4-5 所示)：

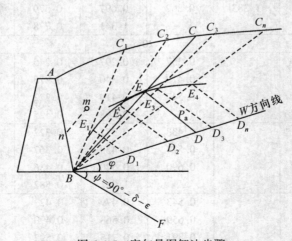

图 6-4-5　库尔曼图解法步骤

（1）从 B 点作直线 BD 与水平线成 φ 角，作为 W 的方向线，相当于把力三角形顺时针方向转动 $90°-\varphi$ 角（见图 6-4-4(b)）。

（2）过 B 点作 BF 线，与 W 方向线交成 $90°-\delta-\varepsilon$ 角即 ψ 角，作为 P 的方向线，即与 P'_i 平行的直线。

（3）假定 BC_1，BC_2，…，BC_n 多个试算滑动面，分别计算出所围出的各土楔的重量 W_1，W_2，…，W_n，按一定比例画在 BD 线上，即取 $BD_1=W_1$，$BD_2=W_2$，…，$BD_n=W_n$（见图6-4-5）。

（4）过 D_1，D_2，…，D_n，作线与 BF 平行，分别交 BC_1，BC_2，…，BC_n 于 E_1，E_2，…，E_n 各点。$\triangle BD_1E_1$，$\triangle BD_2E_2$，…，$\triangle BD_nE_n$ 都是闭合的力矢三角形。所以 D_1E_1，D_2E_2，…，D_nE_n 就是相应于各试算滑动面的土压力 P_1，P_2，…，P_n。

（5）把 E_1，E_2，…，E_n 连成曲线，并作切线与 W 方向线平行，得切点 E。连 $ED /\!/ BF$，故 ED 为 P 的最大值，其大小值即主动土压力 E_a。

（6）连接 BE 线，延长交填土面于 C 点，则 BC 线即是所要求的滑动面。

（7）求出该不规则土楔 ABC 的形心 m。过 m 点作直线 mn 与 BC 平行。与墙背 AB 相交于 n 点。即可以近似作为主动土压力 E_a 的作用点。

6.4.3　黏性土的主动土压力图解法

库仑土压力理论是根据无黏性土推导的。但也可以合理地推广引用到黏性土的情况。即把黏性土的黏聚力也作为外力的组成部分，而纳入力矢多边形，用图解法来求出黏性土的主动土压力 E_a。

由图 6-4-6 可见，若假设滑动面为 BCD，作用在滑动土楔上的各外力有：

（1）土楔的重量 W（包括 $AEBCD$ 在内）。

（2）作用于墙背与土楔之间的总黏着力 C_w，黏着力发生作用的长度应扣除产生拉力裂缝深度 z_0 的相应部分（即图 6-4-6(a) 中的 AE 长度）。故 $C'_w=c_w\overline{EB}$。c_w 为挡土墙与土之间的单位黏着力。

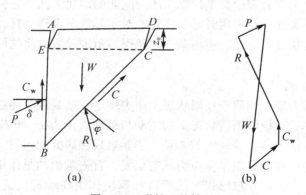

(a)　　　　　　　　　(b)

图 6-4-6　黏性土的情况

（3）不滑动土体对滑动面的反力 R，R 与滑动面的法线成 φ 角而向上作用。

（4）作用于滑动面上的总黏聚力 C，其作用的长度也应扣除产生拉力裂缝 z_0 的长度。

故 $C = c \cdot \overline{BC}$。$c$ 为滑动面上的单位黏聚力。

上述这四个外力的方向均为已知。且外力 W、C_w 与 C 的大小也可以计算出。于是便可以作出力系多边形(见图 6-4-6(b))以求得 P 值。

假设对多个(3~5 个)滑动面，重复上述程序，便可以得到 P 的最大值，即土压力值 E_a。

6.4.4　被动土压力

当墙身受外力作用被推向填土，使填土达到被动的极限平衡状态时，土楔将沿着某一个滑动面向上滑动。这时，土楔对于墙身移动的阻力，就是土楔施加于墙身的被动土压力。因此，过去也有学者仿照主动土压力的计算方法，用库仑理论计算被动土压力。但这样做会造成很大的误差。因为在计算被动土压力时，库仑理论也假定滑动面是一个平面，而实际的滑动面为曲面。相关研究成果指出，两者相差颇大，如图 6-4-7 所示，一些资料指出，当假定滑动面为平面时，算得的 E_p 值偏大很多。例如，当填土的内摩擦角 $\varphi = 16°$时，误差为 17%；当 $\varphi = 30°$时，误差为 2 倍；当 $\varphi = 40°$时，误差可达 7 倍。此外，当墙摩擦角 δ 愈大时，其误差也愈大。因此，另有假设滑动面为曲面的几种计算理论。

图 6-4-7　理论与实测滑动面对比

6.4.5　朗肯理论与库仑理论的比较

朗肯和库仑两种土压力理论都是计算土压力问题的简化方法，它们各有不同的基本假定、分析方法与适用条件，在应用时必须注意针对实际情况合理选择，否则将会造成不同程度的误差。本节将从分析方法、应用条件以及误差范围等方面将这两种土压力理论作一简单比较。

1. 分析方法的异同

郎肯与库仑土压力理论均属于极限状态土压力理论。就是说，用这两种理论计算出的土压力都是墙后土体处于极限平衡状态下的主动与被动土压力 E_a 和 E_p，这是它们的相同点。但两者在分析方法上存在着较大的差别，主要表现在研究的出发点和途径的不同。朗肯理论是从研究土中一点的极限平衡应力状态出发，首先求出的是作用在土中竖直面上的土压力强度 σ_a 或 σ_p，及其分布形式，然后再计算出作用在墙背上的总土压力 E_a 或 E_p，因而朗肯理论属于极限应力法。库仑理论则是根据墙背和滑动面之间的土楔整体处于极限平衡状态，用静力平衡条件，先求出作用在墙背上的总土压力 E_a 或 E_p，需要时再计算出土压力强度 σ_a 或 σ_p 及其分布形式，因而库仑理论属于滑动楔体法。

在上述两种研究途径中，朗肯理论在理论上比较严密，但只能得到如本章所介绍的理想简单边界条件下的解答,在应用上受到限制。库仑理论显然是一种简化理论,但由于其能适用于较为复杂的各种实际边界条件,且在一定范围内能得出比较满意的结果,因而应用更广泛。

2. 适用范围

1)朗肯理论的应用范围

(1)墙背与填土面条件。综合前面所述可知,对于坦墙,只有当墙背条件不妨碍第二滑动面形成时,才能出现朗肯状态,因而才能采用朗肯公式。故朗肯公式可用于图 6-4-8 所示的如下四种情况:

①墙背垂直、光滑、墙后填土面水平,即 $\alpha=0$,$\delta=0$,$\beta=0$(图 6-4-8(a));

②墙背垂直,填土面为倾斜平面,即 $\alpha=0$,$\beta\neq0$,但 $\beta<\varphi$ 且 $\delta>\beta$(图 6-4-8(b));

③坦墙,$\alpha>\alpha_{cr}$,计算面如图 6-4-8(c)所示;

④L 形钢筋混凝土挡土坦墙,计算面如图 6-4-8(d)所示。

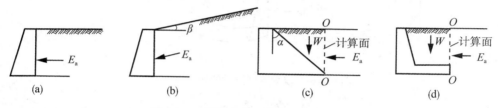

图 6-4-8 用朗肯公式求解的适用范围

(2)土质条件。无黏性土与黏性土均可用。除情况②且填土为黏性土外,其他情况均有公式直接求解。

2)库仑理论的应用范围

(1)墙背与填土面条件:

①可用于包括朗肯条件在内的各种倾斜墙背的陡墙($\alpha<\alpha_{cr}$),填土面不限(图 6-4-9(a)),即 α、β、δ 可以不为零,但也可以等于零,故较朗肯公式应用范围更广。

②坦墙,填土形式不限,计算面为第二滑动面如图 6-4-9(b)所示。

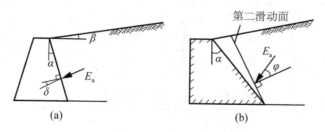

图 6-4-9 用库仑公式求解的适用范围

(2)土质条件。数解法一般只用于无黏性土,黏性土的数解法表达式复杂。图解法则对于无黏性土或黏性土均可方便应用。

3. 计算误差

如前所述，朗肯理论假设竖直的墙背完全光滑($\delta = 0°$)；库仑理论假设滑动面为过墙踵的平面，这与挡土墙及墙后土体的实际情况都有差别，因此计算结果都有一定的误差。比较严格的挡土墙土压力解，可以按极限平衡理论，考虑墙背与填土之间的摩擦角δ，土体内的滑动面是由一段平面和一段对数螺旋线曲面所组成的复合滑动面，如图 6-4-10 所示。苏联学者索科洛夫斯基(СоколовскийВВ，1960)用极限平衡理论对水平填土面的挡土墙，求出理论解的主动土压力系数K_a和被动土压力系数K_p，见表 6-4-3，可供计算时查用。以下分别将朗肯理论与库仑理论与极限平衡理论解相对比，从而说明这两种古典土压力理论可能引起多大的误差。

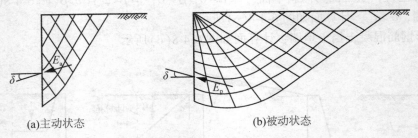

(a)主动状态   (b)被动状态

图 6-4-10　墙背有摩擦时的曲面滑动面

表 6-4-3 索科洛夫斯基解的主动与被动土压力系数值

φ	δ	$\alpha = 0°$		$\alpha = 10°$		$\alpha = 20°$	
		K_a	K_p	K_a	K_p	K_a	K_p
10°	0°	0.70	1.42	0.72	1.31	0.73	1.18
	5°	0.67	1.56	0.70	1.43	0.70	1.29
	10°	0.65	1.66	0.68	1.52	0.70	1.35
20°	0°	0.49	2.04	0.54	1.77	0.58	1.51
	10°	0.45	2.55	0.50	2.19	0.54	1.83
	20°	0.44	3.04	0.50	2.57	0.54	2.13
30°	0°	0.33	3.00	0.40	2.39	0.46	1.90
	15°	0.30	4.62	0.37	3.62	0.43	2.79
	30°	0.31	6.55	0.38	5.03	0.45	3.80
40°	0°	0.22	4.60	0.29	3.37	0.35	2.50
	20°	0.20	9.69	0.27	6.77	0.34	4.70
	40°	0.22	18.2	0.29	12.3	0.38	8.23

1) 朗肯理论

当填土面与水平面夹角$\beta = 0°$，墙背倾角$\alpha = 0°$时，朗肯土压力理论计算的主动和被动土压力系数与极限平衡理论解的比较见表 6-4-4。

表 6-4-4　　　　　　　　　朗肯土压力系数与极限平衡理论解土压力系数的比较

计算方法 \ 土压力系数	φ	10°			20°			30°			40°		
	δ	0	5°	10°	0°	10°	20°	0	15°	30°	0	20°	40°
极限平衡理论解	K_a	0.70	0.67	0.65	0.49	0.45	0.44	0.33	0.30	0.31	0.22	0.20	0.22
	K_p	1.42	1.56	1.66	2.04	2.55	3.04	3.00	4.62	6.55	4.60	9.69	18.2
朗肯理论	K_a	0.704			0.490			0.333			0.217		
	K_p	1.420			2.04			3.00			4.60		

可见这时如果墙背完全光滑($\delta = 0°$)，实际上朗肯理论解就是极限平衡理论解，图 6-4-10(a)中的滑动面也就是与水平面夹角为 $45° + \varphi/2$ 的平面。但是实际上墙背不可能，也不应当做成完全光滑的，所以与实际情况相比，朗肯理论计算存在误差。

表中数据表明，对于主动土压力，朗肯理论的系数偏大，但差别不大。对于被动土压力，忽略墙背与填土的摩擦作用，会带来相当大的误差。特别是当 δ 和 φ 都比较大时，严格的理论解比朗肯的被动土压力系数可以大 2~3 倍以上。并且当 $\delta \neq 0°$ 时，朗肯理论计算的主动与被动土压力的方向也不同。

2）库仑理论

库仑理论考虑了墙背与填土的摩擦作用，但却把土体中的滑动面假定为平面，与实际情况和极限平衡理论解不符。这种平面滑动面的假定使得滑动楔体平衡时所必须满足的力系对任一点的力矩之和等于零($\sum M = 0$)的条件不一定能满足，这是用库仑理论计算土压力，特别是被动土压力存在很大误差的重要原因。对主动土压力而言，最容易滑动的面就是产生土压力最大的真正滑动面，它不一定是平面，这时沿平面滑动比沿理论复合面滑动困难，因而算得的主动土压力并不是最大的。相反的，对于被动土压力最容易滑动的面就是能够承受推力最小的真正滑动面，它同样不一定是平面，如假定平面滑动，使阻力增加，推力加大，所以库仑理论计算的被动土压力偏高。表 6-4-5 列举当 $\beta = 0$，$\alpha = 0$，在常用的 δ 和 φ 下，极限平衡理论解和库仑理论得到的主动土压力系数 K_a 和被动土压力系数 K_p 的对比。表中数据表明，对于主动土压力，这两种理论计算结果差别很小，对于被动土压力，当 δ 和 φ 较小时，两者的差别也在工程计算所允许的范围内，但是当 δ 和 φ 值都较大时，两种方法的差别很大，由于被动土压力在设计中常被当成抗力，计算过大的抗力是不安全的，这时库仑理论就不宜应用。

综前所述，对于计算主动土压力，各种理论计算的差别都不大。朗肯土压力公式简单，且能建立起土体处于极限平衡状态时理论滑动面的形式。这对于分析许多土体破坏问题，如板桩墙的受力状态，地基的滑动区等都很有用，所以受到工程人员的欢迎，不过在具体使用中，要注意边界条件是否符合朗肯理论的规定，以免得到错误的结果。库仑理论可适用于比较广泛的边界条件，包括各种墙背倾角、填土面倾角和墙背与土的摩擦角等，在工程中应用更广。至于被动土压力的计算，当 δ 和 φ 较小时，这两种古典土压力理论尚可应用;而当 δ 和 φ 较大时,误差都很大,并且伴随着较大位移,所以都不宜无条件采用。

表 6-4-5   库仑土压力系数与极限平衡理论解土压力系数的比较

计算方法 \ 土压力系数 \ φ \ δ		10°			20°			30°			40°		
		0	5°	10°	0°	10°	20°	0	15°	30°	0	20°	40°
极限平衡理论解	K_a	0.70	0.67	0.65	0.49	0.45	0.44	0.33	0.30	0.31	0.22	0.20	0.22
	K_p	1.42	1.56	1.66	2.04	2.55	3.04	3.00	4.62	6.55	4.60	9.69	18.2
库仑理论	K_a	0.70	0.66	0.64	0.49	0.45	0.43	0.33	0.30	0.30	0.22	0.20	0.21
	K_p	1.42	1.57	1.73	2.04	2.63	3.52	3.00	4.98	10.09	4.60	11.77	92.6

6.5 影响土压力计算值的因素及减小主动土压力的措施

6.5.1 影响土压力计算值的因素

根据库仑理论,可以进一步分析下列一些因素对土压力计算值的影响。

1. 墙背的影响

(1)墙背粗糙程度的影响。

墙背粗糙时,墙背与填土之间的摩擦力是通过墙摩擦角 δ 来反映的。当其他条件相同时,δ 愈大,主动土压力愈小,而被动土压力愈大。从库仑土压力理论可知,δ 的变化范围在 0° 到 φ 之间,而 δ 值最好是通过试验确定。δ 值受到墙背与填土的接触特性和墙背应力状态等因素的影响。在实际计算工作中,大多按经验选用 δ 值。

(2)墙背倾斜程度的影响。

按照库仑理论假定,当墙体移动至墙后土楔破坏时,有两个滑裂面产生。一个是墙背,另一个是土中某一平面。这种假定在 $\delta \ll \varphi$ 时无疑是比较合理的,但是当墙背粗糙度较大,$\delta \approx \varphi$ 时,就可能出现两种情况:一种情况是墙背较陡,即倾角 ε 较小,则上述假定仍可成立;另一种情况是,如果墙背较平缓,即 ε 较大,则墙后土体破坏时滑动土楔可能不再沿墙背 AB 滑动,而是沿如图 6-5-1 所示的 BC 和 BD 面滑动,两个滑裂面均发生在填土内。此时,称 BD 面为第一滑裂面,BC 面为第二滑裂面。实际工程中常把出现第二滑裂面的挡土墙定义为坦墙。在这种情况下,滑动土楔 BCD 仍处于极限平衡状态,但位于第二滑裂面与墙背之间的土体 ABC 尚未达到极限平衡状态,该土体将贴附于墙背 AB 上与墙一起移动,故可以将其视为墙体的一部分。显然,对于坦墙,库仑公式不能用来直接求出作用在墙背 AB 上的土压力,但却可以求出作用于第二滑裂面 BC 上的土压力 $E_a{}'$。但应注意的是,由于破裂面 BC 也存在于土中,是土与土之间的摩擦,因此,$E_a{}'$ 与 BC 面法线的夹角应是 φ 而不是 δ。这样,作用在墙背 AB 上的土压力,应

该是 E_a' 与 $\triangle ABC$ 的土重的合力。

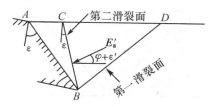

图 6-5-1　坦墙与第二滑裂面

通常，当挡土墙墙背的倾角 ε 超过 $20° \sim 25°$ 时，即应考虑有无可能产生第二滑裂面。在计算主动土压力时，判断是否出现第二滑裂面，可以用临界角 ε_{cr} 作为标准：当 $\varepsilon > \varepsilon_{cr}$ 时，认为将产生第二滑裂面，应按坦墙进行土压力计算。ε_{cr} 可以用下式计算：

$$\varepsilon_{cr} = 45° - \frac{\varphi}{2} + \frac{\beta}{2} - \frac{1}{2}\sin^{-1}\frac{\sin\beta}{\sin\varphi} \qquad (6\text{-}5\text{-}1)$$

当填土面水平时，即 $\beta = 0$，则

$$\varepsilon_{cr} = 45° - \frac{\varphi}{2} \qquad (6\text{-}5\text{-}2)$$

由式(6-5-2)可知，墙后滑动土楔将以过墙踵 B 点的竖直面 BE 为对称面下滑，两个滑裂面 BD 和 BC 与 BE 的夹角均为 $45° - \dfrac{\varphi}{2}$（如图 6-5-2 所示），从而两个滑裂面位置均已知，可以根据库仑理论计算出作用在第二滑裂面 BC 上的土压力 E_a' 的大小和方向，然后计算出 E_a' 与 $\triangle ABC$ 土重的合力即为作用于墙背 AB 上的土压力，也可以根据朗肯理论来计算：由于滑动土楔体 BCD 以垂直面 BE 为对称面，故 BE 面可以视为无剪应力的光滑面，从而符合朗肯理论的竖直光滑墙背条件。这样可以根据朗肯理论求出作用于 BE 面上的土压力 E_a'，然后求出 E_a' 和直角三角形 ABE 的重力的合力，即可得出墙背 AB 上的土压力。

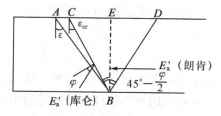

图 6-5-2　坦墙的土压力计算

对于实际工程中经常采用的一种 L 形钢筋混凝土挡墙，如图 6-5-3 所示，当墙底板足够宽，使得由墙顶 D 与墙踵 B 的连线形成的夹角 ε' 大于 ε_{cr} 时，作用在这种挡土墙上的土压力也可以根据上述方法进行计算。通常可以用朗肯理论求出作用在经过墙踵 B 点的竖直面 AB 上的土压力 E_a。在对其进行稳定分析时，底板以上 $DCEA$ 范围内的土重 W，可以

作为墙身重量的一部分来考虑。

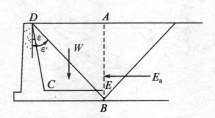

图 6-5-3　L 形挡土墙土压力计算

2. 填土条件的影响

1) 填土的性质指标

土压力计算值可靠与否，不仅取决于计算理论和方法的准确性，而且还要看计算中采用的土的性质指标是否符合实际情况。计算用的土的性质指标一般包括土的重度 γ、土的强度指标 c、φ 以及墙与土的摩擦角 δ。在土压力计算中采用上述指标时，应尽量通过试验确定。当无试验资料时，也可以参考一些经验值。对 γ、c、φ 等指标的选用，要遵循以下规定：

（1）无黏性土。若填土为砂、砾等无黏性土，其重度为 $\gamma = 17.0 \sim 19.0 \mathrm{kN/m^3}$，可以进行实测。其内摩擦角 φ，一般比较稳定，可以用三轴排水剪试验值 φ_d 或直剪试验的慢剪值 φ_s。

（2）黏性土。黏性土的重度应根据填筑时的含水率实测，其范围为 $\gamma = 17.0 \sim 19.0 \mathrm{kN/m^3}$。黏性土强度 c、φ 值的选择，要比无黏性土复杂，这是由于当墙后用黏性土回填时，填土的自重和超载的作用，将在填土中引起超静孔隙水压力，如果能比较准确地确定孔隙水压力值，则采用有效应力强度指标 c'、φ' 进行土压力计算是合理的。但在实际工程中要做到这一点往往比较困难，因此根据实践经验，对高度 5m 左右的一般挡土墙，设计中可以采用三轴固结不排水剪的总应力强度指标 c_{cu}、φ_{cu}，或直剪试验的固结快剪指标 φ_{cq}、c_{cq}。对一些高度较大，填筑速度较快的重要挡土墙，则宜用三轴不排水剪指标 φ_u、c_u。

2) 填土材料的选择

挡土墙后填土的质量，对土压力大小有很大的影响，在设计回填料时，应尽量考虑减小土压力。良好的回填料应具有较高的长期强度和较好的透水性。一般说来，粒状材料是一种最好的回填料，因为这类填料除了具有较高的 φ 值外，还能长期保持着稳定应力状态，而且透水性也很好。黏性土则具有蠕变趋势，而且透水性很低；蠕变趋势能使主动土压力向静止状态发展，从而引起侧向压力随时间而增加。因此，墙后填土宜选择透水性较强的无黏性土；若填土采用黏性土料时，宜掺入适量的块石。一定要避免用成块的硬黏土作填料，因为这种土浸湿后，将产生很大的膨胀力。在季节性冻土地区，墙后填土应选用非冻胀性填料，如炉渣、碎石、粗砾等。

6.5.2 减小主动土压力的措施

土压力是作用在挡土墙上的主要荷载，减小了作用于挡土墙上的主动土压力，就能减小墙身的设计断面，或改变墙的型式，从而减少工程造价，并使挡土结构的强度与稳定性更有保证。

为了减小主动土压力，有下列多种措施，可以结合具体工程情况选用。

1. 墙背填料的选择

从朗肯公式或库仑公式中都能看出，主动土压力的大小，随着填土的重度 γ 及土的内摩擦角 φ 而变化。γ 愈大或 φ 愈小，主动土压力就愈大。所以，宜选用 γ 小、φ 大（浸水无明显降低）的轻质填料，有条件时，可以用煤渣、粉煤灰等轻质填料。而 φ 值大的填料，如粗砂、砾、石块等，能使主动土压力显著降低，并且这些粗料的内摩擦角受浸水的影响很小。

黏性土的内摩擦角较小，且其粘聚力还会因浸水而有不同程度的降低。这说明黏土的性质是不稳定的，因此在有些设计中为了安全而不考虑黏聚力作用。但是，如果有施工措施保证填土的压实符合规定的要求，则应计入黏聚力作用。此外，黏土有吸水膨胀性和冻胀性，会产生侧向膨胀压力，对挡土墙的稳定性不利，因此，采用黏性土做墙后填料时，更需做好排水措施。

此外，土的强度特性，通常会随密度的增加而得到改善，因此填土时应注意填筑质量，对填土应分层压密。

2. 挡土墙截面形状的选择

根据库仑公式，对于墙背不同倾斜方向的挡土墙，其主动土压力以仰斜墙最小，直立居中，俯斜最大。因此，就墙背所受的主动土压力而言，仰斜墙背较为合理，但具体到采用何种倾斜型式的墙背还应根据使用要求、地形和施工等情况综合考虑确定。

此外，还可以通过改变墙的几何形状以及采用新型墙体形式来减小主动土压力。例如把直线墙背改为中部凸出的折线形墙背将有利于减小土压力，还可以采用如图 6-5-4 所示的卸荷平台。卸荷平台一般设置在墙背中部，此时，平台以上 H_1 高度内，可按朗肯理论计算作用在 AB 面上的土压力，其分布如图 6-5-4(b) 所示。图 6-5-4 中平台以上土重 W_1 由

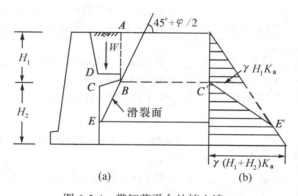

(a)　　　　(b)

图 6-5-4　带卸荷平台的挡土墙

卸荷平台 BCD 承担，故平台下 C 点处土压力可视为零，从而起到减小平台下 H_2 段内土压力的作用。平台下 H_2 段内土压力计算，可以按如下方法进行：过平台顶点 B 作一平面，该平面与水平面夹角为 $45° + \dfrac{\varphi}{2}$，即为滑裂面并交墙背于 E 点。一般认为平台减压范围到 E 点为止。E 点以下墙背上的土压力不受卸荷平台的影响，连接图 6-5-4(b)中相应的 C' 和 E'，则图 6-5-4 中阴影部分即为减压后的土压力分布。显然卸荷平台伸出越长，则减压作用越大，以伸到滑动面附近为最好。

6.6　挡土墙稳定性验算及新型挡土结构

6.6.1　挡土墙的类型及适用范围

挡土墙按其结构可以分为多种类型，表 6-6-1 列出了目前国内常用的一些挡土墙型式及其适用范围。

表 6-6-1　　　　　　　　　　　　　挡土墙类型及其适用范围

类型	结构示意图	特点及适用范围
重力式		1. 依靠墙自重承受土压力，保持平衡 2. 一般用浆砌片石砌筑，缺乏石料地区可用混凝土 3. 型式简单，取材容易，施工简便 4. 当地基承载力低时，可在墙底设钢筋混凝土板，以减薄墙身，减少开挖量 适用于低墙，地质情况较好，有石料地区
半重力式		1. 用混凝土浇注，在墙背设少量钢筋 2. 墙趾展宽，或基底设凸榫。以减薄墙身、节省圬工 适用于地基承载力低，缺乏石料地区
悬臂式	立臂　墙趾板　墙踵板	1. 采用钢筋混凝土，由立臂、墙趾板、墙踵板组成，断面尺寸小 2. 墙过高，下部弯矩大，钢筋用量大 适用于石料缺乏，地基承载力低地区，墙高 6m 左右
扶壁式	扶臂　墙面板　墙踵板　墙趾板	1. 由墙面板、墙趾板、墙踵板、扶壁组成 2. 采用钢筋混凝土 适用于石料缺乏地区，挡土墙高于 6m，较悬臂式经济
锚杆式	锚杆　肋柱　挡土板	由肋柱、挡土板、锚杆组成，靠锚杆的拉力维持挡土墙的平衡 适用于挡土墙高大于 12m，为减少开挖量的挖方地区，石料缺乏地区

续表

类型	结 构 示 意 图	特点及适用范围
锚定板式	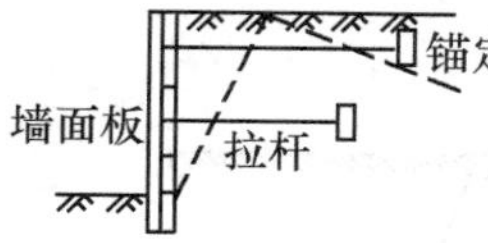 锚定板 墙面板 拉杆	1. 结构特点与锚杆式相似，只是拉杆的端部用锚定板固定于稳定区 2. 填土压实时，钢拉杆易弯，产生次应力 适用于缺乏石料，大型填方工程
加筋土式	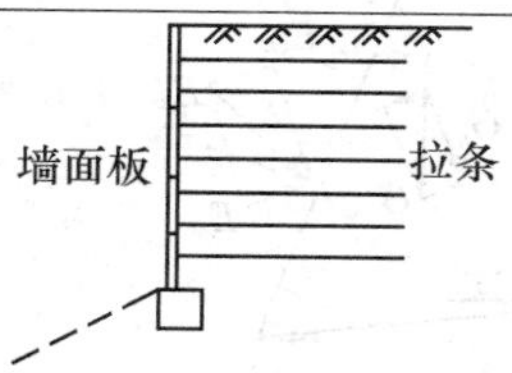 墙面板 拉条	1. 由墙面板、拉条及填土组成、结构简单、施工方便 2. 对地基承载力要求较低 适用于大型填方工程
板桩式	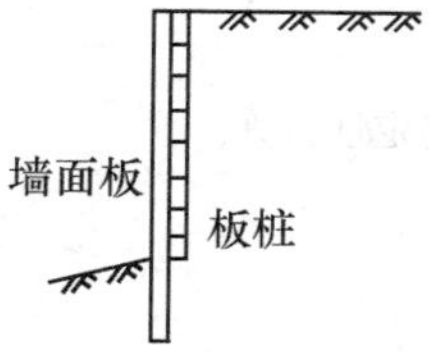 墙面板 板桩	1. 深埋的桩柱间用挡土板拦挡土体 2. 桩可用钢筋混凝土桩、钢板桩、低墙或临时支撑，也可用木板桩 3. 桩上端可自由，也可锚定 适用于土压力大，要求基础深埋，一般挡土墙无法满足的高墙，地基密实
地下连续墙	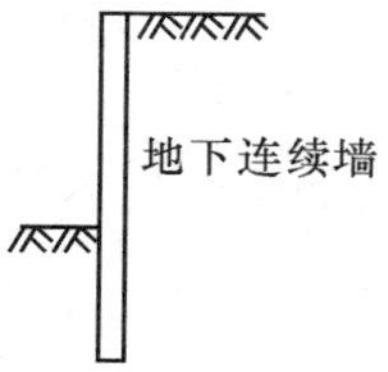 地下连续墙	1. 在地下挖一狭长深槽，槽内充满泥浆，浇注水下钢筋混凝土墙 2. 由地下墙段组成地下连续墙，靠墙自身强度或靠横撑保证体系稳定 适用于大型地下开挖工程，较板桩墙可得到更大的刚度、更大的深度

6.6.2 挡土墙稳定性验算

设计挡土墙时，一般先根据挡土墙所处的条件(工程地质、填土性质、荷载情况以及建筑材料和施工条件等)凭经验初步拟定截面尺寸，然后进行挡土墙验算。若不满足要求，则应改变截面尺寸或采用其他措施。

挡土墙的计算通常包括下列内容：

(1)稳定性验算：包括抗倾覆稳定性和抗滑移稳定性验算，当地基软弱时还要进行地基深层稳定验算；

(2)地基承载力验算；

(3)墙身强度验算。

1. 抗倾覆稳定性验算

图 6-6-1(a)表示一具有倾斜基底的挡土墙，在墙重力和主动土压力作用下可能绕墙趾 O 点向外倾覆，抗倾覆力矩与倾覆力矩之比称为抗倾覆安全系数 K_t，应满足下列要求：

$$K_t = \frac{Gx_0 + E_{az}x_f}{E_{ax}z_f} \geqslant 1.6 \tag{6-6-1}$$

$$E_{ax} = E_a \sin(\alpha - \delta)$$

$$E_{az} = E_a \cos(\alpha - \delta)$$

$$x_f = b - z \cot\alpha$$

$$z_f = z - b \tan\alpha_0$$

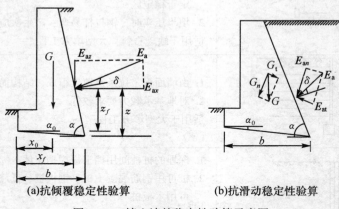

(a)抗倾覆稳定性验算   (b)抗滑动稳定性验算

图 6-6-1 挡土墙的稳定性验算示意图

式中： G ——挡土墙每延米自重，kN/m；

      x_0——挡土墙重心离墙趾的水平距离，m；

      z ——土压力作用点离墙趾的高度，m；

      b ——基底的水平投影宽度，m；

      E_{ax}——主动土压力在水平方向的分量，kN/m；

      E_{az}——主动土压力在垂直方向的分量，kN/m；

      α ——挡土墙墙背与水平面的夹角，度；

      α_0——挡土墙基底的倾角，度；

      δ ——土对挡土墙墙背的摩擦角，由试验确定，也可以按表 6-4-1 选用。

当地基软弱时，在倾覆的同时，墙趾可能陷入土中，因而力矩中心 O 点向内移动，抗倾覆安全系数将会降低，因此运用式(6-6-1)时应注意地基土的压缩性。

2. 抗滑动稳定性验算

在土压力作用下，挡土墙有可能沿基础底面发生滑动(见图 6-6-1(b))。抗滑力与滑动力之比称为抗滑安全系数 K_s，应满足下式要求

$$K_s = \frac{(G_n + P_{an})f}{E_{at} - G_t} \geqslant 1.3 \tag{6-6-2}$$

$$G_n = G \cos\alpha_0$$

$$G_t = G \sin\alpha_0$$

$$E_{at} = E_a \sin(\alpha - \alpha_0 - \delta)$$

$$E_{an} = E_a \cos(\alpha - \alpha_0 - \delta)$$

式中： E_{at}——主动土压力平行于基底面方向的分量，kN/m；

E_{an}——主动土压力在垂直于基底面方向的分量，kN/m；

f——土对挡土墙基底的摩擦系数，由试验确定，也可以按表6-6-2选用。

表 6-6-2   基础与地基的摩擦系数 f

土 的 类 别		摩擦系数
黏性土	可塑	0.25~0.30
	硬塑	0.30~0.35
	坚硬	0.35~0.45
粉土		0.30~0.40
中砂、粗砂、砾砂		0.40~0.50
碎石土		0.40~0.60
软质岩石		0.40~0.60
表面粗糙的硬质岩石		0.65~0.75

注：1. 对易风化的软质岩和塑性指数 I_p 大于 22 的黏性土，基底摩擦系数应通过试验确定；

       2. 对碎石土，可根据其密实程度、填充物状况、风化程度等确定。

6.6.3 新型挡土结构

1. 土钉墙

土钉墙主要由钻孔注浆式土钉、原位土体和喷射混凝土面层组成，如图6-6-2所示。常用的土钉是钻孔注浆钉，以变形钢筋为中心钉体。在成孔困难的松散砂土、软黏土中也可以击入钢管作为钉体然后注浆。土钉依靠与土体之间的界面粘结力或摩擦力，在土体发生变形的条件下被动受力，并主要承受拉力作用。

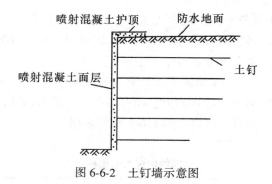

图 6-6-2 土钉墙示意图

土钉墙施工工艺要求土体具有临时自稳能力，以便给出一定的时间制作土钉墙，因而在地下水较发育或边坡土质松散时，不宜采用土钉墙。土钉墙高度宜控制在 20m 以内，墙面坡比宜为 1：0.1~1：0.4，根据地形地质条件，边坡较高时宜设多级墙。多级墙上、下级之间应设置平台，平台宽度不宜小于 2m，每级墙高不宜大于 10m。单级土钉墙墙高宜控制在 12m 以内。土钉的长度应为墙高的 0.4~1.0 倍，间距宜为 0.75~2m，与水平面夹角宜为 5°~20°。喷射混凝土面层厚度不应小于 80mm，一般可以采用 120~200mm，其强度等级不宜低于 C20。土钉墙支护结构设计与计算可参考有关的规范与规程进行。

2. 加筋土挡土墙

加筋土挡土墙由墙面板、基础、拉筋和墙内填土四部分组成，如图 6-6-3 所示。其工作原理是依靠填土与拉筋之间的摩擦力来平衡墙面所受的水平土压力；并以拉筋、填土的复合结构抵抗拉筋尾部填土产生的土压力，从而保证挡土墙的稳定性。

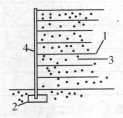

1—加筋材；2—基础；3—填土；4—墙面

图 6-6-3 加筋土挡土墙结构示意图

与重力式挡土墙相比较，加筋土挡土墙构件轻，柔性及抗震性较好，因而墙体可以做得很高，同时这种墙体对地基承载力的要求低，适合于软弱地基上建造。

加筋土挡土墙构造及型式：

(1) 墙面板。主要作用是防止拉筋之间填土从侧向挤出，并保证拉筋、填土、墙面板构成一个具有一定形状的整体。墙面板应具有足够的强度，保证拉筋端部土体的稳定，宜采用钢筋混凝土板。面板形状可采用十字形、矩形等，其最大尺寸不宜大于 1.5m，厚度不宜大于 0.2m，墙面板之间应相互密贴。

(2) 拉筋。拉筋对于加筋土挡土墙至关重要。应具有较高的抗拉强度，有韧性，变形小，有较好的柔性，与填料之间有足够的摩阻力，抗腐蚀，耐久性较好。拉筋材料宜采用钢筋混凝土板条、钢带、复合土工带或土工格栅。

(3) 填料。填料为加筋土挡土墙的主体材料，必须易于堆填和压实，不应对拉筋有腐蚀性。通常填料应采用砂类土、砾石类土、碎石类土等。填料的物理力学指标，应根据现场试验确定，当无试验数据时，可以按表 6-6-3 参照采用。

表 6-6-3　　　　　　　　　　　　　　　填料的物理力学指标

填　料　种　类		综合内摩擦角 φ_0	内摩擦角 φ	重度（kN/m³）
粉土黏土类	墙高 $H \leq 6m$	40°~36°	—	17、18
	墙高 $6m < H \leq 12m$	35°~30°	—	17、18
砂类土		—	35°	17、18

续表

填 料 种 类	综合内摩擦角 φ_0	内摩擦角 φ	重度(kN/m³)
碎石类土	—	40°	18、19
不易风化的块石	—	45°	18、19

注：1. 计算水位以下的填料重度采用浮重度；
　　2. 填料的重度可根据填料性质和压实等情况，作适当修正。

习 题 6

一、思考题

1. 试述三种典型土压力产生的条件。

2. 何谓主动土压力、静止土压力和被动土压力？试举工程实例说明。

3. 朗肯土压力理论和库仑土压力理论各采用了什么假定？分别会带来什么样的误差？

4. 朗肯土压力理论和库仑土压力理论是如何建立土压力计算公式的？这两种理论在什么条件下具有相同的计算结果？

5. 影响土压力大小的主要因素是哪些？它们的变化对挡土墙的稳定性的影响如何？

6. 试比较朗肯土压力理论和库仑土压力理论的优、缺点和存在的问题。

7. 什么是第二滑裂面？在什么条件下产生？

8. 墙与土之间的摩擦角是否影响第二滑裂面的产生？

二、习题

1. 某挡土墙墙高 6m，墙背垂直、光滑，墙后填土表面水平。已知填土的 $\gamma = 20\text{kN/m}^3$，$c = 0$，$\varphi = 28°$，试求静止土压力、主动土压力、被动土压力。

2. 某挡土墙高 10m，墙背倾角 $\varepsilon = 10°$，填土面倾角 $\beta = 15°$，填土的重度 $\gamma = 18\text{kN/m}^3$，$c = 0$，$\varphi = 30°$，填土与墙背的摩擦角 $\delta = 15°$，试用库仑土压力理论和库尔曼图解法求挡土墙上的主动土压力的大小。

3. 某挡土墙墙高 7m(见下图)，墙背垂直、光滑，墙后填土表面水平，作用有连续均布荷载 $q = 10\text{kPa}$，填土的物理力学性质指标如图所示，试计算主动土压力并绘出土压力强度分布图。

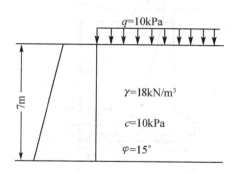

$q = 10\text{kPa}$

7m

$\gamma = 18\text{kN/m}^3$

$c = 10\text{kPa}$

$\varphi = 15°$

4. 一挡土墙高 6m，墙背垂直、光滑、填土表面水平，填土分两层，第一层为砂土，第二层为黏性土，各土层的物理力学性质指标见下图，试求主动土压力，并绘出土压力沿墙高的分布图。

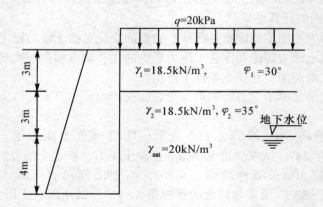

5. 一挡土墙，墙背垂直且光滑，墙高 10m，墙后填土表面水平，其上作用着连续均布荷载 $q=20$kPa，填土由两层无黏性土组成，土的性质指标及地下水位见下图，试求作用于挡土墙上的总推力，并绘出土压力分布图。

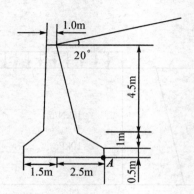

6. 一挡土墙的各部分尺寸如下图所示。填土面倾角 $\beta=20°$，重度 $\gamma=18.0$kN/m³，$\varphi=30°$，$c=0$，试计算作用于墙踵 A 处的垂直截面上的主动土压力。

7. 某挡土墙高 5m，墙背垂直、光滑、墙底为逆坡，坡角 $\alpha_0 = 12°$，挡土墙顶宽 0.5m，底宽 2.0m。填土的内摩擦角为 $\varphi = 10°$，重度 $\gamma = 16kN/m^3$，$c = 10kPa$，墙体材料重度为24kN/m³，基底摩擦系数为 0.4，试验算该挡土墙的稳定性。

第 7 章　地基稳定性

　　建筑物荷载通过基础作用于地基上，对于地基就有两个方面的问题需要考虑：一方面是因地基土的变形而引起的建筑物基础沉降和沉降差。如果沉降或沉降差过大，超过了建筑物的允许范围，则可能导致上部结构开裂、倾斜甚至破坏；另一方面是如果荷载过大，超过地基的承载能力，将使地基产生剪切破坏，从而导致建筑物倒塌。因此，在进行地基基础设计时，地基必须满足以下条件：(1) 建筑物基础的沉降或沉降差必须在该建筑物所允许的范围之内(变形要求)；(2) 建筑物的基底压力应该在地基所允许的承载能力内(承载力要求)。此外，对某些特殊的建筑物而言，如堤坝、水闸、码头等还应满足抗渗、防冲等特殊的要求。本章主要讨论地基承载力的确定。

　　地基承载力是指地基土单位面积上承受荷载的能力。通常把地基土单位面积上所能承受的最大荷载称为极限承载力(p_u)。实际工程设计中必须确保地基有足够的抵抗剪切破坏的能力以及不产生过量的沉降变形，同时满足这两个条件的地基承载力称为地基容许承载力(p_a)，即地基容许承载力是指考虑一定安全储备后的地基承载力。

7.1　地基失稳破坏型式及破坏过程

7.1.1　地基的变形和失稳

1. 竖向荷载作用下地基破坏的性状

　　了解地基承载力的概念以及地基土受荷后剪切破坏的过程及性状，可以通过现场载荷试验或室内模型试验来研究，这些试验实际上是一种基础受荷的模拟试验。现场载荷试验是在要测定的地基土上放置一块模拟基础的载荷板，如图 7-1-1 所示。载荷板的尺寸较实际基础为小，一般为 $0.25 \sim 1.0 \text{m}^2$。然后在载荷板上逐级施加荷载，同时测定在各级荷载作用下载荷板的沉降量及周围土的位移情况，直到地基土破坏失稳为止。

　　通过试验得到载荷板下各级压力 p 与相应的稳定沉降量 s 之间的关系，绘制 $p\text{-}s$ 曲线如图 7-1-2 所示。对 $p\text{-}s$ 曲线的特性进行分析，可以了解地基破坏的机理。

　　太沙基(1943)根据试验研究提出两种典型的地基破坏型式，即整体剪切破坏和局部剪切破坏。

　　整体剪切破坏的特征是，当基础上荷载较小时，基础下形成一个三角形压密区 I (见图 7-1-3(a))，随同基础压入土中，这时 $p\text{-}s$ 曲线呈直线关系(见图 7-1-2 中曲线 a)。随着荷载的增加，压密区 I 向两侧挤压，土中产生塑性区，塑性区先在基础边缘产生，然后逐步扩大形成图7-1-3(a)中的 II、III 塑性区。这时基础的沉降增长率较前一阶段增大，故$p\text{-}s$曲线呈曲线状。当荷载达到最大值后，土中形成连续滑动面，并延伸到地面，土从基础

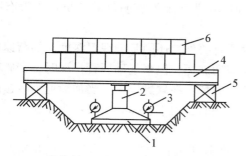

1—载荷板；2—千斤顶；3—百分表；
4—反力梁；5—枕木垛；6—荷载

图 7-1-1　载荷试验

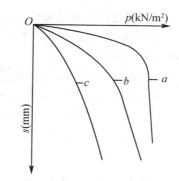

a—整体剪切破坏；b—局部剪切破坏；
c—刺入剪切破坏

图 7-1-2　p-s 曲线

两侧挤出并隆起，基础沉降急剧增加，整个地基失稳破坏，如图 7-1-3(a) 所示。这时 p-s 曲线上出现明显的转折点(见图 7-1-2 中曲线 a)。整体剪切破坏常发生在浅埋基础下的密砂或硬黏土等坚实地基中。

　　局部剪切破坏的特征是，随着荷载的增加，基础下也产生压密区 I 及塑性区 II，但塑性区仅仅发展到地基某一范围内，土中滑动面并不延伸到地面，见图 7-1-3(b)，基础两侧地面微微隆起，没有出现明显的裂缝。其 p-s 曲线如图 7-1-2 中的曲线 b 所示，曲线也有一个转折点，但不像整体剪切破坏那么明显。p-s 曲线在转折点后，其沉降量增长率虽较前一阶段为大，但不像整体剪切破坏那样急剧增加，局部剪切破坏常发生于中等密实砂土中。

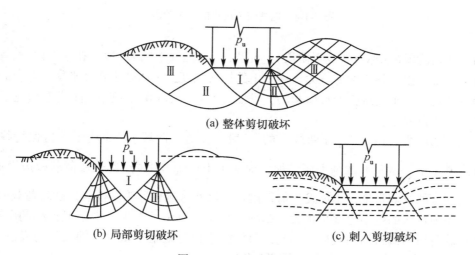

(a) 整体剪切破坏

(b) 局部剪切破坏　　　　　　　　　　(c) 刺入剪切破坏

图 7-1-3　地基破坏型式

　　魏锡克(A. S. Vesic，1963)提出除上述两种破坏情况外，还有一种刺入剪切破坏。这种破坏型式发生在松砂及软土中，其破坏的特征是：随着荷载的增加，基础下土层发生压缩变形，基础随之下沉，当荷载继续增加，基础周围附近土体发生竖向剪切破坏，使基础刺入土中。基础两边的土体没有移动,如图 7-1-3(c)。刺入剪切破坏的 p-s 曲线如图 7-1-2 中曲线 c,沉降随着荷载的增大而不断增加,但 p-s 曲线上没有明显的转折点,没有明显的比例界限及极限荷载。

地基的剪切破坏型式,除了与地基土的性质有关外,还同基础埋置深度、加荷速度等因素有关。如在密砂地基中,一般会出现整体剪切破坏,但当基础埋置很深时,密砂在很大荷载作用下也会产生压缩变形,出现刺入剪切破坏;在软黏土中,当加荷速度较慢时会产生压缩变形而出现刺入剪切破坏,但当加荷很快时,由于土体来不及产生压缩变形,就可能发生整体剪切破坏。

格尔谢万诺夫(H. M. ГерсеВенов,1948)根据载荷试验成果,提出地基从开始产生变形到失去稳定(即破坏)的过程要经历三个阶段,如图 7-1-4 所示。

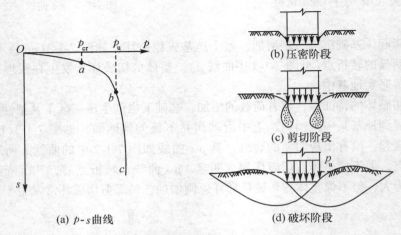

(a) p-s 曲线　　　　　　(d) 破坏阶段

图 7-1-4　地基破坏过程的三个阶段

(1)压密阶段(或称直线变形阶段)。相当于 p-s 曲线上的 Oa 段。在这一阶段,p-s 曲线接近于直线,土中各点的剪应力均小于土的抗剪强度,土体处于弹性平衡状态,载荷板的沉降主要是由于土的压密变形引起的,见图 7-1-4(a)、(b)。把 p-s 曲线上相应于 a 点的荷载称为比例界限 p_{cr}。

(2)剪切阶段。相当于 p-s 曲线上的 ab 段。在这一阶段 p-s 曲线已不再保持线性关系,沉降增长率 $\dfrac{\Delta s}{\Delta p}$ 随荷载的增大而增加,地基土中局部范围内(首先在荷载板边缘处)的剪应力达到土的抗剪强度,土体发生剪切破坏,这些区域也称为塑性区。随着荷载的继续增加,土中塑性区的范围也逐步扩大,如图 7-1-4(c)所示,直到土中形成连续的滑动面,地基土由载荷板两侧挤出而破坏。因此,剪切阶段也是地基中塑性区的发生与发展阶段。相应于 p-s 曲线上 b 点的荷载称为极限荷载 p_u。

(3)破坏阶段。相当于 p-s 曲线上的 bc 段。当荷载超过极限荷载后,载荷板急剧下沉,即使不增加荷载,沉降也不能稳定,因此,p-s 曲线陡直下降,在这一阶段,由于土中塑性区范围的不断扩展,土中已形成连续滑动面,土从载荷板四周挤出隆起,地基土因失稳而破坏,如图 7-1-4(d)所示。

2. 倾斜荷载作用下地基的破坏型式

对于挡水和挡土结构物的地基，除承受竖直荷载 P_v 外，还受水平荷载 P_h 的作用。P_v 和 P_h 的合力就成为倾斜荷载。当倾斜荷载较大而引起地基失稳时，有下述两种破坏型式：当竖直荷载 P_v 较小时，建筑物只能沿基底产生表层滑动，这种滑动型式称为平面滑动（如图 7-1-5(a)所示），是地基上挡水或挡土结构物常见的失稳型式；如果水平分量 P_h 不大而垂直分量 P_v 较大导致地基失稳时，则表现为地基土向一侧挤出的深层滑动（如图 7-1-5(b)所示）。

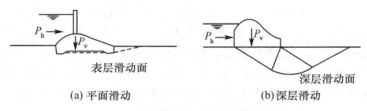

(a) 平面滑动　　　　　　　　　(b) 深层滑动

图 7-1-5　倾斜荷载下地基的破坏型式

当考虑平面滑动时，地基的稳定性常以下式计算的安全系数来加以判断

$$F_s = \frac{抗滑阻力}{滑动力} = \frac{f \sum P_v}{\sum P_h} \tag{7-1-1}$$

式中：F_s —— 表层平面滑动安全系数，可以根据建筑物等级查阅有关设计规范表，一般为 $1.2 \sim 1.4$；

$\sum P_v$ —— 基底竖向压力总和，kN；

$\sum P_h$ —— 基底水平推力总和，kN；

f ——基础与地基土的摩擦系数，可以通过试验或参考表 6-6-2 确定。

7.1.2　确定地基承载力的方法

确定地基承载力是地基设计中必须解决的一个问题，一般可以采用以下几种方法：

(1)理论公式计算方法。确定地基承载力的理论公式中，一种是按照塑性开展区的发展范围来确定；另一种是根据地基土刚塑性假定而推导极限承载力来确定。

(2)现场原位测试法。

(3)地基规范查表法。

在一些设计规范或勘察规范中常会给出一些土类的地基承载力表，这类表是按照载荷试验资料确定的地基允许承载力与土的物理指标或原位测试结果用统计方法建立的经验公式，再经过工程经验修正后编制而成。我国现行的常用承载力表有这样一些：《港口工程地基规范》(JTS 147-1—2010)、《港口工程地质勘察规范》(JTJ 240—97)、《公路桥涵地基与基础设计规范》(JTG D63—2007)以及《铁路工程地质勘察规范》(TB10012—2007)等。

(4)当地经验参用法。

7.2　按极限荷载确定地基承载力

在地基极限承载力理论中，对发生整体剪切破坏的地基承载力研究较多，其原因是整体剪切破坏型式有连续的滑动面，$p\text{-}s$ 曲线上有明显的拐点，对地基采用刚塑性材料假设比较符合实际，同时还由于整体剪切破坏理论易于接受室内外土工试验及实际工程实践的检验。对于局部剪切破坏及刺入破坏，尚无可靠的计算方法，通常是先按整体剪切破坏型式进行计算，再作一些修正。

极限承载力的求解有两类途径：一类是微分极限平衡解法，根据土体的极限平衡方程，按已知的边界条件求解，如普朗德尔(L. Prandtl)解等。由于数学运算上的困难，只有少数情况可以采用该方法获得解析解；第二类为假定滑动面求解法，这种方法是根据模型试验，研究地基滑动面的形状，作适当简化后，再根据简化后滑动面上的静力平衡条件求解。这类半理论半经验方法由于不同研究者所做的假设不同，所得的计算结果也不同。本节将主要介绍几种有代表性的极限承载力公式。

7.2.1　普朗德尔(L. Prandtl)极限承载力公式

1. 普朗德尔基本解

1920 年，普朗德尔(L. Prandtl)根据塑性平衡理论，研究了无限长条形刚性物体压入较软的、均匀的、各向同性材料的过程，推导出了材料破坏时的滑动面形状及相应的极限荷载表达式。人们把他的解应用于解决地基极限承载力的课题中，并进一步作了各种修正，使之能更好地、更普遍地在工程实践中应用。

假定条形基础置于地基表面($d=0$)，地基土无重量($\gamma=0$)，且基础底面光滑无摩擦力，如果基础下形成连续的塑性区而处于极限平衡状态，根据塑性力学得到的地基滑动面形状如图 7-2-1 所示。地基的极限平衡区可以分为三个区：在基底下的 I 区，因为假定基底无摩擦力，故基底平面是最大主应力面，基底竖向压力是大主应力，对称面上的水平向应力是小主应力(即朗肯主动土压力)，两组滑动面与基础底面之间交成$45°+\dfrac{\varphi}{2}$角，也就

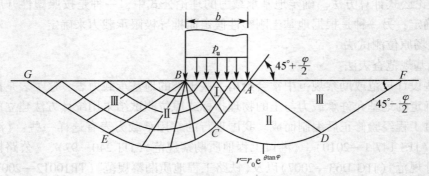

图 7-2-1　普朗德尔公式的滑动面形状

是说，Ⅰ区是朗肯主动状态区；随着基础下沉，Ⅰ区土楔向两侧挤压，因此Ⅲ区因水平向应力成为大主应力(即朗肯被动土压力)而被认为是朗肯被动状态区，滑动面也是由两组平面组成，由于地基表面为最小主应力平面，故滑动面与地基表面交成$45°-\dfrac{\varphi}{2}$角，Ⅰ区与Ⅲ区之间是过渡区Ⅱ区，Ⅱ区的滑动面一组是辐射线，另一组是对数螺旋曲线，如图7-2-1 中的 CD 及 CE，其方程式为

$$r = r_0 e^{\theta\tan\varphi} \tag{7-2-1}$$

式中：r——从起点 O 到任意点 m 的距离(见图7-2-2)；

r_0——起始半径；

θ——On 与 Om 之间的夹角；

φ——任一点 m 的半径与该点的法线夹角。

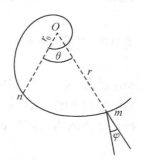

图 7-2-2 对数螺旋曲线

对以上情况，普朗德尔得出极限承载力的理论公式为

$$p_u = cN_c \tag{7-2-2}$$

式中：N_c——承载力系数，$N_c = \left[e^{\pi\tan\varphi} \cdot \tan^2\left(\dfrac{\pi}{4}+\dfrac{\varphi}{2}\right) - 1 \right] \cdot \cot\varphi$ 是土内摩擦角 φ 的函数，可以从表7-2-1 中查得。

表 7-2-1　　　　　　　　普朗德尔公式的承载力系数表

$\varphi(°)$	0	5	10	15	20	25	30	35	40	45
N_c	5.14	6.49	8.35	11.0	14.8	20.7	30.1	46.1	75.3	133.9
N_q	1.00	1.57	2.47	3.94	6.40	10.7	18.4	33.3	64.2	134.9

2. 瑞斯纳(H. Reissner)对普朗德尔公式的补充

一般基础均有一定的埋置深度 d，若埋置深度较浅，为简化起见，可以忽略基础底面以上两侧土的抗剪强度，而将这部分土作为分布在基础两侧的均布荷载 $q = \gamma_0 d$ 作用于 AF 和 BG 面上，如图7-2-3 所示。这部分超载限制了塑性区的滑动隆起，使地基极限承载力得到提高，瑞斯纳(H. Reissner，1924)在普朗德尔公式假定的基础上，导出了考虑超载 q

的极限承载力公式

$$p_u = qN_q + cN_c \tag{7-2-3}$$

$$N_q = e^{\pi\tan\varphi} \cdot \tan^2\left(45° + \frac{\varphi}{2}\right) \tag{7-2-4}$$

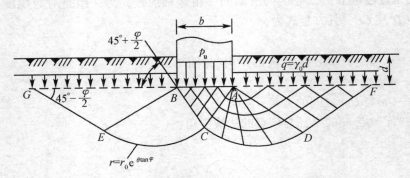

图 7-2-3 基础有埋置深度时的瑞斯纳解示意图

式中：q——基础底面以上两侧土体的超载，$q = \gamma_0 d$，kPa；

γ_0——基础埋深范围内土的加权平均重度，kN/m³；

N_q——承载力系数，可以根据地基土的内摩擦角 φ 查表 7-2-1 确定。

3. N_c、N_q 的简化推导

将图 7-2-3 所示的地基中的滑动土体沿 Ⅰ 区和 Ⅲ 区的中线切开，取土体 $OCDH$ 作为脱离体，如图 7-2-4 所示。该脱离体周边的作用力有：

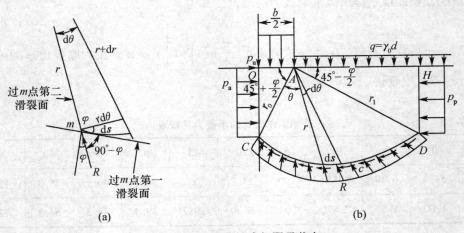

图 7-2-4 力平衡法求极限承载力

$\overline{OA}$：待求的极限承载力 p_u；

$\overline{AH}$：超载 $q = \gamma_0 d$；

$\overline{OC}$：朗肯主动土压力 p_a，$p_a = p_u K_a - 2c\sqrt{K_a}$，$K_a = \tan^2\left(45° - \dfrac{\varphi}{2}\right)$；

$\overline{DH}$：朗肯被动土压力 p_p，$p_p = q K_p + 2c\sqrt{K_p}$，$K_p = \tan^2\left(45° + \dfrac{\varphi}{2}\right)$；

$\overset{\frown}{CD}$：有两种力作用：其一是黏聚力 c，沿 $\overset{\frown}{CD}$ 面均匀分布；其二是反力 R，其方向指向对数螺旋曲线的极点 A。

根据图 7-2-4 的几何关系，各边界线的长度为

$$\overline{OA} = \frac{b}{2}; \qquad \overline{OC} = \frac{b}{2}\tan\left(45° + \frac{\varphi}{2}\right); \qquad r_0 = \frac{b}{2\cos\left(45° + \dfrac{\varphi}{2}\right)}$$

$$r_1 = r_0 e^{\frac{\pi}{2}\tan\varphi}; \qquad \overline{DH} = r_1 \sin\left(45° - \frac{\varphi}{2}\right); \qquad \overline{AH} = r_1 \cos\left(45° - \frac{\varphi}{2}\right)$$

因为脱离体处于静力平衡状态，各边界面上的作用力对极点 A 取矩，应有 $\sum M_A = 0$，则

$$p_u \frac{b^2}{8} + p_a \frac{\overline{OC}^2}{2} = q \frac{\overline{AH}^2}{2} + p_p \frac{\overline{DH}^2}{2} + M_c \tag{7-2-5}$$

式中，M_c 为弧面 $\overset{\frown}{CD}$ 上黏聚力对 A 的力矩，可以由式(7-2-6)求得

$$M_c = \int c \cdot \mathrm{d}s \cdot \cos\varphi \cdot r \tag{7-2-6}$$

式中：c——土的黏聚力，kPa；

$\quad\ \varphi$——土的内摩擦角度；

$\quad\ \mathrm{d}s$——与 $\mathrm{d}\theta$ 对应的滑动面上的弧长，$\mathrm{d}s = \dfrac{r\mathrm{d}\theta}{\cos\varphi}$；

$\quad\ r$——对应于 θ 角的对数螺旋曲线半径。

根据式(7-2-6)和式(7-2-5)，即可求得 $p_u = c N_c + q N_q$。

从式(7-2-3)可以看出，当基础放置在砂土地基($c=0$)表面上($d=0$)时，地基的承载力将等于零，这显然是不合理的。这种不符合实际的现象的出现，主要是假设地基土无重度($\gamma=0$)，不考虑体积力造成的。

若考虑土的重力，普朗德尔推导的滑动面 Ⅱ 区中的 CD、CE(见图 7-2-1、图 7-2-3)就不再是对数螺旋曲线了，其滑动面形状很复杂，目前尚无法按极限平衡理论求得其解析解。为了弥补这一缺陷，许多学者对普朗德尔-瑞斯纳公式作了进一步的近似修正。

7.2.2　太沙基(K. Terzaghi)极限承载力公式

太沙基(K. Terzaghi，1943)提出了条形浅基础的极限承载力公式。太沙基从实用角度考虑认为，当基础的长宽比 $\dfrac{l}{b} \geqslant 5$ 且基础的埋置深度 $d \leqslant b$ 时，就可以视为条形浅基础。将基底以上的土体看做是作用在基础两侧底面上的均布荷载 $q = \gamma_0 d$。

太沙基假定基础底面是粗糙的，地基滑动面的形状如图 7-2-5 所示，也可以分成五个区：Ⅰ 区即在基底底面下的土楔 ABC，由于基底是粗糙的，具有很大的摩擦力，因此 AB 面不会发生剪切位移，也不再是大主应力面，Ⅰ 区内土体不是处于朗肯主动状态，而是处

于弹性压密状态，Ⅰ区内土体与基础底面一起移动，并假定滑动面 AC(或 BC)与水平面交成 ψ 角。Ⅱ区假定与普朗德尔公式一样，滑动面一组是通过 A、B 点的辐射线，另一组是对数螺旋曲线 CD、CE。前面已指出，如果考虑土的重度时，滑动面就不会是对数螺旋曲线，目前尚不能求得两组滑动面的解析解，太沙基忽略了土的重度对滑动面的影响，是一种近似解。由于滑动面 AC 与 CD 之间的夹角应等于 $\dfrac{\pi}{2}+\varphi$，所以对数螺旋曲线在 C 点的切线是竖直的。Ⅲ区是朗肯被动状态区，滑动面 AD 及 DF 与水平面交成 $\left(45°-\dfrac{\varphi}{2}\right)$ 角。

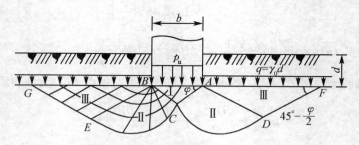

图 7-2-5 太沙基公式滑动面形状

若作用在基底的极限荷载为 p_u，假设此时发生整体剪切破坏，那么基底下的弹性压密区(Ⅰ区) ABC 将贯入土中，向两侧挤压土体 $ACDF$ 及 $BCEG$ 达到被动破坏。因此，在 AC 及 BC 面上将作用被动土压力 p_p，p_p 与作用面的法线方向成 δ 角，已知摩擦角 $\delta=\varphi$，故 p_p 是竖直向的，如图 7-2-6 所示。取脱离体 ABC，考虑单位长度基础，根据平衡条件

$$p_u b = 2c_1 \sin\varphi + 2p_p - W \qquad\qquad (7\text{-}2\text{-}7)$$

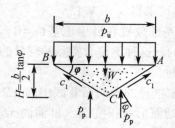

图 7-2-6 土楔 ABC 受力示意图

式中，c_1——AC 及 BC 面上黏聚力的合力，$c_1 = c\,\overline{AC} = \dfrac{cb}{2\cos\varphi}$，kN/m；

$\qquad W$——土楔体 ABC 的重力，$W = \dfrac{1}{2}\gamma Hb = \dfrac{1}{4}\gamma b^2 \tan\varphi$，kN/m；

$\qquad b$——基础宽度，m；

$\qquad \gamma$——基底下最大滑动深度范围内地基土的重度，kN/m³。

由此，公式(7-2-7)可以写成

$$p_u = c \cdot \tan\varphi + \frac{2p_p}{b} - \frac{1}{4}\gamma b \tan\varphi \tag{7-2-8}$$

被动力 p_p 是由土的重度 γ、黏聚力 c 及超载 q 三种因素引起的总值，要精确地求得 p_p 是很困难的。太沙基从实际工程要求的精度出发作了适当简化，认为浅基础的地基极限承载力可以假设是分别由以下三种情况求得的近似结果的总和：（1）土是无质量，有黏聚力和内摩擦角，没有超载，即 $\gamma = 0$，$c \neq 0$，$\varphi \neq 0$，$q = 0$；（2）土是无质量，无黏聚力，有内摩擦角，有超载，即 $\gamma = 0$，$c = 0$，$\varphi \neq 0$，$q \neq 0$。（3）土是有质量的，没有黏聚力，但有内摩擦角，没有超载，即 $\gamma \neq 0$，$c = 0$，$\varphi \neq 0$，$q = 0$。最后，由式（7-2-8）经运算可得太沙基的极限承载力公式

$$p_u = \frac{1}{2}\gamma b N_r + q N_q + c N_c \tag{7-2-9}$$

式中：N_r、N_q、N_c——承载力系数，它们都是无量纲系数，仅与土的内摩擦角 φ 有关，可以查表7-2-2或查图 7-2-7 中的实线。

表 7-2-2　　　　　　　　　　　太沙基公式承载力系数表

$\varphi(°)$	0	5	10	15	20	25	30	35	40	45
N_r	0	0.51	1.20	1.80	4.0	11.0	21.8	45.4	125	326
N_q	1.0	1.64	2.69	4.45	7.42	12.7	22.5	41.4	81.3	173.3
N_c	5.14	7.32	9.58	12.9	17.6	25.1	37.2	57.7	95.7	172.2

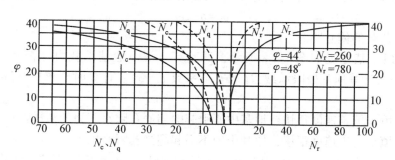

图 7-2-7　太沙基地基承载力系数

式（7-2-9）只适用于条形基础，对于圆形基础或方形基础，太沙基提出了半经验的极限承载力公式：

圆形基础

$$p_u = 0.6\gamma R N_r + q N_q + 1.2 c N_c \tag{7-2-10}$$

式中：R——圆形基础的半径（m），其余符号意义同前。

方形基础

$$p_u = 0.4\gamma b N_r + q N_q + 1.2 c N_c \tag{7-2-11}$$

式（7-2-9）~式（7-2-11）只适用于地基土是整体剪切破坏情况，即地基土较密实，其

p-s曲线有明显的转折点，破坏前沉降不大等情况。对于松软土质，地基破坏是局部剪切破坏，沉降较大，其极限承载力较小。太沙基建议在这种情况下采用较小的$\bar{\varphi}$、$\bar{c}$值代入公式计算极限承载力。即令

$$\tan\bar{\varphi} = \frac{2}{3}\tan\varphi \qquad \bar{c} = \frac{2}{3}c \qquad (7\text{-}2\text{-}12)$$

根据$\bar{\varphi}$值从表7-2-2中查承载力系数，并用$\bar{c}$代入公式计算或直接根据φ值大小查图7-2-7中的虚线。

由式(7-2-9)可知，当地基为饱和软黏土时，$\varphi_u = 0$，此时$N_r = 0$，$N_q = 1.0$，$N_c = 5.14$，则极限承载力为

$$p_u = q + 5.14c_u \qquad (7\text{-}2\text{-}13)$$

由此可知饱和软黏土地基的承载力与基础宽度无关。

太沙基公式虽使用广泛，但被认为是比较保守的，表7-2-3所列的对比可为例证。当φ大时，两者的差异更大。

表 7-2-3　　　　　　　　　　　　太沙基公式与模型试验结果

承载力因数 φ	N_q		N_r	
	太沙基	模型试验	太沙基	模型试验
30°	22	23	20	23
40°	80	400	130	170~210

若荷载为偏心时，可以用有效宽度b_e代替基础的实际宽度b来计算极限承载力。

$$b_e = b - 2e_b \qquad (7\text{-}2\text{-}14)$$

式中：e_b——荷载的偏心距。

【例 7-2-1】　某土堤如图7-2-8所示，试验算土堤下地基承载力是否满足设计要求。采用太沙基公式计算地基极限承载力(取安全系数$K = 3$)。计算时要求按下述两种施工情况进行分析：

(1)土堤填土填筑速度很快，地基中所引起的超静孔隙水压力的消散速率慢；

(2)土堤填土施工速度很慢，地基土中不引起超静孔隙水压力。

已知土堤填土性质，$\gamma_1 = 18.8\text{kN/m}^3$，$c_1 = 33.4\text{kPa}$，$\varphi_1 = 20°$。地基土(饱和黏土)性质：$\gamma_{2\text{sat}} = 15.7\text{kN/m}^3$，土的不排水抗剪强度指标为$c_u = 22\text{kPa}$，$\varphi_u = 0$，土的固结排水抗剪强度指标为$c_d = 4\text{kPa}$，$\varphi_d = 22°$。

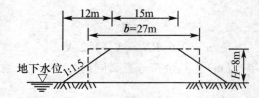

图 7-2-8　堤下地基承载力计算示意图

【解】　将梯形断面土堤折算成等面积和等高度的矩形断面(如图 7-2-8 中虚线),求得其换算土堤宽度 $b = 27m$,地基土的有效重度 $\gamma'_2 = \gamma_{sat} - \gamma_w = 15.7 - 9.81 = 5.9kN/m^3$。

(1)当填土填筑速度很快时

由 $\varphi_u = 0$,查表 7-2-2 可知承载力系数:$N_r = 0$,$N_q = 1.0$,$N_c = 5.14$,由太沙基极限承载力公式知

$$p_u = \frac{1}{2}\gamma b N_r + q N_q + c N_c$$

$$= \frac{1}{2} \times 5.9 \times 27 \times 0 + 18.8 \times 0 \times 1.0 + 22 \times 5.14 = 113.08kPa$$

土堤填土最大压力　　　　　$p_{max} = \gamma_1 H = 18.8 \times 8 = 150.4kPa$

地基承载力安全系数　　　　$K = \dfrac{p_u}{p_{max}} = \dfrac{113.08}{150.4} = 0.75 < 3$

故土堤下的地基承载力不能满足设计要求。

(2)当填土填筑速度很慢时。由 $\varphi_d = 22°$,查表可得承载力系数

$$N_r = 6.8, \qquad N_q = 9.17, \qquad N_c = 20.2$$

$$p_u = \frac{1}{2} \times 5.9 \times 27 \times 6.8 + 0 + 4 \times 20.2 = 622.4kPa$$

地基承载力安全系数 $K = \dfrac{622.4}{150.4} = 4.1 > 3$,故地基承载力满足要求。

从上述计算可知,当土堤填土填筑速度很慢,允许地基土中的超静孔隙水压力充分消散时,则能使地基承载力得到满足。

7.2.3　汉森(Hansen J B)极限承载力公式

上述的极限承载力 p_u 公式和承载力系数 N_r、N_q、N_c 均是按条形竖直均布荷载推导得到。汉森在极限承载力上的主要贡献就是对承载力进行多项修正,包括非条形荷载的基础形状修正。埋深范围内考虑土抗剪强度的深度修正,基底有水平荷载时的荷载倾斜修正,地面有倾角 β 时的地面修正以及基底有倾角 η 时的基底修正,每种修正均需在承载力系数 N_r、N_q、N_c 上乘以相应的修正系数。修正后的汉森极限承载力公式为:

$$p_u = \frac{1}{2}\gamma b N_r s_r d_r i_r g_r b_r + q N_q s_q d_q i_q g_q b_q + c N_c s_c d_c i_c g_c b_c \qquad (7\text{-}2\text{-}15)$$

式中:N_q、N_c、N_r——地基承载力系数;在汉森公式中取 $N_q = \tan^2\left(45° + \dfrac{\varphi}{2}\right)e^{\pi\tan\varphi}$,

$N_c = (N_q - 1)\cot\varphi$,$N_r = 1.5(N_q - 1)\tan\varphi$;

　　　s_r、s_q、s_c——相应于基础形状修正的修正系数;

　　　d_r、d_q、d_c——相应于考虑埋深范围内土强度的深度修正系数;

　　　i_r、i_q、i_c——相应于荷载倾斜的修正系数;

　　　g_r、g_q、g_c——相应于地面倾斜的修正系数;

　　　b_r、b_q、b_c——相应于基础底面倾斜的修正系数。

对于 $d \leqslant b$,$\varphi > 0°$的情况,汉森提出的上述各系数的计算公式如表 7-2-4 所示。

表 7-2-4 汉森承载力公式中的修正系数

形状修正系数（无荷载倾斜）	深度修正系数	荷载倾斜修正系数	地面倾斜修正系数	基底倾斜修正系数
$s_c = 1 + 0.2\dfrac{b}{l}$	$d_c = 1 + 0.4\dfrac{d}{b}$	$i_c = i_q - \dfrac{1-i_q}{N_q-1}$	$g_c = 1 - \beta°/147°$	$b_c = 1 - \overline{\eta}/147°$
$s_q = 1 + \dfrac{b}{l}\tan\varphi$	$d_q = 1 + 2\tan\varphi(1-\tan\varphi)^2\dfrac{d}{b}$	$i_q = \left(1 - \dfrac{0.5P_h}{P_v + A_f c \cdot \cot\varphi}\right)^5$	$g_q = (1-0.5\tan\beta)^5$	$b_q = \exp(-2\overline{\eta}\tan\varphi)$
$s_r = 1 - 0.4\dfrac{b}{l}$	$d_r = 1.0$	$i_r = \left(1 - \dfrac{0.7P_h}{P_v + A_f c \cdot \cot\varphi}\right)^5$	$g_r = (1-0.5\tan\beta)^5$	$b_r = \exp(-2\overline{\eta}\tan\varphi)$

其中：

A_f——基础的有效接触面积 $A_f = b'l'$，m^2；

b'——基础的有效宽度 $b' = b - 2e_b$，m；

l'——基础的有效长度 $l' = l - 2e_1$，m；

d——基础的埋置深度，m；

e_b、e_1——相对于基础面积中心而言的荷载偏心矩，m；

b——基础的宽度，m；

l——基础的长度，m；

c——地基土的黏聚力，kPa；

φ——地基土的内摩擦角，度；

P_h——平行于基底的荷载分量，kPa；

P_v——垂直于基底的荷载分量，kPa；

β——地面倾角，度；

$\overline{\eta}$——基底倾角，度。

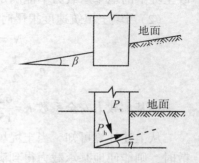

从上述公式可知，汉森公式考虑的承载力影响因素是比较全面的，下面对汉森公式的使用作简要说明。

1. 荷载偏心及倾斜的影响

如果作用在基础底面的荷载是竖直偏心荷载，那么计算极限承载力时，可以引入假想的基础有效宽度 $b' = b - 2e_b$ 来代替基础的实际宽度 b，其中 e_b 为荷载偏心距。如果有两个方向的偏心，这个修正方法对基础长度方向的偏心荷载也同样适用，即用有效长度 $l' = l - 2e_l$ 代替基础实际长度。

如果作用的荷载是倾斜的，汉森建议可以把中心荷载作用时的极限承载力公式中的各项分别乘以荷载倾斜系数 i_r、i_q、i_c，作为考虑荷载倾斜的影响。

2. 基础底面形状及埋置深度的影响

矩形基础或圆形基础的极限承载力计算在数学上求解比较困难，目前都是根据各种形状的基础所做的对比载荷试验的结果，对条形基础极限承载力公式进行逐项修正。表7-2-4给出了基础形状修正系数 S_r、S_q、S_c 的表达式。

前述的极限承载力计算公式，都忽略了基础底面以上土的抗剪强度影响，亦即假定滑动面发展到基底水平面为止。这对基础埋深较浅，或基底以上土层较弱时是适用的。但当基础埋深较大，或基底以上土层的抗剪强度较大时，就应该考虑这一范围内土的抗剪强度的影响，汉森建议用深度系数 d_q、d_c 对前述极限承载力公式进行逐项修正。

3. 地下水的影响

式(7-2-15)中的第一项 γ 是基底下最大滑动深度范围内地基土的加权平均重度，第二项($q = \gamma_0 d$)中的 γ_0 是基底以上地基土的加权平均重度，在进行承载力计算时，水下的土均应采用有效重度，如果在各自范围内的地基由重度不同的多层土组成，则应按层厚加权平均取值。

7.2.4 关于地基极限承载力计算公式的讨论

1. 影响极限承载力的因素

对于平面问题，若不考虑基础形状和荷载的作用方式，则地基极限承载力的一般计算公式为

$$p_u = \frac{1}{2}\gamma b N_r + q N_q + c N_c \qquad (7\text{-}2\text{-}16)$$

上式表明，地基极限承载力由如下三部分所组成：

(1) 滑动土体自重所产生的抗力；

(2) 基础两侧均布荷载 q(又称旁侧荷载 q)所产生的抗力；

(3) 滑裂面上黏聚力 c 所产生的抗力。

第一种抗力的大小、除了取决于土的重度 γ 和内摩擦角 φ 以外，还取决于滑裂土体的体积。图 7-2-9(a)表明，基础的宽度 b 增加 1 倍时，滑裂土体的长度和深度都跟着成倍增长。对于平面问题，体积将增加 3 倍。或者说滑裂土体的体积与基础的宽度大体上是平方的关系。由此可以推论，极限承载力将随基础宽度 b 的增加而线性增加，即极限承载力 p_u 是 b 的线性函数。

第二种抗力的大小，除了取决于旁侧荷载 q 外，还与滑裂体内 q 的分布范围有关，也就是受滑裂面形状的影响。因此系数 N_q 也是内摩擦角 φ 的函数。此外滑裂面内荷载 q 的分布长度大体上也是随基础宽度 b 的增加而线性增加，因此旁侧荷载所引起的极限承载力 p_u 与基础的宽度无关。

第三种抗力的大小，首先决定于土的黏聚力 c，其次决定于滑裂面的长度。滑裂面的长度也就是滑裂面的形状，它与土的内摩擦角有关，因此系数 N_c 是 φ 值的函数。另外，从图 7-2-9(a)分析，滑裂面的尺寸大体上与基础宽度按相同的比例增加。因此，由黏聚力 c 所引起的极限承载力，不受基础宽度的影响。

综合以上的分析，地基的极限承载力值不但决定于土的强度特性 c、φ 值，而且还与基础的宽度 b，基础的埋置深度 d 有密切的关系。宽度 b 和埋置深度 d 愈大，地基的极限承载力也愈高。承载力系数 N_r、N_q、N_c 值，则仅与滑裂面的形状有关，所以只取决于 φ 值的大小。

2. 关于承载力系数

承载力系数 N_r、N_q 和 N_c 的大小取决于滑裂面形状，而滑裂面的长度首先取决于 φ 值，因此 N_r、N_q 和 N_c 都是 φ 的函数，但不同承载力公式对滑裂面形状有不同的假定，

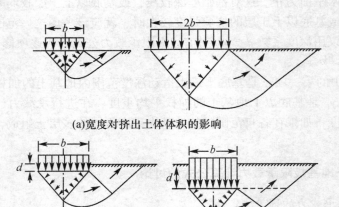

(a)宽度对挤出土体体积的影响

(b)埋深对挤出土体体积的影响

图 7-2-9　极限承载力的影响因素

使得各种承载力公式的承载力系数不尽相同,但它们都有相同的趋势,分析它们的趋势,可以得到如下结论:

(1) N_r、N_q、N_c 随土的内摩擦角 φ 的增加变化很大,特别是 N_r 值。当 φ 值较小时,N_r 小于 N_q 和 N_c 很多;而当 φ 值较大时,N_r 可以大于 N_q 和 N_c,这说明对于内摩擦角 φ 大的无黏性土,采用普朗德尔理论,忽略地基内滑裂土体重量的阻抗作用,计算所得的极限承载力会有较大的误差。而对于内摩擦角 φ 较小的黏性土,采用普朗德尔的无重地基的假定可能引起的误差不大。

(2) 黏性高的土,c 大而 φ 小,这时承载力系数 N_c 比 N_q 和 N_r 都大得多,即地基的极限承载力主要决定于土的黏聚强度。

(3) 对于无黏性土($c=0$),基础的埋深对极限承载力起着重要作用。这时,基础埋深太浅($d<0.5b$),地基的极限承载力会显著下降。

3. 关于安全系数的选择

将极限承载力 p_u 除以安全系数 K,即得地基的容许承载力。恰当确定 K 值是一个很复杂的问题,K 值与许多因素有关,如建筑物的安全等级、地基土的性质及其指标的准确程度、设计荷载的组合等。此外,不同极限承载力公式由于假设条件不同,计算的 p_u 值也有差异,因此在选择安全系数时应根据诸因素综合考虑,以保证工程的安全及经济合理。

一般用太沙基极限承载力公式,安全系数可以取 2~3;用汉森公式,对于无黏性土,可以取 2,对黏性土可以取 3。按照《水闸设计规范》(NB/T 53023—2014)中的规定,采用汉森公式计算地基容许承载力时,安全系数取 2~3。对大型水闸或松软地基取大值,中、小型水闸或坚实地基取小值。

另外,汉森还提出了局部安全系数的概念。"局部安全系数"的含义是,先将土的抗剪强度指标分别除以强度安全系数,得到允许强度指标,再根据允许强度指标计算地基的极限承载力,最后将计算得到的极限承载力再除以荷载系数(见表 7-2-5),即为地基的允许承载力。局部安全系数可以按表 7-2-5 所列的数据选用。

表 7-2-5 　　　　　　　　　　汉森局部安全系数表

强度安全系数		荷 载 系 数	
黏聚力 c　2.0(1.8)		静荷载	1.0
		恒定的水压力	1.0
		波动的水压力	1.2(1.1)
内摩擦角　1.20(1.10)		一般的活荷载	1.5(1.25)
		风荷载	1.5(1.25)
		土或土中颗粒压力	1.2(1.1)

注：括号中的数值属于临时建筑或者附加荷载(例如静荷+最不利的活荷+最不利风荷)。

4. 地基土变形特征的影响

最后应指出的是，所有的极限承载力公式，都是在土体刚塑性假定下推导出来的，实际上，土体在荷载作用下不但会产生压缩变形而且也会产生剪切变形，这是目前极限承载力公式中共同存在的主要问题。因此当地基变形较大时，用极限承载力公式计算的结果有时并不能反映地基土的实际情况。

7.3　按极限平衡区发展范围确定地基承载力

当基础底面平均压力较小时，地基中没有出现塑性区或刚刚出现了塑性区，即地基土的大部分还处在弹性状态，即可保证地基土不会产生稳定性的丧失。根据这一安全准则，可以用相应的理论公式或经验修正后的公式计算地基承载力。

7.3.1　塑性区边界方程的推导

地基中塑性变形区范围的确定，是一个弹塑性混合问题，到目前为止还没有严格的理论解答。现在所使用的公式是在条形基础、均布竖直荷载、均质地基的条件下，以弹性理论为基础所得到的近似解。

由弹性理论可知，在条形均布压力作用下，地基中任意点 M 的附加大、小主应力为

$$\left.\begin{array}{c}\Delta\sigma_1\\\Delta\sigma_3\end{array}\right\}=\frac{p-\gamma_0 d}{\pi}(2\beta\pm\sin 2\beta) \tag{7-3-1}$$

式中：p ——条形基础的基底压力，kPa；

　　　d ——基础埋置深度，m；

　　　γ_0 ——基础两侧埋深范围内土的加权平均重度，kN/m³；

　　　2β ——M 点与基础两侧连线的夹角，称为视角，如图 7-3-1 所示。

附加大、小主应力 $\Delta\sigma_1$ 和 $\Delta\sigma_3$ 的方向是 2β 的角平分线方向和与之正交的方向。可见它们的方向是随位置而变化的，与地基的自重应力主方向不一致。为此，我们假定静止侧压力系数 $K_0=1$，这样自重应力与附加应力可以在任意方向叠加。则地基中任意点 M 的

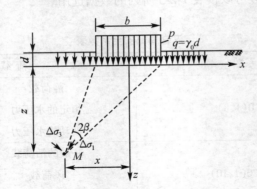

图 7-3-1 地基中的附加大、小主应力

大、小主应力为

$$\left.\begin{array}{c}\sigma_1\\\sigma_3\end{array}\right\}=\frac{p-\gamma_0 d}{\pi}(2\beta\pm\sin2\beta)+\gamma z+\gamma_0 d \tag{7-3-2}$$

式中：γ ——基底下土的重度，kN/m^3。

当任意点 M 达到极限平衡状态时，大、小主应力将满足下列关系式

$$\sigma_1=\sigma_3\tan^2\left(45°+\frac{\varphi}{2}\right)+2c\tan\left(45°+\frac{\varphi}{2}\right) \tag{7-3-3}$$

将式(7-3-2)代入式(7-3-3)中，整理得

$$z=\frac{p-\gamma_0 d}{\pi\gamma}\left(\frac{\sin2\beta}{\sin\varphi}-2\beta\right)-\frac{c}{\gamma\tan\varphi}-\frac{\gamma_0}{\gamma}d \tag{7-3-4}$$

式(7-3-4)表示在某一基底压力 p 作用下地基中塑性区的边界方程。当地基土参数 γ、c、φ 以及基底压力 p 和基础埋深 d 已知时，z 值只是 β 的函数，如图 7-3-2 所示。在实际应用中，我们不必去描绘整个塑性区的边界，只需知道塑性区相对某基底压力 p 时的最大深度。为此，只需用式(7-3-4)求 z 对 β 的导数，并令其等于零。即

$$\frac{dz}{d\beta}=\frac{p-\gamma_0 d}{\pi\gamma}\left(\frac{2\cos2\beta}{\sin\varphi}-2\right)=0 \tag{7-3-5}$$

由此解得

$$2\beta=\frac{\pi}{2}-\varphi \tag{7-3-6}$$

将式(7-3-6)代入式(7-3-4)中，则得塑性区最大开展深度

$$z_{max}=\frac{p-\gamma_0 d}{\pi\gamma}\left(\cot\varphi-\frac{\pi}{2}+\varphi\right)-\frac{c}{\gamma\tan\varphi}-\frac{\gamma_0}{\gamma}d \tag{7-3-7}$$

7.3.2 临塑荷载与临界荷载的计算

由式(7-3-7)可知，随着 p 的增大，z_{max} 也将增大。如果我们限定塑性区开展深度为某一允许值$[z]$，认为：

当 $z_{max}\leqslant[z]$时，地基是稳定的；

当 $z_{max}>[z]$时，地基的稳定没有保障。

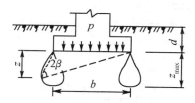

图 7-3-2　条形基底边缘的塑性区示意图

因而在实际工程中可以通过限定 z_{max} 值来控制塑性区范围以确定相应的地基承载力。

（1）临塑荷载 p_{cr}：是指地基土将要出现但尚未出现塑性区时所对应的荷载。令 $z_{max} = 0$ 代入式（7-3-7），得

$$p_{cr} = \frac{\pi(c\cot\varphi + \gamma_0 d)}{\cot\varphi - \frac{\pi}{2} + \varphi} + \gamma_0 d \qquad (7\text{-}3\text{-}8)$$

或

$$p_{cr} = cN_c + \gamma_0 d N_q \qquad (7\text{-}3\text{-}9)$$

式中

$$N_c = \frac{\pi\cot\varphi}{\cot\varphi - \frac{\pi}{2} + \varphi}, \qquad N_q = \frac{\cot\varphi + \frac{\pi}{2} + \varphi}{\cot\varphi - \frac{\pi}{2} + \varphi}$$

其余符号意义同前。

以 p_{cr} 作为地基的允许承载力无疑是安全的，但对一般地基而言，却偏于保守。大量实践经验表明：除软弱地基外，一般地基中适当出现局部塑性区，并不影响建筑物的安全和正常使用。故可以用下列临界荷载作为地基的允许承载力。

（2）临界荷载：根据经验统计，塑性区的最大开展深度可以限制在 $\left(\frac{1}{4} \sim \frac{1}{3}\right) b$ 范围内，此时对应的荷载称为临界荷载。

令 $z_{max} = \frac{1}{4}b$，得相应的临界荷载 $p_{\frac{1}{4}}$

$$p_{\frac{1}{4}} = \frac{\pi\left(c\cot\varphi + \gamma_0 d + \frac{1}{4}\gamma b\right)}{\cot\varphi - \frac{\pi}{2} + \varphi} + \gamma_0 d = \gamma b N_r + c N_c + \gamma_0 d N_q \qquad (7\text{-}3\text{-}10)$$

式中，

$$N_r = \frac{\frac{\pi}{4}}{\cot\varphi - \frac{\pi}{2} + \varphi}$$

其余符号意义同前。

令　$z_{max} = \frac{1}{3}b$，则得临界荷载 $p_{\frac{1}{3}}$

$$p_{\frac{1}{3}} = \frac{\pi\left(c \cdot \cot\varphi + \gamma_0 d + \frac{1}{3}\gamma b\right)}{\cot\varphi - \frac{\pi}{2} + \varphi} + \gamma_0 d = \gamma b N_r + c N_c + \gamma_0 d N_q \qquad (7\text{-}3\text{-}11)$$

式中

$$N_r = \frac{\dfrac{\pi}{3}}{\cot\varphi - \dfrac{\pi}{2} + \varphi}$$

其余符号意义同前。

N_c、N_q、N_r 称为承载力系数，是仅与 φ 有关的无量纲系数，可以根据表 7-3-1 确定。

表 7-3-1　　　　　　　　　　　　　　　　　　　N_c、N_q、$N_r \sim \varphi$ 的关系值

$\varphi(°)$	N_c	N_q	N_r	
			$z_{max} = \frac{1}{4}b$	$z_{max} = \frac{1}{3}b$
0	3.14	1.0	0	0
2	3.32	1.12	0.03	0.04
4	3.51	1.25	0.06	0.08
6	3.71	1.40	0.10	0.13
8	3.93	1.55	0.14	0.18
10	4.17	1.73	0.18	0.24
12	4.42	1.94	0.23	0.31
14	4.70	2.17	0.29	0.39
16	5.00	2.43	0.36	0.48
18	5.31	2.72	0.43	0.58
20	5.66	3.10	0.51	0.69
22	6.04	3.44	0.61	0.81
24	6.45	3.87	0.72(0.80)	0.96
26	6.90	4.37	0.84(1.10)	1.12
28	7.40	4.93	0.98(1.40)	1.31
30	7.95	5.60	1.15(1.90)	1.53
32	8.55	6.35	1.34(2.60)	1.78
34	9.22	7.20	1.55(3.40)	2.07

续表

$\varphi(°)$	N_c	N_q	N_r	
			$z_{max}=\dfrac{1}{4}b$	$z_{max}=\dfrac{1}{3}b$
36	9.97	8.25	1.81(4.20)	2.41
38	10.80	9.44	2.11(5.00)	2.81
40	11.73	10.84	2.46(5.80)	3.28

注：括号内为《建筑地基基础设计规范》(GB50007—2011)中修正后的 N_r 值。

按照《建筑地基基础设计规范》(GB50007—2011)中的规定，当偏心距 $e \leqslant 0.033b$（b——基础底面宽度），可以根据 $p_{\frac{1}{4}}$ 来确定地基承载力的特征值。按照《水闸设计规范》(NB/T 35023—2014)中的规定，大型水闸土质地基的允许塑性区开展深度可以取 $\frac{1}{4}b$，即按 $p_{\frac{1}{4}}$ 来确定地基的允许承载力；对中型水闸，根据 $p_{\frac{1}{3}}$ 来确定地基的允许承载力。

【例 7-3-1】　某条形基础，宽度 $b=3m$，埋深 $d=1m$。地基土的重度 $\gamma=19kN/m^3$，饱和重度 $\gamma_{sat}=20kN/m^3$，土的抗剪强度指标 $c=10kPa$，$\varphi=10°$。地下水位距地面很深。试求：(1)地基土的临塑荷载 p_{cr} 和临界荷载 $p_{\frac{1}{4}}$，$p_{\frac{1}{3}}$；(2)若地下水位上升至基础底面，承载力将有何变化(假定土体的抗剪强度指标不变)。

【解】　(1)由 $\varphi=10°$ 查表 7-3-1 得承载力系数 $N_{r(\frac{1}{4})}=0.18$，$N_{r(\frac{1}{3})}=0.24$，$N_q=1.73$，$N_c=4.17$，将其分别代入式(7-3-9)、式(7-3-10)及式(7-3-11)中得

$$p_{cr}=cN_c+qN_q=10\times4.17+19\times1\times1.73=74.57kPa$$
$$p_{\frac{1}{4}}=cN_c+qN_q+\gamma b N_{r(\frac{1}{4})}=74.57+19\times3\times0.18=84.83kPa$$
$$p_{\frac{1}{3}}=cN_c+qN_q+\gamma b N_{r(\frac{1}{3})}=74.57+19\times3\times0.24=88.25kPa。$$

(2)当地下水位上升时，若假定土体的强度指标 c、φ 值不变，因而承载力系数不变。地下水位以下的土采用有效重度 $\gamma'=\gamma_{sat}-\gamma_w=20-10=10kN/m^3$，则地下水位上升时地基的承载力为

$$p_{cr}=74.57kPa$$
$$p_{\frac{1}{4}}=74.57+10\times3\times0.18=79.97kPa$$
$$p_{\frac{1}{3}}=74.57+10\times3\times0.24=81.77kPa。$$

从上述计算结果可知：(1) $p_{cr}<p_{\frac{1}{4}}<p_{\frac{1}{3}}$，即地基中所允许的塑性区开展的范围越大，设计所采用的地基承载力越高；(2)当地下水位上升时，即使抗剪强度不下降，地基的承载力仍将降低。

7.3.3　关于临塑荷载和临界荷载的讨论

从临塑荷载与临界荷载计算公式推导中，我们可以看出：

(1)计算公式适用于条形基础。这些计算公式是从平面问题的条形均布荷载情况导得

的,若将上述公式近似地用于矩形基础或圆形基础,其结果是偏于安全的。

(2)计算土中由自重产生的主应力时,假定土的侧压力系数 $K_0 = 1$,这与土的实际情况不符,但这样可以使计算公式简化。一般来说,这样假定的结果会导致计算的塑性区范围比实际偏小一些。

(3)在计算临界荷载 $p_{\frac{1}{4}}$ 和 $p_{\frac{1}{3}}$ 时,土中已出现塑性区,但这时仍按弹性理论计算土中应力,这在理论上是相互矛盾的,其所引起的误差是随塑性区范围的扩大而加大的。尤其是这种计算方法没有考虑地基土中出现塑性区后的应力重分布,因此,这种方法一般只在初估承载力或近似计算中采用。在国家标准《建筑地基基础设计规范》(GB50007—2011)中提出了采用 $p_{\frac{1}{4}}$ 公式来确定地基承载力的方法,但用载荷试验的结果对其承载力系数进行了修正(见表 7-3-1)。

7.4 用原位测试成果确定地基承载力

地基承载力可以通过原位测试试验来确定,常用的原位试验方法有:静载荷试验、静力触探试验、标准贯入试验和旁压试验等。有关这些试验的设备、操作等具体的内容,可以参阅相关文献、规范。本节只作简介。

7.4.1 静载荷试验

在重要建筑物的设计中,经常采用载荷试验的方法来确定地基承载力,因为这类试验往往可以提供较为合理的数值。这种方法由于已经沿用了很久,因此积累了丰富的经验,不少地基设计规范都将载荷试验结果作为确定或校核地基承载力的依据。但由于这种方法存在着耗时费力、试验受承压板尺寸大小的限制、所提供的沉降值与建筑物的实际沉降值相差较大等缺陷,因此,限制了这种方法的推广应用。

根据《建筑地基基础设计规范》(GB50007—2011)中的规定,静载荷试验分为浅层和深层。浅层平板载荷试验可以适用于确定浅部地基土层在承压板下应力主要影响范围内的承载力。承压板面积不应小于 $0.25\mathrm{m}^2$,对于软土不应小于 $0.5\mathrm{m}^2$。深层平板载荷试验适用于确定深部地基土层及大直径桩桩端土层在承压板下应力主要影响范围内的承载力,承压板采用直径为 $0.8\mathrm{m}$ 的刚性板。

通过对载荷板逐级加荷,同时测定在各级荷载作用下载荷板的沉降量,绘出图 7-4-1 所示的荷载与稳定沉降关系曲线,常称为 p-s 曲线。由该曲线确定地基承载力特征值的方法如下:

(1)当 p-s 曲线上有比例界限时,取该比例界限所对应的荷载值作为特征值;

(2)当 p-s 曲线上极限荷载 p_u 能确定,且该值小于对应比例界限的荷载值的 2 倍时,取极限荷载的一半作为地基承载力特征值;

(3)当不能按上述两款要求确定时,若承压板面积为 $0.25 \sim 0.5\mathrm{m}^2$,可以取 $\dfrac{s}{b} = 0.01 \sim 0.015$ 所对应的荷载,但其值不应大于最大加载量的一半。

同一土层参加统计的试验点不应少于三点,当试验实测值的极差(最大值与最小值之间的差值)不超过其平均值的30%时,取此平均值作为该土层的地基承载力特征值 f_{ak}。在此基础上根据实际基础的宽度和埋深进行修正得到修正后的地基承载力特征值 f_a。

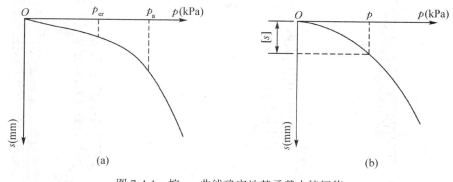

图 7-4-1　按 $p\text{-}s$ 曲线确定地基承载力特征值

7.4.2　静力触探试验

静力触探试验适用于软土、一般黏性土、粉土、砂土和含少量碎石的土。这类试验是将一固定规格的金属探头用静力贯入土层中的一种原位测试方法。所使用的仪器称为静力触探仪。静力触探仪有许多种，探头是该仪器的主要组成部分，根据探头型式的不同，可以分为单桥探头和双桥探头。利用单桥探头可以测得比贯入阻力，以 p_s 表示，即

$$p_s = \frac{P}{A} \tag{7-4-1}$$

式中：P ——总贯入阻力，kN；

A ——探头锥底面积，m^2。

单桥探头所测得的阻力是锥尖阻力和侧壁摩阻力之和，为了区分这两种阻力可以用另一种类型的双桥探头。双桥探头在锥头之上接有一段可以独立上下移动的摩擦筒，这样就可以测得探锥受到的阻力 $q_c(\text{kPa})$，即

$$q_c = \frac{Q_c}{A} \tag{7-4-2}$$

式中：Q_c ——探锥受到的贯入阻力，kN；

A ——锥底面积，m^2。

以及侧壁摩阻力 $f_s(\text{kPa})$

$$f_s = \frac{P_f}{F} \tag{7-4-3}$$

式中：P_f ——作用于套筒侧壁的总摩擦力，kN；

F ——摩擦筒的表面积，m^2。

由于土层的物理力学性质不同，因此，不同深度处探头的阻力也不相同。图 7-4-2 为一单桥探头的结构和其测试结果。图 7-4-3(a)是双桥探头在使用前的探锥与摩擦筒，图 7-4-3(b)是使用过程中的探锥与摩擦筒。

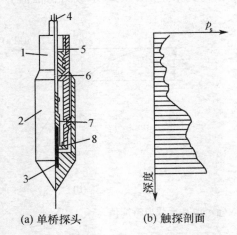

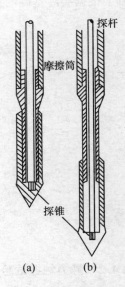

1—桩上接头；2—外套筒；3—探头管；4—四芯电缆；
5—密封圈；6—橡皮塞；7—空心柱(感应元件)；
8—电阻片

图 7-4-2　单桥探头及测试结果示例

图 7-4-3　双桥探头

就静力触探的机理而言，地基承载力的理论公式与静力触探之间尚难以建立起严格的关系，目前世界各国的研究趋于在实践的基础上建立近似的经验公式，以便于实际应用。我国有些地区和部门在积累大量资料的基础上，已经建立起了一套地基承载力与比贯入阻力 p_s 之间的相互关系，可以参见相关规范。

7.4.3　标准贯入试验

标准贯入试验适用于砂土、粉土和一般黏性土。这类试验是将质量为 63.5kg 的重锤，以落距为 76cm 的高度通过钻杆把标准贯入器打入土中。贯入器每打入土中 30cm 时所需要的锤击数称为标准贯入击数，用 $N_{63.5}$ 表示。贯入器如图 7-4-4 所示。由于贯入器中空，可以取土样直接观察或用于各类试验，对不易取样的砂土，这种试验方法有其独到的长处。

标准贯入试验简便易行，是评价地基承载力的重要原位测试手段。

7.4.4　轻便触探试验

轻便触探试验的基本原理和标准贯入试验相同，其主要设备由探头、触探杆、穿心锤三部分组成，触探杆每根长仅为 1.0~1.5m，穿心锤重 10kg，落距为 50cm。

轻便触探试验一般使用于深度小于 4m 的土层，主要用于地基承载力的评价。

7.4.5　旁压试验

旁压试验是将圆柱形的旁压器竖直放入土中，在旁压器中施加压力使之侧向扩张对周围土体施加侧向压力，测量压力和径向变形的关系就可以得到水平方向上的应力~应变关系。旁压仪分为预钻式旁压仪、自钻式旁压仪和压入式旁压仪三种，各适用于不同的条

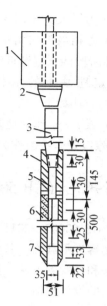

1—穿心锤；2—锤垫；3—触探杆；4—贯入器头；5—出水孔；6—对分式贯入器身；7—贯入器靴

图 7-4-4　标准贯入器（单位：mm）

件。预钻式旁压仪是预先钻孔再放入旁压器，土的原始应力状态已经改变，不适用于不易成孔或要缩孔的土层；自钻式旁压仪是利用自身的钻头钻入土中，旁压器随着钻头一起进入土中，周围土体基本保持原位应力状态，但操作技术要求复杂，不适用于含碎石的土；压入式旁压仪用的是圆锥形旁压器，在静力作用下压入土中，操作比自钻式旁压仪简单，适用于一般黏性土、粉土和软土。

旁压试验的结果为压力与体积曲线，如图 7-4-5 所示。典型的旁压曲线可以分为三段：

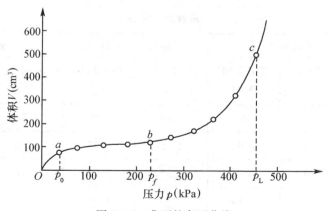

图 7-4-5　典型的旁压曲线

Ⅰ段（Oa 段）　初步阶段；

Ⅱ段（ab 段）　似弹性阶段，压力与体积变化量大致呈直线关系；

Ⅲ段(*bc*段)　塑性阶段，随着压力增大，体积变化量迅速增加。

初步阶段与似弹性阶段的界限压力相当于初始水平应力p_0，似弹性阶段与塑性阶段的界限压力相当于临塑压力p_f，塑性阶段的末尾渐近线的压力相当于极限压力p_L。

利用旁压试验的成果可以确定地基土的承载力，按照《岩土工程勘察规范》（GB50021—2001）[2009版]所推荐的方法如下：

（1）根据当地经验，直接取用p_f或p_f-p_0作为地基承载力；

（2）根据当地经验，取(p_L-p_0)除以安全系数作为地基承载力。

7.5　按《建筑地基基础设计规范》(GB 50007—2011)确定地基承载力

我国《建筑地基基础设计规范》（GB 50007—2011）对于地基承载力的确定，是基于正常使用极限状态的设计，设计中采用容许承载力。其中确定承载力的方法有在强度试验基础上的公式计算法、现场原位试验法和经验的方法。这些方法确定的也是容许承载力的初值，最后还要通过沉降计算确定最终的设计取值。

1. 承载力公式法

该规范给出的计算公式为

$$f_a = M_b\gamma b + M_d\gamma_m d + M_c c_k \tag{7-5-1}$$

式中：f_a——地基承载力的特征值；

　　M_b、M_d、M_c——承载力系数，可按表7-5-1取值，其中式(7-3-10)的承载力系数为$\dfrac{p}{n}$的值；

　　b——基底宽度，大于6m按6m取值，对于砂土小于3m按3m取值；

　　c_k、φ_k——基底以下1倍底宽b内的地基土内摩擦角和黏聚力标准值。

表 7-5-1　　　　　　　　　　　承载力系数表

$\varphi_k(°)$	基础宽度系数		基础埋深系数		黏聚力系数	
	式(7-5-1) M_b	式(7-3-10) $N_r/2$	式(7-5-1) M_d	式(7-3-10) N_q	式(7-5-1) M_c	式(7-3-10) N_c
0	0	0	1.00	1.00	3.14	3.14
2	0.03	0.03	1.12	1.12	3.32	3.32
4	0.06	0.06	1.25	1.25	3.51	3.51
6	0.10	0.10	1.39	1.40	3.71	3.71
8	0.14	0.14	1.55	1.55	3.93	3.93
10	0.18	0.18	1.73	1.73	4.17	4.17
12	0.23	0.23	1.94	1.94	4.42	4.42

$\varphi_k(°)$	基础宽度系数		基础埋深系数		黏聚力系数	
	式(7-5-1) M_b	式(7-3-10) $N_r/2$	式(7-5-1) M_d	式(7-3-10) N_q	式(7-5-1) M_c	式(7-3-10) N_c
14	0.29	0.30	2.17	2.17	4.69	4.70
16	0.36	0.36	2.43	2.43	5.00	5.00
18	0.43	0.43	2.72	2.72	5.31	5.31
20	0.51	0.50	3.06	3.10	5.66	5.66
22	0.61	0.60	3.44	.3.44	6.04	6.04
24	0.80	0.70	3.87	3.87	6.45	6.45
26	1.10	0.80	4.37	4.37	6.90	6.90
28	1.40	1.00	4.93	4.93	7.40	7.40
30	1.90	1.20	5.59	5.60	7.95	7.95
32	2.60	1.40	6.35	6.35	8.55	8.55
34	3.40	1.50	7.21	7.20	9.22	9.22
36	4.20	1.80	8.25	8.25	9.97	9.97
38	5.00	2.10	9.44	9.44	10.80	10.80
40	5.80	2.50	10.84	10.84	11.73	11.73

使用该公式时有如下几点值得注意：

(1)该公式与按塑性区最大开展深度确定临界荷载 $p_{1/4}$ 的公式是相似的，在表 7-5-1 中，当 $\varphi<20°$ 时，它与式(7-3-10)中 $p_{1/4}$ 的三个承载力系数数值基本相同；当 $\varphi>20°$ 时，式 (7-5-1)的宽度系数值显著提高了。

(2)与 $p_{1/4}$ 的公式一样，该公式也是在竖向中心荷载条件下推导的，所以它适用于偏心距 e 不大的情况，要求 $e \leqslant 0.033b$。

(3)该公式采用的强度指标是基于室内三轴试验的标准值，它不同于简单的试验成果的平均值，对成果进行了统计分析，考虑了成果的离散情况。

首先要求进行 $n \geqslant 6$ 组三轴试验，然后计算试验指标的平均值 μ、标准差 σ 和变异系数 δ

$$\mu = \frac{\sum_{i=1}^{n} \mu_i}{n} \tag{7-5-2}$$

$$\sigma = \sqrt{\frac{\sum\limits_{i=1}^{n}(\mu_i - \mu)^2}{n-1}} \qquad\qquad (7\text{-}5\text{-}3)$$

$$\delta = \frac{\sigma}{\mu} \qquad\qquad (7\text{-}5\text{-}4)$$

再计算内摩擦角和黏聚力的统计修正系数 ψ_φ 和 ψ_c，

$$\psi_\varphi = 1 - \left(\frac{1.704}{\sqrt{n}} + \frac{4.678}{n^2}\right)\delta_\varphi \qquad\qquad (7\text{-}5\text{-}5)$$

$$\psi_c = 1 - \left(\frac{1.704}{\sqrt{n}} + \frac{4.678}{n^2}\right)\delta_c \qquad\qquad (7\text{-}5\text{-}6)$$

最后，计算强度指标的标准值

$$\varphi_k = \psi_\varphi \varphi_m \qquad\qquad (7\text{-}5\text{-}7)$$

$$c_k = \psi_c c_m$$

式中：φ_m、c_m——内摩擦角和黏聚力的试验平均值；

δ_φ、δ_c——内摩擦角和黏聚力的试验变异系数。

2. 现场原位试验法

现场原位试验确定承载力的方法有浅层和深层平板载荷试验、标准贯入试验、静力触探试验和旁压试验等。其中最常用的是浅层平板载荷试验。首先通过试验测得荷载~沉降曲线（$p\text{-}s$ 曲线），确定承载力特征值的初值 f_{ak}，它可以取为曲线的比例界限（相当于临塑荷载）；或者极限承载力的一半，但如试验的极限荷载 p_u 小于比例界限的 2 倍时，可取 $f_{ak} = p_u/2$；当没有做到极限荷载时，取试验最大荷载的一半。

在对具体基础进行设计时，对于从载荷试验或者按经验值确定的承载力 f_{ak}，还应当计入基础的深度和宽度的影响。

$$f_a = f_{ak} + \eta_b \gamma(b-3) + \eta_d \gamma_m(d-0.5) \qquad\qquad (7\text{-}5\text{-}8)$$

式中：f_a——修正后的地基承载力特征值，kPa；

η_b、η_d——基础的宽度和深度承载力修正系数，可按表 7-5-2 取值；

γ——基底以下土的加权平均重度，潜水位以下取浮重度，kN/m^3；

γ_m——基底以上土的加权平均重度，潜水位以下取浮重度，kN/m^3；

b——基底宽度，m，当 $b<3$m，按 $b=3$m 取值，当 $b>6$m，按 $b=6$m 取值；

d——基础埋置深度，m，一般自室外地面标高算起。在填方整平区，可从填方地面标高算起，但填方在上部结构施工后完成时，应从天然地面算起。对于地下室，整体性的基础（如箱形基础和筏形基础）可从室外地面算起；采用独立或条形基础时，应从室内地面算起。

表 7-5-2 承载力修正系数表

土 的 类 别	η_b	η_d
淤泥和淤泥质土	0	1.0
人工填土 e 或 I_L 大于或等于 0.85 的黏性土	0	1.0

续表

土 的 类 别		η_b	η_d
红黏土	含水比 $\alpha_w > 0.8$	0	1.2
	含水比 $\alpha_w \leqslant 0.8$	0.15	1.4
大面积压实填土	压实系数大于 0.95，黏粒含量 $\rho_c \geqslant 10\%$ 的粉土	0	1.5
	最大干密度大于 2.1g/cm³ 的级配砂石	0	2.0
粉土	黏粒含量 $\rho_c \geqslant 10\%$	0.3	1.5
	黏粒含量 $\rho_c < 10\%$	0.5	2.0
e 及 I_L 均小于或等于 0.85 的黏性土		0.3	1.6
粉砂、细砂(不包括很湿与饱和时的稍密状态)		2.0	3.0
中砂、粗砂、砾砂和碎石土		3.0	4.4

　　具体工程可通过载荷试验或其他原位试验、按经验取值和公式计算综合确定，然后还要进行沉降计算，有时还要验算软弱下卧层地基承载力。

习　题　7

一、思考题

　　1. 地基发生剪切破坏的型式有哪些？地基剪切破坏与土的性质有何关系？其中整体剪切破坏的过程和特征怎样？

　　2. 确定地基承载力的方法有哪些？

　　3. 确定地基极限承载力时，为什么要假定滑动面？各种计算地基极限承载力的公式假定中，你认为哪些假定较合理？哪些假定可能与实际情况有较大差异？

　　4. 地基的破坏过程与地基中的塑性区开展范围有何关系？正常工作状态下应当处在破坏过程的哪一位置？

　　5. 影响地基承载力的因素有哪些？

　　6. 考虑到地基的不均匀性，用载荷试验方法确定地基承载力，应当注意什么问题？若把载荷试验结果直接用于实际基础的计算是否合适？

二、习题

　　1. 某基础长 60m，宽 10m，设置在均质地基上，基础的埋深为 3m，地下水面距地面很深。地基土的重度为 18.0kN/m³，土粒比重为 2.70，内摩擦角为 16°，黏聚力为 20.0kPa，该地基土的载荷试验曲线形状如图 7-1-2 中 a 线所示。试问按太沙基公式计算该基础承受铅直中心荷载(安全系数为 2.5)时地基的承载力是多少？又若地下水上升至基础底面高程时，地基的承载力会有何变化(假设此时土的 c、φ 不变)？

2. 某浅埋基础长 30m，宽 10m，地基资料见题 7-1，试求在倾斜荷载(见下图)作用时，地基的极限承载力是多少?

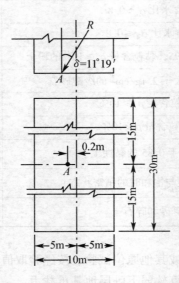

3. 某条形基础宽 12m，埋深为 2m，基土为均质黏性土，$c=15.0$kPa、$\varphi=15°$，地下水位与基础底面同高，该面以上土的重度为 18.0kN/m³，以下有效重度为 9.0kN/m³。试计算在受到均布荷载作用时，地基的临塑荷载及 $p_{\frac{1}{4}}$ 值。

第 8 章　土坡的稳定性分析

　　土坡分为天然土坡和人工土坡。在自然条件下，由于地质作用形成的土坡称为天然土坡。人类在修建各种工程时，在天然土体中开挖或在天然地面上填筑而成的土坡，称为人工土坡。土坡的简单外形及各部位的名称如下图 8-0-1 所示，其中坡趾又称为坡脚，坡肩在平面上称为土坡的"眉线"。土坝、土堤可以看做是由两面土坡构成的结构，如图 8-0-2 所示，分析其稳定性时，通常对两面坡分别进行分析。

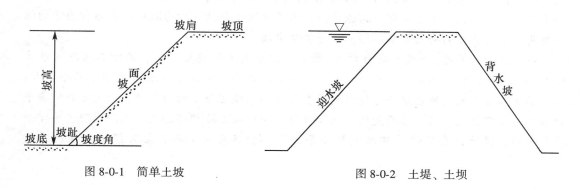

图 8-0-1　简单土坡　　　　　　　　　　　图 8-0-2　土堤、土坝

　　土坡中一部分土体相对于另一部分土体发生位移，进而丧失其原有稳定性的现象，称为滑坡，如图 8-0-3 所示。发生滑动的部分土体称为滑体。大量工程实践和理论研究都证实，均质黏性土坡发生滑坡时，坡顶首先会出现张裂与错位，然后在水的参与之下，形成一个曲面形状的滑动面，滑体下滑（见图 8-0-3）；在由砂、卵石、风化砾等无黏性土构成的土坡中，滑面近似为平面形状（如图 8-0-4，在剖面上为直线）；如果土坡局部存在薄的软弱夹层，则可能形成由曲面和平面组合的复合滑动面，如图 8-0-5 所示。

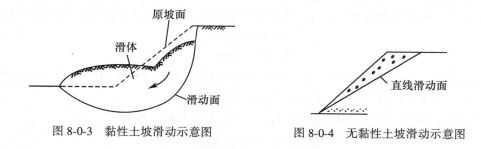

图 8-0-3　黏性土坡滑动示意图　　　　　图 8-0-4　无黏性土坡滑动示意图

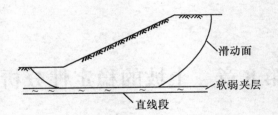

图 8-0-5 存在软弱夹层时土坡滑动示意图

土坡失稳是由于促使土坡(滑体)运动的滑动力与滑面上的抗滑力这一对矛盾相抗衡，发展下去最终滑动力(力矩)超过抗滑力(力矩)而产生的现象。由于环境的改变，下滑力和抗滑力处于变化之中，诸如降雨使土的重度增加，土坡内、外水位的变化使渗透力改变，坡顶张裂缝充水后产生张力，以及地震产生的动荷载等，这些因素会使滑动力增加；而土的干裂、冻胀、土体湿化、膨胀后强度降低等因素会使抗滑力减小。在各种因素的综合作用下，若土坡的安全储备不够，就会发生滑坡。

一般土坡的长度(垂直于剖面方向)很长，故分析土坡稳定性时，通常在土坡延展方向取单位长度，按平面应变问题来计算。在工程实践中，分析土坡稳定性用于两个方面：一方面是验算已有土坡在未来可能遇到的各种外部环境组合下的稳定性，确定是否需要采取加固、治理措施；另一方面是进行土坡设计，即根据土坡预定高度、土的物理、力学性质等条件，设计出在各种外部环境组合条件下既能满足安全的需要又经济合理的土坡型式。

8.1 无黏性土土坡的稳定性分析

由无黏性土形成的土坡，失稳时滑动面近似于平面，常用平面滑动法分析其稳定性。

8.1.1 全干或全部被水淹没的土坡

无黏性土颗粒之间无黏聚力，对于均质全干土坡来说，只要坡面上的土粒能够保持稳定，整个土坡便是稳定的。

如图 8-1-1(a)所示，以坡角为 β 的均质无黏性土坡进行研究。坡面上任一位置的小土块，体积为 V，所受重力为 $W=V\cdot\gamma$，该力在沿坡面方向与垂直于坡面方向的分量分别为

$$T=W\cdot\sin\beta \tag{8-1-1}$$

$$N=W\cdot\cos\beta \tag{8-1-2}$$

力 T 使土块下滑，而力 N 将产生阻止土块下滑的摩擦力 T_f，按库伦强度理论，T_f 最大可达 $T_f=N\cdot\tan\varphi=W\cdot\cos\beta\cdot\tan\varphi$，式中 φ 为土的内摩擦角。

抗滑力与下滑力之比为土块(亦即土坡)的稳定安全系数，即

$$F_s=\frac{抗滑力\ T_f}{下滑力\ T}=\frac{W\cos\beta\ \tan\varphi}{W\sin\beta}=\frac{\tan\varphi}{\tan\beta} \tag{8-1-3}$$

从式(8-1-3)可知，当 $\beta>\varphi$ 时，$F_s<1$，土块将下滑，亦即坡面上一定范围内的土体要下

滑，土坡失稳；当 $\beta=\varphi$ 时，$F_s=1$，坡面上土粒处于极限平衡状态，坡体中土粒处于临界稳定状态；当 $\beta<\varphi$ 时，$F_s>1$，土块处于稳定平衡状态，亦即土坡是稳定的。从式（8-1-3）还可以得知，全干无黏性土坡的稳定性与坡高无关，而只与坡角 β 有关。

　　土坡完全被水淹没时，坡面上土块所受重力下降（重度由天然重度降为浮重度），下滑力 T 和正压力 N 成比例下降。若土的内摩擦角不变，则土坡的安全系数与干坡相同。若考虑土在水下时内摩擦角稍有降低的情况，则水下土坡安全系数也稍有降低，若用同样的安全系数来要求，则水下土坡的稳定坡角比干坡时稍小。

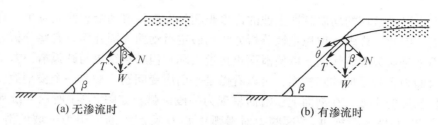

（a）无渗流时　　　　　　　　　　　（b）有渗流时

图 8-1-1　无黏性土坡稳定性分析

8.1.2　有渗流作用的土坡

　　如图 8-1-1（b）所示，当无黏性土坡中有地下水出逸时，沿渗流出逸方向会产生渗透力 $j=i\gamma_w$。坡面上体积为 V 的小土块除受重力 W 作用外，还要受到渗透力 j 的作用，该力沿坡面方向的分量增大了下滑力，而在坡面法向的分量又减小了土块对坡面的正压力，从而减小了抗滑力。若渗流出逸方向与坡面夹角记为 θ，则受渗流作用的小土块的安全系数为

$$F_s=\frac{\text{抗滑力}}{\text{滑动力}}=\frac{(V\gamma'\cos\beta-i\gamma_w\sin\theta)\tan\varphi}{V\gamma'\sin\beta+i\gamma_w\cos\theta} \tag{8-1-4}$$

式中：γ'——土的浮容重，kN/m^3；

　　　　γ_w——水的重度，kN/m^3。

从式（8-1-4）可知，与无渗流时相比较，有渗流作用时土坡的安全系数有所减小，减小的幅度与渗流出逸方向和水力坡降有关。

　　当渗流方向为沿坡面向下时，$\theta=0$，水力坡降为 $i=\sin\beta$，则

$$F_s=\frac{\gamma'\cos\beta\,\tan\varphi}{\gamma'\sin\beta+\gamma_w\sin\beta}=\frac{\gamma'\tan\varphi}{(\gamma'+\gamma_w)\tan\beta}=\frac{\gamma'\tan\varphi}{\gamma_{sat}\tan\beta} \tag{8-1-5}$$

由于 $\dfrac{\gamma'}{\gamma_{sat}}\approx\dfrac{1}{2}$，因此无黏性土坡中存在渗流时，安全系数要比无渗流时降低约 $\dfrac{1}{2}$，只有当坡角 $\beta\leqslant\arctan\left(\dfrac{1}{2}\tan\varphi\right)$ 时，土坡才能维持稳定。

　　自然状态下，无黏性土坡在雨后总会出现地下水出逸现象，地下水位以上可以维持 $\beta\approx\varphi$ 的较大坡角，渗流线以下则坡角较缓，出现上陡下缓的现象，因此在进行无黏性土坡设计时，必须考虑渗流的影响。

　　干砂堆积而成的土坡，坡角 β 接近于内摩擦角 φ，称为自然休止角。湿砂可以堆成较

陡的土坡，其原因是湿砂中存在毛细管水，有表面张力作用，从而形成了假黏聚力。在湿砂中开挖时可以挖成相当陡的边坡，其原理也在于假黏聚力的作用。当土中的水蒸发掉，或土坡被水浸没时，假黏聚力消失，这种陡坡便会失去稳定性。

8.2 黏性土土坡的稳定性分析

8.2.1 一般原理

对已发生滑动破坏的均质黏性土坡的许多观测都发现，滑动沿着曲面发生，且曲面接近于圆柱面，因此，许多土坡稳定性分析方法均假定滑动面为圆柱面。有些分析方法假定滑面在剖面上是对数螺旋线型，以使滑面更接近实际，但计算结果与圆弧滑面差别不大。

假定滑面为无限延伸的圆柱面，可以看做是平面应变问题，截取一个横剖面，代表延长方向单位长度的土坡。在剖面上，滑面呈现为一段圆弧，如图 8-2-1 所示。滑动体所受外力为重力 W_1 和坡面荷载 W_2，这些力对滑弧中心 O 所产生的力矩为土坡的滑动力矩，而滑面上的抗剪强度 τ_f 对 O 点的力矩之和为抗滑力矩，因此土坡的稳定安全系数为

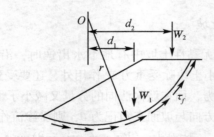

图 8-2-1 圆弧型滑坡分析简图

$$F_s = \frac{抗滑力矩}{滑动力矩} = \frac{\tau_f \cdot L \cdot r}{W_1 d_1 + W_2 d_2} \tag{8-2-1}$$

式中：d_1、d_2——W_1、W_2 合力作用点距圆心 O 点水平距离，m；

　　　r ——滑弧半径，m；

　　　τ_f——滑面上的平均抗剪强度，kPa；

　　　L——滑弧总长度，m。

土坡保持稳定时，土的抗剪强度并没有完全发挥，而是只发挥了与下滑力矩平衡所需的那一部分，因此安全系数也可以定义为

$$F_s = \frac{土所具有的抗剪强度 \tau_f}{保持平衡所需发挥的土体强度 \tau} \tag{8-2-2}$$

根据力矩平衡关系有

$$\tau \cdot L \cdot r = W_1 d_1 + W_2 d_2$$

$$\tau = \frac{W_1 d_1 + W_2 d_2}{L \cdot r} \tag{8-2-3}$$

代入式(8-2-2)得

$$F_s = \frac{\tau_f \cdot L \cdot r}{W_1 d_1 + W_2 d_2}$$

上式与式(8-2-1)完全一致。

　　许多学者提出的土坡稳定性分析方法，对安全系数的定义多采用式(8-2-2)，只是在使超静定问题转化为静定问题时，采用了不同的处理方法和简化假定。

　　式(8-2-1)的安全系数是对一个确定的滑面而言的，滑面位置不同，安全系数就会不同。土坡中最有可能发生滑动的滑动面，是安全系数最小的那个滑弧，这个最小的安全系数就视为土坡的安全系数，用以反映土坡的安全程度。相关研究表明，若土坡为均质黏性土且地基土质良好，或各土层的抗剪强度相差不大，则最危险的滑面通过坡脚，称为坡趾圆。此时滑弧位置可以用其圆心的坐标 $O(x, y)$ 来反映，即土坡的安全系数 F_s 是滑弧中心 O 的坐标 x、y 的函数，$F_s = f(x, y)$，可以通过两因素优选法寻找最小安全系数及其对应的最危险滑弧。若土层之间抗剪强度相差较大，则会形成复合滑面(见图 8-0-5)，可能通过坡脚，也可能不通过坡脚，此时最危险滑弧的寻找不仅需要改变圆心位置，还需改变滑面出露位置(与软弱夹层交点会不同)，因此要进行三因素优选(圆心坐标 x，y，滑弧出露位置的 x 坐标)来确定最危险滑弧及其对应的土坡最小安全系数。

8.2.2　瑞典条分法

　　由库伦定律知，$\tau_f = c + \sigma_n \tan\varphi$，滑面上的抗剪强度 τ_f 与法向应力 σ_n 有关，而法向应力在滑面各处是不相同的，因此，τ_f 在滑面上也就不是一个常数。要确定滑弧各处的 τ_f 及其对滑弧中心点的力矩，常用条分的方法来实现。条分后力学分析的方法很多，其中最早的最简化方法是瑞典人彼特森(Petterson)于 1915 年提出的，并经其同胞费伦纽斯(Fellenius)进行了改进，因此称为瑞典条分法。

　　如图 8-2-2(a)所示，将滑动体分成若干土条，土条的宽度不宜太宽，以使条块底部的直线能近似代替圆弧滑面。各条块的宽度不一定相同，一般应在坡面拐点、地层分界面与滑面相交处、地下水位与滑面相交处等特征点处按规定分条(其他分条位置可以任选)，以便于计算条块重量与滑面抗剪强度时实现程序化。

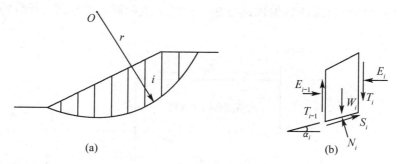

(a)　　　　　　　　　　　　　　　(b)

图 8-2-2　条分法及条块受力简图

　　下面来分析典型土条 i 的受力。如图 8-2-2(b)所示，条块底部滑面倾角为 α_i，条块受力有：铅直向力 W_i(包括重力和铅直向外荷)；两侧的土条间作用力 E_{i-1}、E_i 和 T_{i-1}、T_i；滑面上的法向力 N_i 和切向力 S_i。对于整个滑体来说，条块间作用力 E、T 对圆心的总力矩为零，因此，使土条下滑的力是 W_i 在滑动方向的分量 $W_i\sin\alpha_i$，而抵抗土条下滑的力为

$$S_i = \tau_i L_i = \frac{(\sigma_i\tan\varphi_i + c_i)L_i}{F_s} \tag{8-2-4}$$

式中：L_i——i 条块底面(滑弧)长度；

φ_i、c_i——i 条块底面处土的抗剪强度指标。

$$\sigma_i = \frac{W_i\cos\alpha_i}{L_i} \tag{8-2-5}$$

所以

$$S_i = \frac{W_i\cos\alpha_i\tan\varphi_i + c_i L_i}{F_s} \tag{8-2-6}$$

考虑整个滑体的力矩平衡，总抗滑力矩等于总滑动力矩，因此有

$$F_s = \frac{\sum r(W_i\cos\alpha_i\tan\varphi_i + c_i L_i)}{\sum r \cdot W_i\sin\alpha_i} = \frac{\sum(W_i\cos\alpha_i\tan\varphi_i + c_i L_i)}{\sum W_i\sin\alpha_i} \tag{8-2-7}$$

式中：r——滑弧半径。

若已知滑面上各处的孔隙水压力，可以用有效应力法分析

$$F_s = \frac{\sum[(W_i\cos\alpha_i - u_i L_i)\tan\varphi'_i + c'_i L_i]}{\sum W_i\sin\alpha_i} \tag{8-2-8}$$

式(8-2-7)、式(8-2-8)是对于特定圆弧滑面用瑞典条分法计算土坡安全系数的公式，而只有最危险滑面的安全系数 F_{smin} 才是反映土坡稳定性的参数。为确定最危险滑面，Fellenius 提出了经验方法，但对于手算来说，工作量仍很大。在计算机技术基本普及的今天，可以将条分法公式编制程序，通过平面上寻找的方法找到最危险滑面及其对应的安全系数 F_{smin}。对于坡趾圆的情况，圆心反映了滑面的位置，因此可以先确定一个肯定包含最危险圆心位置的较大区域，如图 8-2-3 所示：从坡肩向外 1.5 倍边坡宽度、1 倍边坡高度的范围内，肯定会包含最危险圆心位置。在该区域内，可以通过安全系数等值线法、坐标交替 0.618(黄金分割)法或其他优选方法，找到最危险圆心的位置(滑面)及其对应的安全系数 F_{smin}。

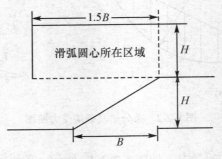

图 8-2-3　最危险滑弧圆心所在区域

8.2.3 毕肖普条分法

毕肖普条分法是毕肖普(Bishop)于 1955 年提出的，该方法在建立条块受力平衡方程时，考虑了侧向受力的影响，因此较瑞典条分法更为合理。

如图 8-2-4 所示，土条 i 上的受力有：重力 W_i(包括铅直向外荷)、滑面上的有效法向应力 N_i'、总孔隙水压力 $U_i = u_i L_i$、剪力 S_i 和土条两侧的作用力 E_i、E_{i-1} 与 T_i、T_{i-1}。

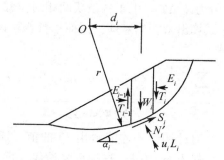

图 8-2-4 毕肖普法受力分析图

考虑铅直方向的受力平衡

$$W_i = N_i'\cos\alpha_i + u_i L_i \cos\alpha_i + S_i \sin\alpha_i + (T_i - T_{i-1}) \tag{8-2-9}$$

式中，

$$S_i = T_i L_i = \frac{N_i'\tan\varphi_i' + c_i' L_i}{F_s} \tag{8-2-10}$$

将式(8-2-10)代入式(8-2-9)解得

$$N_i' = \frac{W_i - u_i L_i \cos\alpha_i - \dfrac{c_i L_i}{F_s}\sin\alpha_i - (T_i - T_{i-1})}{\cos\alpha_i + \dfrac{\tan\varphi_i'}{F_s}\sin\alpha_i} \tag{8-2-11}$$

令

$$m_{\alpha_i} = \cos\alpha_i + \frac{\tan\varphi_i'}{F_s}\sin\alpha_i$$

$$\Delta T_i = T_i - T_{i-1}$$

而 $L_i\cos\alpha_i = b_i$ 为条块 i 的宽度，三项一起代入式(8-2-11)得

$$N_i' = \frac{1}{m_{\alpha_i}}\left(W_i - \Delta T_i - u_i b_i - \frac{c_i' b_i}{F_s}\tan\alpha_i\right) \tag{8-2-12}$$

将式(8-2-12)代入式(8-2-10)得

$$S_i = \frac{(W_i - \Delta T_i - u_i b_i)\tan\varphi_i' + c_i' b_i}{m_{\alpha_i} F_s} \tag{8-2-13}$$

考虑整个滑体的力矩平衡

$$\sum W_i \alpha_i = \sum S_i r \tag{8-2-14}$$

其中，α_i、r 的意义见图 8-2-4，$\alpha_i = r\sin\alpha_i$。

式(8-2-14)中不含侧向力 E、T 产生的力矩，是因为每一分条面上的 E、T 对于相邻条块来说是作用力和反作用力，当考虑整个滑体的力矩平衡时，这种条间力成为内力，对圆心产生的力矩会相互抵消。

将式(8-2-13)代入式(8-2-14)得

$$F_s = \frac{\sum \dfrac{1}{m_{\alpha_i} F_s} \left[(W_i - \Delta T_i - u_i b_i) \tan\varphi_i' + c_i' b_i \right]}{\sum W_i \sin\alpha_i} \tag{8-2-15}$$

式中包含了土条两侧的剪力差 ΔT_i。由于各条块间相对位移不同，其间的竖向抗剪力发挥水平也就不同，要将 T_i 试算出来相当麻烦，因而毕肖普建议不计 ΔT_i 值，即令 $\Delta T_i = 0$，从而得到简化毕肖普公式

$$F_s = \frac{\sum \dfrac{1}{m_{\alpha_i} F_s} \left[(W_i - u_i b_i) \tan\varphi_i' + c_i' b_i \right]}{\sum W_i \sin\alpha_i} \tag{8-2-16}$$

式中，等式两边均含有 F_s，要通过迭代法才能解出 F_s 的值。通常的做法是先令 m_{α_i} 中的 $F_s = 1$，算得等式左边的 F_s 后再代入 m_{α_i} 中去，这样反复迭代，直到迭代前后的 F_s 差值小于规定的误差，此 F_s 即为该滑面对应的安全系数。

相关研究表明，简化毕肖普法与精确法相比较，其误差仅 1% 左右，安全系数对 $\Delta T_i = 0$ 假定的敏感性比对抗剪强度误差的敏感性小多了，因此简化毕肖普法在实际工程中应用广泛。

相关研究还发现，深部土层比浅部土层强度相差较大时，由于最危险滑面避硬趋软，部分条块的滑面倾角会出现较大的负值，使得 $m_\alpha \leqslant 0.2$，此时简化毕肖普法将不再适用，必须采用其他分析方法评价土坡的稳定性。

【例 8-2-1】　如图 8-2-5 所示，一均质黏性土坡，高 20m，边坡比为 1∶3，土的内摩擦角 $\varphi = 20°$，粘聚力 $c = 8$kPa，重度 $\gamma = 18.5$kN/m³，试用简化毕肖普条分法计算土坡的安全系数。

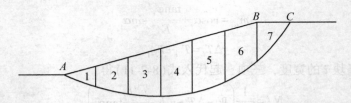

图 8-2-5　简化毕肖普条分法分析土坡稳定性算例图

【解】　(1) 按比例绘制土坡剖面图，根据经验确定一个圆心位置，作为第一次试算的滑弧中心，通过坡脚绘制相应的滑弧 AC；

(2) 将滑动土体 $ABCA$ 分成若干条，从坡脚向上依次编号；

(3) 确定各土条的宽度、体积(按土坡延长方向 1m 厚计算)、倾角；

(4) 列表计算各土条重量 W_i、$W_i \sin\alpha_1$(见表 8-2-1)；

（5）假定 $F_{s_0}=1$，计算各土条的 $m_{\alpha_i}=\cos\alpha_i+\dfrac{\tan\varphi_i\sin\alpha_i}{F_s}$，$X_i=\dfrac{c_ib_i+W_i\tan\varphi_i}{m_{\alpha_i}}$，

（6）$F_{s_1}=\dfrac{\sum W_i\sin\alpha_i}{\sum X_i}$，若 $F_{s_1}-F_{s_0}$ 大于规定误差，则将 F_{s_1} 代入 m_{α_i} 式中，计算 m_{α_i}、X_i 和 F_{s_2}；

（7）迭代计算，直到 $F_{s_i}-F_{s_{i1}}$ 小于规定误差，则这个 F_{s_i} 为给定滑面的安全系数；

（8）选择不同滑弧，分别计算其安全系数，找到其中最小的安全系数 $F_{s\min}$，即为土坡的安全系数。

虽然迭代计算较为繁琐，且要计算多个滑面的安全系数，但由于计算机技术的普及，这个问题可以迎刃而解，按计算公式编制出程序，很快即可以计算出最小安全系数 $F_{s\min}$。

表 8-2-1　　　　　　　　　　　　　土坡稳定性毕肖普条分法

序号	土条宽度(m)	土条体积(m^3)	土条重量(kN)	土条倾角(°)	$W_i\sin\alpha_i$ (kN)	第一次		第二次	
						m_α	X_i	m_α	X_i
1	10	40	740	−25.5	−318.6	0.746	251.4	0.803	270.6
2	10	107.5	1 988.75	−13.3	−457.5	0.889	685.7	0.920	709.2
3	10	155	2 867.5	−1.7	−85.1	0.989	1 064.2	0.993	1 068.4
4	10	182.5	3 376.25	9.8	574.7	1.047	1 312.4	1.025	1 284.3
5	10	190	3 515	21.7	1 299.7	1.064	1 384.2	1.015	1 320.7
6	10	170	3 145	34.8	1 794.9	1.029	1 206.6	0.953	1 118.2
7	11	93.5	1 729.75	51.5	1 353.7	0.907	625.2	0.804	554.0
					$\sum W_i\sin\alpha_i$	$\sum X_i$		$\sum X_i$	
					4 161.8	6 529.7		6 325.3	
						$F_{s_0}=1.0$	$F_{s_1}=1.569$		$F_{s_1}=1.520$

$$m_{\alpha_i}=\frac{\cos\alpha_i+\tan\varphi_i\sin\alpha_i}{F_s},\qquad X_i=\frac{c_ib_i+W_i\tan\varphi_i}{m_{\alpha_i}}$$

迭代至第 4 次，得安全系数 $F_s=1.522$，前后两次的 F_s 值相差小于 0.001。

8.2.4　简布法

普遍条分法是适用于任意滑动面的方法，而不必规定圆弧滑动面。它特别适用于不均匀土体的情况。简布法是其中的一种方法。图 8-2-6 的滑动面一般发生在地基具有软弱夹层的情况。简布法是假设条间力的作用位置。这样，各土条都满足所有的静力平衡条件和极限平衡条件，滑动土体的整体平衡条件自然也得到满足。

从图 8-2-7(a)滑动土体 ABC 中取任意土条 i 进行静力分析。作用在土条 i 上的力及其作用点如图 8-2-7(b)所示。按静力平衡条件：

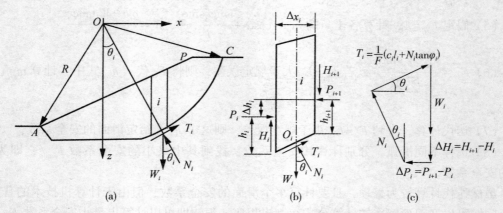

图 8-2-6　简布法条块作用力分析

$\sum F_z = 0$，得式

$$W_i + \Delta H_i = N_i\cos\theta_i + T_i\sin\theta_i$$
$$N_i\cos\theta_i = W_i + \Delta H_i - T_i\sin\theta_i \qquad (8\text{-}2\text{-}17)$$

$\sum F_x = 0$，得

$$\Delta P_i = T_i\cos\theta_i - N_i\sin\theta_i \qquad (8\text{-}2\text{-}18)$$

将式(8-2-17)代入式(8-2-18)整理后得

$$\Delta P_i = T_i\left(\cos\theta_i + \frac{\sin^2\theta_i}{\cos\theta_i}\right) - (W_i + \Delta H_i)\tan\theta_i \qquad (8\text{-}2\text{-}19)$$

根据极限平衡条件，考虑安全系数 F_s，得式

$$T_i = \frac{1}{F_s}(c_i l_i + N_i\tan\varphi_i) \qquad (8\text{-}2\text{-}20)$$

由式(8-2-17)得

$$N_i = \frac{1}{\cos\theta_i}(W_i + \Delta H_i - T_i\sin\theta_i) \qquad (8\text{-}2\text{-}21)$$

将 N_i 代入式(8-2-20)，整理后得

$$\overline{T}_i = \frac{\dfrac{1}{F_s}\left[c_i l_i + \dfrac{1}{\cos\theta_i}(W_i + \Delta H_i)\tan\varphi_i\right]}{1 + \dfrac{\tan\theta_i + \tan\varphi_i}{F_s}} \qquad (8\text{-}2\text{-}22)$$

将式(8-2-22)代入式(8-2-19)，得

$$\Delta P_i = \frac{1}{F_s}\frac{\sec^2\theta_i}{1 + \dfrac{\tan\theta_i\tan\varphi_i}{F_s}}[c_i l_i\cos\theta_i + (W_i + \Delta H_i)\tan\theta_i] - (W_i + \Delta H_i)\tan\theta_i \quad (8\text{-}2\text{-}23)$$

图 8-2-7 表示作用在土条侧面的法向力 P_s，显然有 $P_0 = 0$，$P_1 = \Delta P_1$，$P_2 = P_1 + \Delta P_2 = \Delta P_1 + \Delta P_2$，以此类推，有

$$P_i = \sum_{j=1}^{i}\Delta P_j \qquad (8\text{-}2\text{-}24)$$

若全部条块的总数为 n，则有

$$P_n = \sum_{i=1}^{n} \Delta P_i = 0 \tag{8-2-25}$$

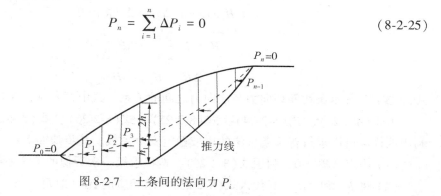

图 8-2-7　土条间的法向力 P_i

将式（8-2-23）代入式（8-2-25），得

$$\sum \frac{1}{F_s} \frac{\sec^2\theta_i}{1 + \dfrac{\tan\theta_i \cdot \tan\varphi_i}{F_s}} [c_i l_i \cos\theta_i + (W_i + \Delta H_i)\tan\varphi_i] - \sum (W_i + \Delta H_{i'})\tan\theta_i = 0$$

整理后得

$$F_s = \frac{\sum [c_i l_i \cos\theta_i + (W_i + \Delta H_i)\tan\varphi_i] \dfrac{1}{\cos\theta_i(\cos\theta_i + \sin\theta_i \tan\varphi_i / F_s)}}{\sum (W_i + \Delta H_i)\tan\varphi_i}$$

$$= \frac{\sum [c_i l_i \cos\theta_i + (W_i + \Delta H_i)\tan\varphi_i] \dfrac{1}{m_{\theta i}\cos\theta_i}}{\sum (W_i + \Delta H_i)\tan\theta_i} \tag{8-2-26}$$

式中

$$m_{\theta i} = \cos\theta_i + \frac{\sin\theta_i \tan\varphi_i}{F_s} \tag{8-2-27}$$

比较毕肖普公式和简布公式，两者很相似，但有一定差别，毕肖普公式是根据滑动为圆弧面，滑动土体满足整体力矩平衡条件推导出的。简布公式则是利用力的多边形闭合和极限平衡条件，最后从 $\sum_{i=1}^{n} \Delta P_i = 0$ 得出。显然这些条件适用于任何形式的滑动面而不仅限于圆弧面，在式（8-2-26）中，ΔH_i 仍然是待定的未知量。毕肖普没有解出 ΔH_i，让 $\Delta H_i = 0$ 而成为简化毕肖普公式。而简布则利用各条的力矩平衡条件，因而整个滑动土体的整体力矩平衡也自然得到满足。

将作用在条 i 上的力对条块滑弧段中点 O_i 取矩（图 8-2-6（b）），并让 $\sum M_{Oi} = 0$。假设重力 W_i 和滑弧段上的力 N_i 作用在土条中心线上，T_i 通过 O_i 点，均不产生力矩。条间力的作用点位置在假设土条侧面的 1/3 高处，并如图 8-2-7 所示的推力线，故有：

$$H_i \frac{\Delta x_i}{2} + (H_i + \Delta H_i)\frac{\Delta x_i}{2} - (P_i + \Delta P_i)\left(h_i + \Delta h_i - \frac{1}{2}\Delta x_i \tan\theta_i\right)$$

$$+ P_i\left(h_i - \frac{1}{2}\Delta x_i \tan\theta_i\right) = 0$$

略去高阶微量整理后得

$$H_i \Delta x_i - P_i \Delta h_i - \Delta P_i h_i = 0$$

$$H_i = P_i \frac{\Delta h_i}{\Delta x_i} + \Delta P_i \frac{h_i}{\Delta x_i} \qquad (8\text{-}2\text{-}28)$$

$$\Delta H_i = H_{i+1} - H_i \qquad (8\text{-}2\text{-}29)$$

式(8-2-28)表示条块间切向力与法向力之间的关系。式中符号见图 8-2-6。

由式(8-2-23)、式(8-2-24)、式(8-2-25)、式(8-2-26)、式(8-2-28)和式(8-2-29),利用迭代法可以求得普遍条分法的边坡稳定安全系数。其步骤如下:

(1)假定 $\Delta H_i = 0$,利用式(8-2-26),迭代求第一次近似的安全系数 F_{s1}。

(2)将 F_{s1} 和 $\Delta H_i = 0$ 代入式(8-2-23),求相应的 ΔP_i(对每一条,从 1 到 n)。

(3)用式(8-2-24)$P_i = \sum_{j=1}^{i} \Delta P_j$ 求条块间的法向力 P_i(对每一条,从 1 到 n)。

(4)将 P_i 和 ΔP_i 代入式(8-2-28)和式(8-2-29),求条块间的切向作用力 H_i(对每一条,从 1 到 n)和 ΔH_i。

(5)将 ΔH_i 重新代入式(8-2-26),迭代求新的稳定安全系数 F_{s2}。

如果 $F_{s2} - F_{s1} > \Delta$,Δ 为规定的安全系数计算精度,重新按上述步骤(2)~(5)进行第二轮计算。如果反复进行,直至 $F_{s(k)} - F_{s(k-1)} \leq \Delta$ 为止。$F_{s(k)}$ 就是该假定滑动面的安全系数。边坡的真正安全系数还要计算很多滑动面,进行比较,找出最危险的滑动面,其安全系数才是真正的安全系数。工作量相当浩繁。一般要编制程序在计算机上计算。用简布法计算一个滑动面安全系数的流程如图 8-2-8 所示。

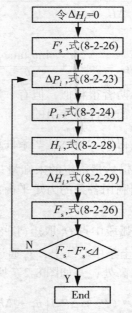

图 8-2-8 简布法计算程序流程

　　除简布法之外，适用于任意滑动面的普遍条分法还有多种。它们多是假设条间力的方向。如假设条间力的方向为常数，或者其方向为某种函数，或者设条间力方向与滑动面倾角一致等。

8.2.5　有限元法

1. 滑动面应力法

　　从瑞典条分法到普遍条分法的基本思路都是把滑动土体分割成有限宽度的土条，把土条当成刚体，根据静力平衡条件和极限平衡条件求得滑动面上力的分布，从而可计算出稳定安全系数。但是因为土体是变形体并不是刚体。用分析刚体的办法，不满足变形协调条件，因而计算出滑动面上的应力状态不可能是真实的。有限元法的滑动面应力法就是把土坡当成变形体，按照土的变形特性，计算出土坡内的应力分布，然后再引入圆弧滑动面的概念，验算滑动土体的整体抗滑稳定性。

　　将土坡划分成许多单元体，如图 8-2-9 所示。用有限元法可以计算出每个单元的应力、应变和每个结点的结点力和位移。这种计算目前已经成为土石坝应力变形分析的常用方法，有各种现成的程序可供应用。图 8-2-10 表示一座土坝用有限元法分析所得竣工时坝体的剪应变分布图，可以清楚看出坝坡在重力的作用下剪切变形的轨迹类似于滑弧面。

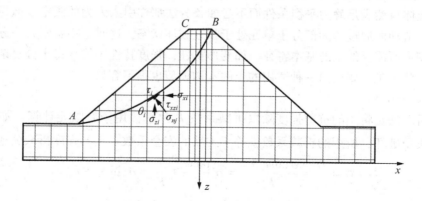

图 8-2-9　土坝的有限元网格和滑动面示意图

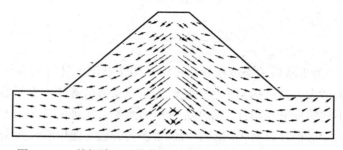

图 8-2-10　某坝竣工后的剪应变分布示意图(有限元法分析)

　　土坡的应力计算出来以后，再引入圆弧滑动面的概念，图 8-2-9 中表示一个可能的圆弧滑动面。把滑动面划分成若干小弧段 Δl_i，小弧段 Δl_i 上的应力用弧段中点的应力代表，其值可以按有限元法应力分析的结果，根据弧段中点所在的单元的应力确定，表示为 σ_{xi}，σ_{zi}，τ_{xzi}。如果小弧段 Δl_i 与水平线的倾角为 θ_i，则作用在弧段上的法向应力和剪应力分别为

$$\sigma_{ni} = \frac{1}{2}(\sigma_{xi} + \sigma_{zi}) - \frac{1}{2}(\sigma_{xi} - \sigma_{zi})\cos2\theta_i + \tau_{xzi}\sin2\theta_i \tag{8-2-30}$$

$$\tau_i = -\tau_{xzi}\cos2\theta_i - \frac{1}{2}(\sigma_{xi} - \sigma_{zi})\sin2\theta_i \tag{8-2-31}$$

根据莫尔-库仑强度理论，该点土的抗剪强度为

$$\tau_{fi} = c_i + \sigma_{ni}\tan\varphi_i$$

将滑动面上所有小弧段的剪应力和抗剪强度分别求出后，累加求沿着滑动面的总的剪切力 $\sum \tau_i \Delta l_i$ 和抗剪力 $\sum \tau_{fi}$。边坡稳定安全系数为

$$F_s = \frac{\displaystyle\sum_{i=1}^{n}(c_i + \sigma_{ni}\tan\varphi_i)\Delta l_i}{\displaystyle\sum_{i=1}^{n}\tau_i\Delta l_i} \tag{8-2-32}$$

显然，这种分析方法的优点是把边坡稳定分析与坝体的应力和变形分析结合起来。这时，滑动土体自然满足静力平衡条件而不必如条分法那样引入人为的假定。但是当边坡接近失稳时，滑动面通过的大部分土单元处于临近破坏状态，这时，用有限元法分析边坡内的应力和变形所需要的土的基本特征，如变形特性，强度特性等均变得十分复杂，计算中也会出现一些困难。要提出一种适用的土的本构模型也很不容易。

2. 强度折减法

强度折减法是将土的抗剪强度除以折减系数 F_r，直接用于有限元计算。如果计算的土坡正好失稳破坏，所用的折减系数就等于土坡的安全系数。土的强度折减公式为

$$\tau_r = \frac{\tau_f}{F_r} = \frac{\sigma\tan\varphi + c}{F_r} = \sigma\frac{\tan\varphi}{F_r} + \frac{c}{F_r} = \sigma\sin\varphi_r + c_r$$

这样

$$\varphi_r = \arctan\frac{\tan\varphi}{F_r} \tag{8-2-33}$$

$$c_r = \frac{c}{F_r}$$

式中参数 φ_r 和 c_r 即为折减后的强度指标。可将其用于有限元计算的本构模型中，将折减系数 F_r 从 1.0 逐渐增大，最后达到整体失稳时的折减系数就等于安全系数。亦即 $F_r = F_s$。判断整体失稳有不同的标准和指标，如单元的应力水平，土坡的最大水平位移、坡顶角点的水平位移等。由于这种计算所采用的本构模型多为弹性-理想塑性模型，所以也有用塑性区的发展来判断失稳的方法。

【例题 8-2-2】 均匀黏性土坡，坡高 25m，坡比为 1:2，碾压土料的重度 γ = 20kN/m³，内摩擦角 φ = 26.6°，黏聚力 c = 10kPa。滑动圆弧的圆心、半径和位置如图 8-2-11 所示，半径 R = 43.5m。试分别用瑞典条分法和简化毕肖普法求对应于该滑动面的

安全系数，并对计算结果进行比较。

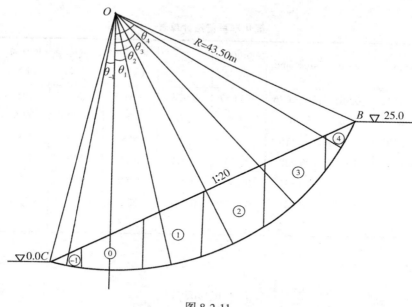

图 8-2-11

【解】　为使计算简单，将滑动土体分为 6 个土条，分别计算各条的重量 W_i，滑动面弧长 l_i 和土条中心线与竖向的夹角 θ_i，然后用瑞典条分法与简化毕肖普法计算抗滑稳定安全系数。

（1）瑞典条分法。分项计算见表 8-2-2。

表 8-2-2　　　　　　　　　　　　　　　瑞典条分法计算表

土条号	b_i(m)	θ_i(°)	W_i(kN)	$\sin\theta_i$	$\cos\theta_i$	$W_i\sin\theta_i$ (kN)	$W_i\cos\theta_i$ (kN)	$W_i\cos\theta_i$ $\tan\varphi_i$(kN)	$l_i = b_i\cos\theta_i$ (m)	c_il_i (kN)
-1	5	-9.93	182	-0.172	0.985	-31.3	179.3	89.6	5.08	50.8
0	10	0	1210	0	1.0	0	1210	605	10	100.0
1	10	13.29	1990	0.230	0.973	458	1936	968	10.3	103.0
2	10	27.37	2250	0.460	0.888	1035	1998	999	11.26	112.6
3	10	43.60	1825	0.690	0.724	1259	1321	660.5	13.80	138.0
4	5	59.55	350	0.862	0.507	302	177.5	88.8	9.90	99.0
$\sum$						3023		3411		604.0

$$F_s = \frac{\sum(W_i\cos\theta_i\tan\varphi_i + c_il_i)}{\sum W_i\sin\theta_i} = \frac{3411 + 604}{3023} \approx 1.33$$

（2）简化毕肖普法。根据以上计算的 $F_s = 1.33$，由于毕肖普法计算的安全系数一般高于瑞典条分法大约 10%，设初始值 $F_{s1} = 1.50$，通过表 8-2-3 计算。

表 8-2-3　　　　　　　　　　　　　　　　简化毕肖普法计算表

土条号	$\sin\theta_i$	$\cos\theta_i$	$\sin\theta_i\tan\varphi_i$	$\dfrac{\sin\theta_i}{\tan\varphi_i/F_s}$	m_{θ_i}	$W_i\sin\theta_i$ （kN）	c_ib_i （kN）	$W_i\tan\varphi_i$ （kN）	$(c_ib_i + W_i\tan\varphi_i)/m_{\theta_i}$
− 1	− 0.172	0.985	− 0.086	− 0.057	0.928	− 31.3	50	91	152
0	0	1.0	0	0	1.0	0	100	605	705
1	0.230	0.973	0.115	0.077	1.05	458	100	995	1043
2	0.460	0.888	0.230	0.153	1.041	1035	100	1125	1177
3	0.690	0.724	0.345	0.230	0.954	1259	100	913	1061
4	0.862	0.507	0.431	0.287	0.794	302	50	175	283
∑						3023			4421

从表 8-2-3 可以计算

$$F_{s2} = \frac{\sum \dfrac{1}{m_{\theta_i}}(c_il_i + W_i\tan\varphi_i)}{\sum W_i\sin\theta_i} = \frac{4421}{3023} \approx 1.462$$

计算结果 F_{s2} 与 F_{s1} 相差较大（$F_{s1} - F_{s2} = 0.038$），设 $F_{s2} = 1.46$ 重新计算，见表 8-2-4。

表 8-2-4　　　　　　　　　　　　　　　　计算结果

土条号	$\sin\theta_i$	$\cos\theta_i$	$\sin\theta_i\tan\varphi_i$	$\dfrac{\sin\theta_i}{\tan\varphi_i/F_s}$	m_{θ_i}	$W_i\sin\theta_i$ （kN）	c_ib_i （kN）	$W_i\tan\varphi_i$ （kN）	$(c_ib_i + W_i\tan\varphi_i)/m_{\theta_i}$
− 1	− 0.172	0.985	− 0.086	− 0.059	0.926	− 31.3	50	91	152.3
0	0	1.0	0	0	1.0	0	100	605	705
1	0.230	0.973	0.115	0.0788	1.052	458	100	995	1041
2	0.460	0.888	0.230	0.1575	1.045	1035	100	1125	1172
3	0.690	0.724	0.345	0.2363	0.960	1259	100	913	1055
4	0.862	0.507	0.431	0.2952	0.802	302	50	175	280
∑						3023			4405

从表 8-2-4 可以计算

$$F_{s2} = \frac{\sum \dfrac{1}{m_{\theta_i}}(c_il_i + W_i\tan\varphi_i)}{\sum W_i\sin\theta_i} = \frac{4405}{3023} \approx 1.457$$

计算误差已经很小了，则 $F_s = 1.46$。

可见简化毕肖普法计算结果安全系数比瑞典条分法高 10% 左右。

8.3　任意滑面的不平衡推力传递法及圆弧滑面的泰勒图表法

8.3.1　任意滑面的不平衡推力传递法

当构成土坡的土层强度变化大、有软弱夹层或层面起伏时，土坡失稳的滑动面便不规则，不能用前面介绍的力矩平衡法来分析土坡的稳定性。不平衡推力传递法适用于任意形状的滑面，该方法假定条间力的作用方向，根据力的平衡条件，逐条向下推求，直至最下一个土条的推力为零。

图 8-3-1 为滑体中任意一个土条，不平衡推力传递法假定每一土条条间力的合力与上一土条的滑面相平行，即 P_i 的倾角与 i 条块相同（α_i），P_{i-1} 的倾角与 $i-1$ 条块相同（α_{i-1}）。分别取垂直、平行于 i 土条底面方向的力平衡，有

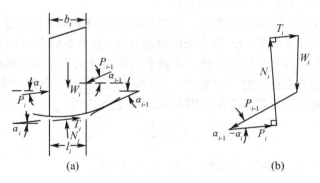

图 8-3-1　不平衡推力传递法力分析简图

$$N_i - W_i \cos\alpha_i - P_{i-1}\sin(\alpha_{i-1}-\alpha_i) = 0$$
$$T_i + P_i - W_i \sin\alpha_i - P_{i-1}\cos(\alpha_{i-1}-\alpha_i) = 0 \tag{8-3-1}$$

式中：W_i——土条重量；

　　　N_i——土条底面上的正压力；

　　　T_i——由于土条有下滑趋势而在底面上调动起来的抗剪力，即

$$T_i = \frac{c'_i l_i}{F_s} + (N_i - u_i l_i)\frac{\tan\varphi'_i}{F_s} \tag{8-3-2}$$

式中：u_i——作用于土条底面的孔隙应力；

　　　c_i、φ_i——土条底面的抗剪强度指标；

　　　F_s——安全系数。

由以上三式消去 T_i、N_i，得

$$P_i = W_i\sin\alpha_i - \left[\frac{c'_i l_i}{F_s} + (W_i\cos\alpha_i - u_i l_i)\frac{\tan\varphi'_i}{F_s}\right] + P_{i-1}\psi_i \tag{8-3-3}$$

式中，ψ_i——传递系数，即

$$\psi_i = \cos(\alpha_{i-1}-\alpha_i) - \frac{\tan\varphi'_i}{F_s}\sin(\alpha_{i-1}-\alpha_i) \tag{8-3-4}$$

计算时，先假定一个 F_s，从最上一个土条开始逐条向下推求，直至最下一个土条的推力 P_n，P_n 必须为零，否则要用另一个 F_s 进行试算。

因为土条之间不能承受拉力，所以任何一个土条的推力 P_i 如果为负值，则该 P_i 不再向上传递（实际上该土条以上的坡体已处稳定状态），下一土条的 P_{i-1} 取为 $P_{i-1}=0$。

安全系数 F_s 的值应根据土坡现状及其对实际工程的影响等因素确定，一般取为 1.05~1.25。

由于条间力 P_i 的方向是硬性规定的，且该分析方法只考虑力的平衡，不考虑力矩平衡，这是一个缺点。但因为计算简便，许多工程技术人员乐于采用该分析方法进行任意滑面的稳定性分析。

8.3.2　圆弧滑面的泰勒图表法

由于条分法计算工作量较大。因此，有许多学者寻求简化的图表法。下面介绍其中的一种，称为泰勒（D. W. Taylor，1937）图表法。

从式（8-2-7）、式（8-2-16）可以看出，土坡的稳定性与土体的抗剪强度指标 c 和 φ、土料重度 γ 和土坡的尺寸 β 和 H_c（H_c 为土坡的极限高度）五个参数有密切关系。这五个参数考虑了均质黏性土土坡的所有物理特性。泰勒最后算出这五个参数之间的关系，并用图表表达其计算成果。为了简化又把三个参数 c、γ 和 H_c 合并为一个新的无量纲参数 N_s，称为稳定数，其值只取决于坡角 β 与深度因数 n_d。N_s 的定义为

$$N_s = \frac{\gamma H_c}{c} \tag{8-3-5}$$

按不同的 φ 角绘出 N_s 与 β 的关系曲线，如图 8-3-2 所示。

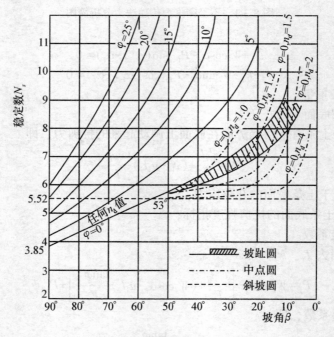

图 8-3-2　泰勒稳定数 N_s 图

如图 8-3-3 所示，分析土坡稳定性时，常常会遇到在土坡顶下 n_dH 深度处存在硬层的情况。显然，滑动面不可能穿过硬层，这时，就必须考虑该硬层对滑动面的影响。根据该硬层所处的深度不同，土坡滑动面可能为：（1）坡趾圆，即滑弧穿过坡趾，见图 8-3-3（a）；（2）斜坡圆，即滑弧穿过坡面，见图 8-3-3（b）；（3）中点圆，滑弧经过坡脚之外且与硬层面相切，滑弧的圆心位于通过土坡面中点的垂线上，见图 8-3-3（c）。计算结果表明，对于 $\varphi=0°$ 或接近于 $0°$ 的土，当 $\beta>53°$ 时，最危险滑动面为坡趾圆；当 $\beta<53°$ 时，则随 n_d 值不同，可能为斜坡圆，坡趾圆或中点圆；当 $n_d>4$ 时，则都为中点圆；若土的 $\varphi>3°$，最危险滑动面都为坡趾圆，其 N_s 与 β 的关系如图 8-3-2 所示。总之，从图 8-3-2 中可以直接由已知的 c、φ、γ、β 确定土坡极限高度 H_c；也可以由已知的 c、φ、γ、H_c 确定土坡的极限坡角 β。在设计中，应根据计算所得的 H_c 或 β，考虑适当的安全系数。以选定土坡高度或坡度。

(a) 坡趾圆   (b) 斜坡圆   (c) 中点圆

图 8-3-3 滑动面的类型

泰勒图表的方法比较简单，一般多用于计算均质的、高度在 10m 以内的堤坝边坡；也可以用于对较复杂情况作初步估算。

【例 8-3-1】 一简单土坡的 $\varphi=15°$，$c=15.5\text{kPa}$，$\gamma=17.66\text{kN/m}^3$。（1）若坡高为 5m，试确定安全系数 F_s 为 1.5 的稳定坡角及滑动面的类型；（2）若坡角为 60°，试确定安全系数 F_s 为 2 时的最大坡高为多少？

【解】 （1）$N_s=\dfrac{\gamma H}{c}=\dfrac{17.66×5.0}{15.5}=5.70$。

按 $\varphi=15°$ 和 $N_s=5.7$，查得坡角 $\beta=83°$，并知滑动面为坡趾圆，则相应于安全系数 $F_s=1.5$ 的稳定坡角 $\beta_{F_s=1.5}$ 为

$$\beta_{F_s=1.5}=\arctan\frac{\tan\beta}{F_s}=\arctan\frac{\tan83°}{1.5}=56°$$

（2）按 $\beta=60°$ 和 $\varphi=15°$ 查得泰勒稳定数 N_s 为 8.6，则

$$N_s=\frac{\gamma H}{c}=\frac{17.66×H}{15.5}=8.6$$

从上式求得坡高 $H=7.55\text{m}$。所以，相应于稳定安全系数 $F_s=2$ 的最大坡高 $H_{\max}$ 为

$$H_{\max}=\frac{7.55}{2}=3.78(\text{m})$$

8.4 影响土坡稳定的因素

8.4.1 成层土坡及有地下水的情况

土坡由不同土层组成及(或)存在地下水时,上述几种条分法仍然适用,此时应在土层与滑面相交处、土层在地表分界处、地下水位与滑面相交处、地下水位出露处、坡面拐点处等特征点处规定分条,如图 8-4-1(a)所示,并分层计算土条重量,如图 8-4-1(b)所示,$W_i = V_1\gamma_1 + V_2\gamma_2 + V_3\gamma_3$,…,其中 γ_j 为第 j 层土的重度。对于地下水位以下土层,瑞典条分法采用浮重度计算,而毕肖普法因推导时滑面上的孔隙水压力另行考虑,公式中采用饱和重度计算(见图 8-4-1(b))。i 土条底部滑面的抗剪强度指标 c、φ 为滑面通过土层的抗剪强度指标(图 8-4-1(b)中为 c_3、φ_3 及 c'_3、φ'_3)。

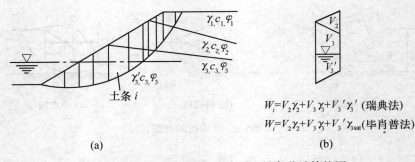

$W_i = V_2\gamma_2 + V_3\gamma_3 + V_3'\gamma_3'$ (瑞典法)
$W_i = V_2\gamma_2 + V_3\gamma_3 + V_3'\gamma_{3sat}$ (毕肖普法)

(a)　　　　　　　　　　(b)

图 8-4-1　成层土坡及有地下水时土坡条分计算简图

8.4.2 渗流的作用

当水库蓄水,或地下水位较高而江河水位较低时,坝坡或岸坡要受到渗流的作用。无黏性土坡在渗流作用下的稳定性分析见 8.1 节,本节主要分析黏性土坡在渗流作用下的稳定性。

使用条分法分析黏性土坡稳定性时,要用到滑面上的孔隙水压力 u_i。在渗流作用下,滑面上任一点的水头高不一定等于该点到其铅直方向浸润线的距离,而是等于该点沿等势线到浸润线之间的铅直距离,因此,进行土坡稳定性分析前,首先要绘出土(坝)坡中的流网,再根据等势线获取各土条底部的孔隙水压力。如图 8-4-2 所示。

当坡外有水时,滑面的一部分可能处于坡外静水位高程之下,此时条块重量 W_i 的取值如图 8-4-3 所示。浸润线以上部分取为天然重度 γ_i,坡外静水位高程以下取为有效重度 γ'_i,浸润线以下至坡外静水位高程部分取为饱和重度 γ_{isat},即

$$W_i = \gamma_i V_{i1} + \gamma_{isat} V_{i2} + \gamma'_i V_{i3}$$

瑞典条分法公式变为

$$F_s = \frac{\sum \{c_i l_i + [(V_{i1}\gamma_i + V_{i2}\gamma_{isat} + V_{i3}\gamma'_i)\cos\alpha_i - p_{wi}l_i]\tan\varphi_i\}}{\sum (V_{i1}\gamma_i + V_{i2}\gamma_{isat} + V_{i3}\gamma'_i)\sin\alpha_i} \tag{8-4-1}$$

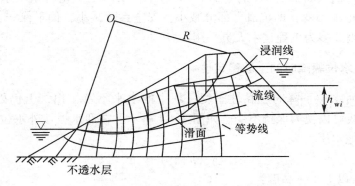

图 8-4-2　渗流作用下的土坡稳定性分析简图

简化毕肖普法公式变为

$$F_s = \frac{\sum \left[c'_i b_i + (V_{i1}\gamma_i + V_{i2}\gamma_{isat} + V_{i3}\gamma'_i - u_i b_i)\tan\varphi'_i \right] \dfrac{1}{m_{\alpha_i}}}{\sum (V_{i1}\gamma_i + V_{i2}\gamma_{isat} + V_{i3}\gamma'_i)\sin\alpha_i} \qquad (8\text{-}4\text{-}2)$$

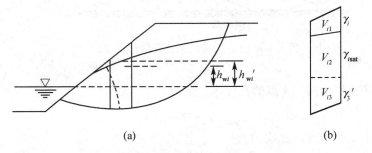

(a) (b)

图 8-4-3　有渗流作用时条块重量计算简图

　　一般中小型工程中，往往不绘出土坡中的流网，而是只给出一条地下水位浸润线，此时，条块 i 的孔隙水压力 $u_i = \gamma_w \cdot h_{wi}$（$h_{wi}$ 见图 8-4-3）无法得到，因而进一步将水头高 h_{wi} 近似简化为条块 i 中点至其铅直方向浸润线距离减去坡外静水位的差值 h'_{wi}（见图 8-4-3），这样，$V_{i2}\gamma_{isat} - u_i b_i = V_{i2}\gamma'_i$，因此，式(8-4-1)、式(8-4-2)进一步简化为：

瑞典条分法

$$F_s = \frac{\sum \left\{ c_i l_i + \left[V_{i1}\gamma_i + V_{i2}\gamma_{isat} + V_{i3}\gamma'_i \right]\cos\alpha_i - \gamma_w h'_w \cdot \dfrac{b_i}{\cos\alpha_i}\tan\varphi_i \right\}}{\sum (V_{i1}\gamma_i + V_{i2}\gamma_{isat} + V_{i3}\gamma'_i)\sin\alpha_i} \qquad (8\text{-}4\text{-}3)$$

简化毕肖普法

$$F_s = \frac{\sum \left\{ c'_i b_i + \left[V_{i1}\gamma_i + (V_{i2} + V_{i3})\gamma'_i \right]\tan\varphi'_i \right\} \dfrac{1}{m_{\alpha_i}}}{\sum (V_{i1}\gamma_i + V_{i2}\gamma_{isat} + V_{i3}\gamma'_i)\sin\alpha_i} \qquad (8\text{-}4\text{-}4)$$

由图 8-4-3 可知，简化式(8-4-3)、式(8-4-4)中，实际上只是将条块水头高略为调整（变大了），而其他项不变，即抗滑力部分减小，安全系数减小，偏于保守，但计算简化，易实现程序化，因此多为工程技术人员采用。

8.4.3 坡外水位骤降时的土坡稳定性

当水库或江河水位下降时，黏性土堤、坝中的水来不及排出，土仍处于饱和状态，堤、坝中的浸润线可以视为保持不变。如图 8-4-4 所示，在迎水坡坡外水位降落前，滑弧上任意点 A 的孔隙水压力为

$$u_{A6} = \gamma_w (h + h_w) - \gamma_w h' \tag{8-4-5}$$

式中：h ——A 点以上土体高度；

h_w ——B 点以上水柱高度；

h' ——稳定渗流时，水流至 A 点的水头损失。

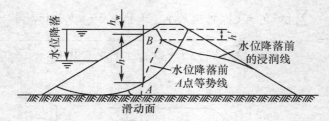

图 8-4-4　土坝上游坡水位降落示意图

水位降落至 B 点以下时，A 点的孔隙水压力为

$$u_{Aa} = u_{Ab} + \bar{B} \Delta \sigma_A \tag{8-4-6}$$

水位降落前 A 点的铅直向总应力为

$$\sigma_{Ab} = \gamma'_{sat} h + \gamma_w h_w \tag{8-4-7}$$

水位降落后 A 点的铅直向总应力为

$$\sigma_{Aa} = \gamma_{sat} h \tag{8-4-8}$$

因而水位降落前后 A 点的应力变化为

$$\Delta \sigma_A = \gamma_{sat} h - (\gamma_{sat} h + \gamma_w h_w) = -\gamma_w h_w \tag{8-4-9}$$

将 $\Delta \sigma_A$ 和式(8-4-5)代入式(8-4-6)得

$$u_{Aa} = \gamma_w [h + (1 - \bar{B}) h_w - h'] \tag{8-4-10}$$

对于饱和黏性土，孔隙水压力系数 $\bar{B} \approx 1.0$，因此

$$u_{Aa} = \gamma_w (h - h') \tag{8-4-11}$$

对比式(8-4-3)与式(8-4-4)可知，坡外水位降落之后，土中孔隙水压力减少了 $\gamma_w h_w$ 值。对于接近坡顶部位的部分滑体(滑体中提供主要下滑力的部分)来说，h_w 很小，因此孔隙水压力变化不大；而由于坡外水位高程以上部分土体将不再受到浮力，条块重量将大大增加，因此下滑力矩将增加很多而抗滑力矩增加较少，土坡的安全系数将大为降低，若安全储备不够，堤、坝在快速降水期间将垮塌。

8.4.4 地震作用

在设计地震烈度为 7 度及以上的地区构筑土坡时，应考虑地震的影响。一般实际工程中只计算地震惯性力而不计算地震动水压力。

1. 地震惯性力

地震惯性力可以分解为水平向和铅直向两个分量。沿土坡高度作用于质点 i 的水平向地震惯性力的计算式为

$$Q_i = a_H C_z \alpha_i W_i \tag{8-4-12}$$

式中：a_H——水平向地震系数，为地面水平向最大加速度的统计平均值与重力加速度的比值。有条件时，可以通过场地地震危险性分析确定该值，一般实际工程中，a_H 值按表 8-4-1采用；

W_i——集中在质点 i 的重量，条分法中为条块重量，kN；

C_z——综合影响系数，取为 0.25；

α_i——地震加速度分布系数。据观测统计，在地震作用下，土堤、土坝的顶部将受到比底部大几倍的地震惯性力，故 α_i 也称为地震加速度放大系数，其值见表 8-4-1、表 8-4-2（摘自《水工建筑物抗震设计规范》（DL5073—1997））。

表 8-4-1   水平向地震系数表

设 计 烈 度	7	8	9
a_H	0.1	0.2	0.4

表 8-4-2   土力坝坝体动态分布系数 α_i

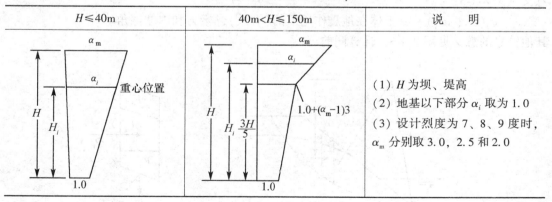

$H \leqslant 40\text{m}$	$40\text{m} < H \leqslant 150\text{m}$	说　明
		（1）H 为坝、堤高 （2）地基以下部分 α_i 取为 1.0 （3）设计烈度为 7、8、9 度时，α_m 分别取 3.0，2.5 和 2.0

在土坝、土堤稳定性计算中，一般只考虑顺坡水平向地震惯性力的作用，但对于设计烈度为 8、9 度的大型土坝工程，应同时考虑水平向和铅直向地震惯性力。

铅直向地震系数 a_v 可以直接由场地地震危险性分析获得，没有这方面资料时，可以按上述规范取值

$$a_v = \frac{2}{3}a_H \tag{8-4-13}$$

当同时计及水平向地震力和铅直向地震力时，因两个方向的地震波波速不同，同时以最大加速度在堤、坝处相遇的概率相当小，因此要将铅直向地震作用效应乘以 0.5 的耦合系数后与水平向地震作用效应直接相加。

2. 拟静力法

地震力是一种往复作用的荷载，准确确定其在土坡稳定性中的作用较为困难。目前常用的土坡抗震稳定性分析方法中，将最大地震加速度产生的地震惯性力作为一种静力考虑，以不利组合作用于滑体，已取得一定的工程经验，称为拟静力法。

使用条分法时，一般只考虑水平向地震惯性力，顺坡向不利组合的水平向地震力将增加下滑力矩而减少滑面上的正压力——进而减小抗滑力矩，各条分法的工程简化式(8-4-3)、式(8-4-4)变化为：

瑞典条分法

$$F_s = \frac{\sum\left\{c_i l_i + \left[\left(V_{i1}\gamma_i + V_{i2}\gamma_{i\,\text{sat}} + V_{i3}\gamma'_i\right)\cos\alpha_i - \gamma_w h'_w \dfrac{b_i}{\cos\alpha_i} - Q_i\sin\alpha_i\right]\tan\varphi_i\right\}}{\sum\left[\left(V_{i1}\gamma_i + V_{i2}\gamma_{i\,\text{sat}} + V_{i3}\gamma'_i\right)\sin\alpha_i + M_{ic}/R\right]} \tag{8-4-14}$$

简化毕肖普法

$$F_s = \frac{\sum\left\{c'_i b_i + \left[V_{i1}\gamma_i + (V_{i2} + V_{i3})\gamma'_i\right]\tan\varphi'_i\right\}\dfrac{1}{m_{\alpha_i}}}{\sum\left[\left(V_{i1}\gamma_i + V_{i2}\gamma_{i\,\text{sat}} + V_{i3}\gamma'_i\right)\sin\alpha_i + M_{ic}/R\right]} \tag{8-4-15}$$

式中：Q_i——作用于 i 条块重心处的水平向地震惯性力，由式(8-4-12)计算；

M_{ic}——作用于 i 条块的水平向地震惯性力对滑弧中心产生的力矩，$M_{ic} = Q_i \cdot d_i$，d_i 意义见图 8-4-5；

c_i、$\varphi_i(c'_i、\varphi'_i)$——土体在地震作用下的(有效)黏聚力和内摩擦角。

其他符号的意义见图 8-4-5，计算同前。

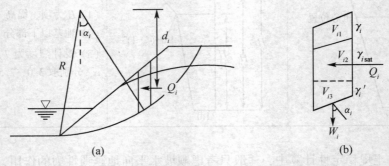

图 8-4-5 条分法中计入水平向地震力作用简图

8.5　土坡稳定有关问题的讨论

8.5.1　土坡计算中抗剪强度指标的选取问题

　　无论是人工堆筑的土坡(堤、坝)还是挖方形成的土坡,坡体与坡基中的应力状态都要经历一个逐渐改变的过程。随着应力状态的改变,土体将会产生剪切变形,土的抗剪强度也将逐渐发挥出来;当土的抗剪强度完全发挥出来并形成剪切面后,若剪切变形继续发展,则土的抗剪强度将逐渐减小而最终趋于残余强度(见图 8-5-1(a))。在由不同土层构成的土坡中,由于不同土达到峰值抗剪强度所需的剪切变形量 $\delta_{峰}$ 不同(见图 8-5-1),硬土的 $\delta_{峰}$ 小而软土的 $\delta_{峰}$ 大,因而各土层的抗剪强度并不是按峰值强度的同等比例发挥出来的。土坡在形成过程中及形成之后,土体在改变着的应力作用下逐渐产生形变,各土层

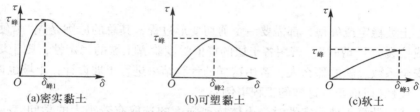

图 8-5-1　黏性土抗剪强度与剪切位移的关系

的抗剪强度按各自的规律逐步发挥。当硬土层变形达到 $\delta_{峰}$ 时,同样的变形下,软土强度可能只发挥了 50% 或更少,若在这种情况下或在此之前土坡的抗滑力矩与下滑力矩达成了平衡,则土坡的稳定性可得到保障,位移将不再发展或发展缓慢;若土坡抗滑力矩小于下滑力矩,则坡体仍将继续产生位移,软土的强度逐渐发挥出来,但硬土中将逐渐形成滑裂面(见图 8-5-2),强度逐渐衰减为残余强度。在这个位移~强度变化过程中或软土达到峰值抗剪强度而硬土达到残余强度之时,若坡体抗滑力矩与下滑力矩达到了平衡,则土坡稳定性可以维持,但已可见到有明显的变形。若抗滑力矩与下滑力矩达不到平衡,则土坡失稳。

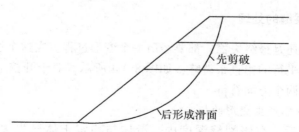

图 8-5-2　土坡由软硬相间土层构成时的破坏过程示意图

　　另一方面,若土坡底部存在软弱土层(如在软土层上填筑堤、坝),下部土层受荷后

要产生较大的位移,以达到大的抗剪强度与滑动力相抗衡,由于填筑土体强度较大,在同样的荷载下只需较小的位移就可达到与滑动力平衡的抗剪强度,这种位移差会使土层接触面上产生剪应力,从而使上部土体承受拉力(见图8-5-3)。由于土的抗拉强度很低,较小的拉应力就会使土体开裂,失去抗剪力,整个土坡的滑动力集中作用在下部软土层上,若软土的抗滑力矩不能与之达到平衡,则土坡失稳。

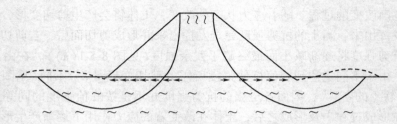

图 8-5-3 软基上填土的破坏过程示意图

因此,土坡稳定或失稳,都需要一个剪切变形过程,其总的原则是先"啃硬"(使硬层剪切破坏或拉裂)后"剪软"。若用各土层的峰值强度验算土坡的稳定性,则土坡的安全程度并不如安全系数反映的那么大;若用这样的计算结果进行土坡设计,土坡也许达不到设计高度就会失稳(以前曾有这样的工程事例)。

综上所述,计算土坡稳定性时,土体抗剪强度的选取有着很大的学问,c、φ 指标差异带来的计算结果的差别远比计算方法差异导致的差别为大。选取符合实际情况的抗剪强度指标对于计算结果的合理性贡献很大。当土层存在明显的软、硬相间情况时,土的抗剪强度试验要记录各土层的剪应力τ-剪切变形δ关系曲线。计算土坡稳定性时,考虑变形对应的各种组合情况进行验算,如硬土层峰值强度对应软土层相应强度、硬土层残余强度对应软土层峰值强度、软土层峰值强度对应硬土层抗拉强度等,按变形发展的过程验算稳定性(即变形设计理念),若某种变形下安全系数达到要求,说明土坡稳定,不再验算下去;若变形一直发展下去土坡仍不稳定,则说明坡角偏大,应选取较小的坡角再进行计算。进行软土上堆筑堤(坝)的设计时,为保证安全,常常将填土作为荷载作用在软土表面,而不考虑填土的强度,以此来验算地基的抗滑稳定性。若在设计高度上地基的抗滑稳定性不够,则要考虑采取地基处理措施(见第9章)。

8.5.2 坡顶张裂缝的处理

无论土坡是趋稳还是最终失稳,都要经历一个变形过程,在这个过程中,坡顶多会出现一条或多条与眉线平行的铅直张裂缝,如图8-5-4所示,对于开挖土坡尤其如此。对于这种张裂缝,可以从两个方面看待。

1. 张裂缝是土坡已产生变形的标志

(1)出现张裂缝后,在张裂缝深度内,滑体与稳定土体已失去接触,抗滑力完全丧失。

(2)张裂缝的出现表明土坡已经历了较大的变形过程,若有峰值强度对应剪切变形 $\delta_{峰}$ 较小的土层,则这时的变形量可能已接近其 $\delta_{峰}$ 或已达到了 $\delta_{峰}$,若变形继续发展,这

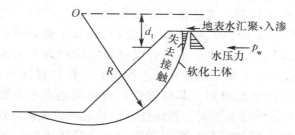

图 8-5-4　土坡坡顶张裂缝的作用示意图

些土层的抗剪强度会向残余强度衰减。

（3）张裂缝的出现为地表水的入渗提供了通道，水渗入后使滑面附近土体逐渐软化，抗剪强度降低，滑面上的抗滑力矩降低。

（4）大雨之后，大量地表水进入张裂缝，使其中出现较高的水位，产生的水平向水压力大大增加了土坡的下滑力矩。

上述四种因素综合作用，增加土坡的失稳可能性，前三种因素都是一个长期作用的过程，而第四种因素的作用会在短时间内形成，导致抗滑力矩与下滑力矩失衡。许多岩、土边坡在大雨之后失稳，其原因即在于此。

2. 坡顶出现张裂缝并不表明土坡一定会失稳

即使坡顶已出现张裂缝，土坡一般仍处于稳定状态，抗滑力矩仍能与下滑力矩相平衡。可以说，若没有水的参与，张裂缝本身在土坡稳定（或失稳）中并不起很大的作用，只要处理好地表水通过张裂缝入渗的问题，土坡仍可以在相当长的时间内保持稳定。

3. 土坡分析中对张裂缝的处理

坡顶出现张裂缝，滑体后缘与稳定土体失去接触，丧失抗剪力。在用条分法进行土坡稳定性分析时，对于最后一个条块，当其滑面倾角超过某一临界值（如 80°）时，则认为该处会张裂脱开，计算中不计其抗剪强度。若土坡中水位很高，或是考虑雨后地表水入渗的不利组合，则要计及张裂缝中水压力产生的滑动力矩（见图 8-5-4），此时简化毕肖普法公式变为

$$F_s = \frac{\sum \{c'_i b_i + [V_{i1}\gamma_i + (V_{i2} + V_{i3})\gamma'_i]\tan\varphi'_i\} \dfrac{1}{m_{\alpha_i}}}{\sum [(V_{i1}\gamma_i + V_{i2}\gamma_{i\text{sat}} + V_{i3}\gamma'_i)\sin\alpha_i] + \dfrac{p_w d_1}{R}} \qquad (8\text{-}5\text{-}1)$$

分析计算中，一般不考虑土体软化问题，其原因一是软化程度不好估计；二是若张裂缝长期存在，必会使土坡最终失稳，要维持土坡稳定，必须采取措施进行治理，而治理后便不会再有软化问题。

4. 坡顶张裂缝的治理措施

只要张裂缝不进水，则坡体稳定性不会恶化下去，因此工程实践中有"治坡先治水"的经验。传统的治理措施是先将张裂缝用黏性土填满夯实，再在张裂缝后部开挖排水沟，将地表雨水及时排走。这些简单的治理措施行之有效，在许多工程中取得了成

功。但随着土坡高度加大(挖方),变形继续发展,张裂缝又会在别处出现,有些工程中就在排水沟部位出现了问题。或是排水沟防渗砌体施工不好,或是进一步的变形将防渗砌体拉裂(在沟底出现了张裂缝),则排水沟反而成了地表水汇集、入渗之处,对坡体稳定起了相反的作用。近年来,土工合成材料的应用为土坡治理提供了可行的新方法,如图 8-5-5 所示。复合土工膜具有抗渗性能好、抗拉强度大且延展性好等特性,是用来衬砌坡顶排水沟的理想材料,其防渗性可以确保地表水不渗入土中,其延展性(可达 100%)使得在坡体继续变形时,衬砌体不因拉裂而失去防渗性;对于坡顶处理后的张裂部位和可能出现张裂的部位,可以用复合土工膜覆盖防止地表水入渗;对于长期土坡,还可以将坡面用土工格室覆盖以养护坡面植被。这些措施的应用都可以增加土坡的稳定性,延长土坡的服务年限。

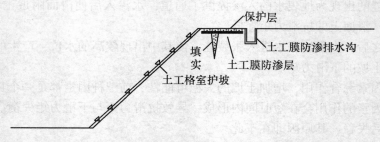

图 8-5-5　土工合成材料治理土坡新方法示意图

习　题　8

1. 已知有一挖方土坡,土的物理力学指标为:$\gamma = 18.93 \text{kN/m}^3$;$c = 11.58 \text{kPa}$;$\varphi = 10°$。(1)将边坡角做成 $\beta = 60°$,试求安全系数 F_s 为 1.5 时,边坡的最大高度;(2)若如挖方开挖高度为 6m,安全系数 F_s 为 1.5 时,试问坡角最大能做成多大?

2. 下图为某土坝断面,其各部分填料的计算指标如下表所示,试计算该坝坡在施工期下游坡的稳定安全系数(计算图中所给定的滑弧)。

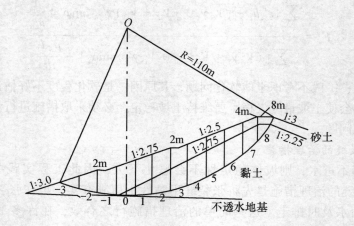

计 算 指 标	黏 土	砂 土
干重度 γ_d (kN/m³)	16.68	—
湿重度 γ (kN/m³)	19.91	20
内摩擦角 φ' (°)	28°	35°
黏聚力 c' (kPa)	49.05	0
孔隙压力系数 $\bar{B}$	0.25	—

第9章　地基设计、桩基础与地基处理

　　任何形式的建筑物的地基基础设计，都必须考虑上部结构、基础和地基三个组成部分的共同工作问题。上述三部分是相互联系而又是各有区别的。上部结构是建筑物的主体，上部结构应发挥规划设计所要求的各种作用，如防洪、泄水等；地基的作用是承受上部结构的荷载，并应有足够的安全度；基础则起着把上部结构的荷载传给地基的承上启下的作用。根据使用及布置的要求，上部结构的荷载可能很不均匀，如果直接加在地基上，则某些部位单位面积上的荷载很大，就会使地基产生过度沉降以致破坏。而在另一些部位，单位面积上的荷载较小，又未能充分利用地基的承载能力，也是不合理的。因此，需要在上部结构与地基之间设置基础，来调整上部结构的荷载分布条件，使得传递至地基表面的荷载较为均匀，做到最大可能地利用地基的承载能力。因此，这三部分既密切联系，又各有其特点，应该综合考虑，分别设计，然后构成一个完整体系。

　　当采用天然地基上的浅基础不能满足地基基础设计的承载力和变形要求时，可以采用地基加固，也可以采用桩基础将荷载传至深部土层。桩基础具有比较大的整体性和刚度，能承受更大的竖向荷载和水平荷载，能适应高重大的建筑物的要求，在近代土木工程的发展中，桩基础起着越来越重要的作用。桩基础可以采用不同的材料（木材、钢筋混凝土、钢材），不同的截面（方形、圆形、空心、实心）和不同的成桩方法（预制、现场灌注；打入法、压入法），可以支承在不同的土层中，可以作为各类工程结构物的基础（低桩承台、高桩承台），因而其受力性状各不相同，支承能力相差悬殊，施工工艺和设备极其多样。桩基技术极为复杂，发展空间相当广阔，成为地基基础领域中的一个非常活跃的、具有很强生命力的分支领域，50年来出现了许多新的桩型、新的工艺、新的设计理论和新的科技成果，成为我国工程建设的有力支柱。

　　天然地基是自然历史的产物。形成年代、形成环境和形成条件等地基性状有较大影响，天然地基不仅区域性强，而且各体之间差异性大，即使是同一土体，其应力应变关系与土体中的应力水平、边界排水条件、应力路径等都有关系。由此可见，天然地基性状十分复杂，而各种建筑物和构筑物对地基的要求主要包括下述三个方面：稳定问题、变形问题、渗透问题，当天然地基不能满足上述三方面要求时，则需要对天然地基进行地基处理，从而形成人工地基，以满足建（构）筑物对地基的各种要求。地基处理方法很多，根据具体工程条件，合理选用地基处理方法非常重要，选择的不合理不仅影响处理效果，而且影响工程投资的大小。地基处理技术在我国的发展可以追溯到很早以前，随着人类历史的发展和土木工程的进步，地基处理技术也在不断发展，反映在地基处理机械、材料、设计计算理论、施工工艺、现场监测技术，以及地基处理新方法的不断发展和多种地基处理方法综合应用等各个方面。

9.1 地基基础设计

9.1.1 基础设计程序

合理的地基基础设计，应保证建筑物地基的变形、强度及渗透稳定三方面都能满足建筑物设计的各项技术要求，且在施工方面是可行的，以及在工程造价上又是经济合理的。

地基分为天然地基和人工地基两类，基础按埋置深度和施工方法的不同又分为浅基础和深基础两类。选择地基基础方案时，通常都优先考虑天然地基上的浅基础，因为，这类基础埋置不深，用料较省，无需复杂的施工设备，地基未经人工处理，因而工期短、造价低。只有当地基条件差或上部结构荷载大或对使用有特殊要求，天然地基难以满足要求时，才考虑大型或复杂的浅基础、深基础或人工处理地基等造价较高、施工技术特殊的地基基础方案。

至于地基基础设计的程序，无论对何种地基，都应进行下列工作，才能作出较合理的设计：

（1）勘探工作。首先是对土层进行勘探，钻孔取样，或在现场进行原位试验，初步了解拟建场地的工程地质和水文地质条件。

（2）试验室试验。其任务是查明工程建筑范围内的土层分布状况与各层土的性质。为设计工作取得足够数量的第一手资料。

（3）室内外试验成果的整理与选择。通过已得的试验资料，进行统计分析，选择设计用的土性指标，确定土层的水平分布图与垂直剖面分布图，以便在设计中应用。

（4）地基基础计算工作。根据上部结构的要求与地基条件资料，试选若干种基础类型，按照地基稳定性、变形计算与渗透破坏计算的方法，进行估算。把计算结果与有关规范的要求进行比较，检查是否相符。若不相符，则须改变条件，另行计算和比较。如此进行数次，直到选出技术上合理，经济上适宜的设计方案。

所选方案在将来的应用情况如何，是否获得预期的效果，只能在施工完毕和使用期中，通过观测才能证实。如果发现问题，须及时改正。

（5）现场观测工作。在施工期和完工后设置各种仪器，对结构物和地基做长期的现场观测，例如实测基础下面的地基应力、结构物的沉降和地基中的孔隙水压力变化等。通过观测，既能发现问题及时处理，又有利于建设和科研工作总结经验，更好地用于新建的类似工程。所以，现场观测极为重要。尤其对重要建筑物来说，在设计时就应作出现场观测的计划安排。但值得注意的是，在施工期进行测试工作和埋设长期观测的装置，常会对施工有所干扰。如对测试工作的重要意义不甚明确，则观测计划常常难以实施。

地基基础设计的内容与程序流程图如图 9-1-1 所示。

9.1.2 基础的类型

基础设计的目的是选择合适的结构型式及尺寸，使上部荷载通过基础传递到地基，在地基变形及渗透稳定满足要求的条件下，最大限度地发挥地基的承载能力，而且工程造价是经济合理的。为此，地基设计必须紧密结合上部结构、基础以及地基条件来进行。

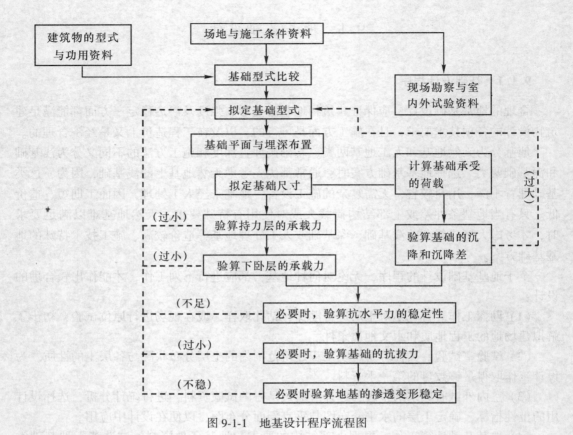

图 9-1-1 地基设计程序流程图

选择基础型式，应根据规划要求及勘察成果来考虑。当前随着土木建筑工程技术的进步，国内外创造了许多类型的基础。下面对水利工程和建筑工程中一些常用的基础类型简单地加以介绍。

根据上部结构的使用要求、荷载条件与地基情况，有各种基础可供比较选用。

1. 无筋扩展基础

无筋扩展基础是由砖、毛石、混凝土或毛石混凝土、灰土和三合土等材料组成的，且不需配置钢筋的墙下条形基础或柱下独立基础。这种基础主要利用材料的抗压强度来承受荷载，但抗拉、抗剪强度不高。适用于多层民用建筑和轻型厂房。图 9-1-2 为常见砖基础构造示意图。

2. 扩展基础

扩展基础是指柱下钢筋混凝土独立基础(见图 9-1-3)和墙下钢筋混凝土条形基础(见图9-1-4)。这类由钢筋混凝土材料做成的基础能发挥两种材料的特性，即混凝土的抗压性能与钢筋的抗拉性能。遇到基础上荷载较大，地基承载力较小的情况，使用这种基础就有可能选择较小的埋置深度，或较大的基础底面积，来保证上部结构、基础和地基三部分的安全。使用这种基础，由于开挖较浅，故施工方便，并可以用机械化施工和预制构件，有利于大规模施工。

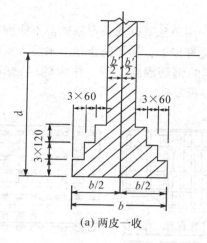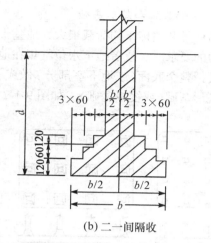

(a) 两皮一收　　　　　　　　　　(b) 二一间隔收

图 9-1-2　砖基础示意图

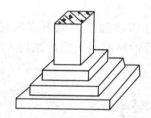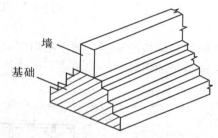

图 9-1-3　柱下单独基础示意图　　　　　图 9-1-4　墙下条形基础示意图

3. 柱下条形基础

如果柱子的荷载较大而土层的承载力又较低，作单独基础需要很大的面积，在这种情况下可以采用柱下条形基础，如图 9-1-5 所示，甚至柱下的交叉梁式基础(图 9-1-6)。

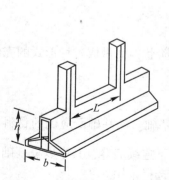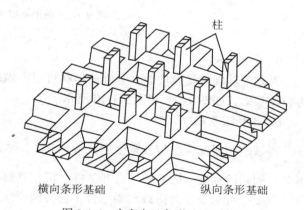

图 9-1-5　柱下条形基础示意图　　　　　图 9-1-6　十字交叉条形基础示意图

4. 筏形基础和箱形基础

当柱子和墙传来的荷载很大，地基土较软弱，用单独基础或条形基础都不能满足地基承载力的要求时，或者地下水位常年在地下室的地坪以上，为了防止地下水渗入室内，往往需要把整个底面(或地下室部分)做成一片连续的钢筋混凝土板，作为建筑物的基础，称为筏形基础(或筏板基础)。如图 9-1-7 所示为筏板基础。

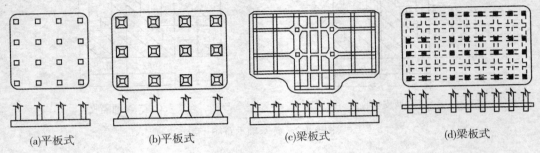

(a)平板式　　　(b)平板式　　　(c)梁板式　　　(d)梁板式

图 9-1-7　筏板基础示意图

为了增加基础板的刚度，减小不均匀沉降，高层建筑物往往把地下室的底板、顶板、侧墙及一定数量的内隔墙一起构成一个整体刚度很大的钢筋混凝土箱形结构，称为箱形基础，如图 9-1-8 所示。

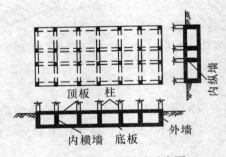

图 9-1-8　箱形基础示意图

5. 壳体基础

为改善基础的受力性能，基础的形状可以不做成台阶状，而做成各种形式的壳体，称为壳体基础，如图 9-1-9 和图 9-1-10 所示。

6. 各种深基础

若基础的埋置深度与其宽度之比 $\dfrac{D}{B} \geqslant 5$ 时，称为深基础。深基础所应用的材料与类型很多。例如桩基础、墩基础、沉井基础、沉箱基础和地下连续墙等，其中以桩基础用得最多，一般都可承受很大荷载，要结合工程特殊要求进行选择采用。

9.1.3　确定基础埋置深度与平面尺寸

首先，当水工建筑物的上部结构布置和尺寸初步拟定后，就要确定基础底面及顶面的

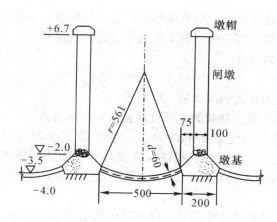

图 9-1-9　水闸的壳体基础示意图

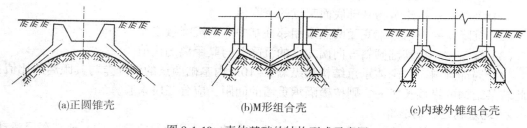

(a)正圆锥壳　　　　　　(b)M形组合壳　　　　　　(c)内球外锥组合壳

图 9-1-10　壳体基础的结构型式示意图

高程与平面尺寸。基底高程与地面的距离，称为基础的埋置深度，确定基础埋置深度是基础设计的重要一环。即一般在保证安全可靠的前提下，尽量浅埋。影响基础埋置深度的因素很多，设计时应按下列条件确定：

（1）建筑物的用途，有无地下室、设备基础和地下设施，基础的形式和构造；

（2）作用在地基上的荷载大小和类型；

（3）工程地质与水文地质条件；

（4）相邻建筑物的基础埋深；

（5）地基土冻胀和融陷的影响。

其次，计算基础的平面尺寸。基础是根据上部结构的布置与尺寸、荷载大小与分布以及地基土的承载能力来确定的。

9.1.4　按稳定性与变形要求设计地基

由于水工建筑物作用于基础底面上的荷载比较复杂(不仅有垂直荷载，还有水平荷载)，地基中又有渗流作用，且基底面积一般较大，地质条件较为复杂，故所拟的基础尺寸，需要在基底压力满足要求的情况下，验算地基的变形、稳定性和渗透破坏。

1. 基础沉降验算

计算基础沉降，就是计算地基的变形。当选择地基的代表性剖面时，必须包括荷载变化较大及地基压缩性变化较大的地段在内。例如水闸的两岸结构与闸身之间荷载相差很大，就有可能产生过大的不均匀沉降(即沉降差)。

对于重力式码头、墩式基础、防浪堤等港口水工建筑物，一般应以基础的两端及中点作为沉降的计算点。沉降计算一般用第4章的分层总和法进行。

沉降验算应满足下列条件

$$S \leqslant [S] ; \quad \Delta S \leqslant [\Delta S] \tag{9-1-1}$$

式中：S、ΔS ——分别为基础的沉降量、沉降差；

[S]、[ΔS]——分别为基础的允许沉降量、允许沉降差。

建筑在黏性土地基上的建筑物的沉降，一般在施工期内可以完成总沉降的40%～60%，对于重要的建筑物，除了计算最终沉降量外，还需估算施工期内建筑物可能产生的沉降和使用期内可能产生的沉降。砂基上的建筑物，其沉降往往在施工期便可全部完成。

基础的沉降量与沉降差的计算数值，应不超过地基基础设计规范中同类型建筑物的允许值，才能保证结构物的正常使用与安全。

通常，把地基变形特征细分为四种，即：

（1）沉降——指建筑物基础底面某点的沉降值。

（2）沉降差——指基础底面两点或相邻柱基中点的沉降量之差。

（3）倾斜——指基础倾斜方向两端点的沉降差与其距离的比值。

（4）局部倾斜——砌体承重结构沿纵墙6～10m内基础两点的沉降差与其距离的比值；因此若某结构的纵墙长30m，则按横隔承重墙的间距，应分三段来验算。

2. 地基稳定性的验算

地基稳定性验算的内容包括：（1）沿基础底面的水平滑动的验算；（2）地基深层滑动的验算；（3）建筑物倾倒稳定性的验算。应根据设计条件，选择三种情况的最不利荷载组合(即施工情况，竣工情况，使用情况)进行验算。其目的是从施工开始到建成后的长期运行中，都能保证建筑物和地基的稳定性。各种具体的计算方法，可见第7章。

3. 地基的渗透变形验算

坝体本身与其地基内的渗透力过大时，将会危害坝体与地基的安全。根据土坝破坏失事的一些调查统计，毁于渗流破坏者超过失事总数的三分之一。因此，要进行渗透变形验算，并与相关规范进行比较，即不得超过规范中的流土和管涌判别标准，否则须另行设计。

9.1.5 地基设计方案的选择

从具体的建筑物的要求来选择最佳方案，就要考虑下列各项原则，加以分析对比，然后有重点地进行计算工作。

（1）从工程实际出发，进行具体分析。在水利、建筑工程建设中，一般都会遇到地基问题。究竟是选用天然地基，或是人工加固地基，需要慎重比较。对于我国广大地区中的局部地区，常有特殊土类，例如软黏土、黄土、红土、膨胀土等，有其特定性质需要研究。若用人工地基，则有许多加固的处理方法可供比较选用。

（2）把上部结构、基础、地基三部分作为整体来考虑。这三部分既是相互区别，又是相互联系和制约的。所以，不能孤立地看待某一方面，只重视上部结构，而忽视基础与地基。虽然建筑完工后，只有上部结构是实用的和看得见的实体。但基础和地基常常是工程发生事故的根源，而且是更难修复的隐蔽部分，故更应加以重视。

（3）应用先进的科学技术来设计和施工，以保证建筑物的长期使用。因此，理论研究、试验分析与现场观测三者必须有机结合起来。

为了验证设计理论、方法与结果是否符合要求，并发现问题、总结经验、改进设计与施工工作，需要在施工过程中与完工后的长期运行中，作现场观测。例如观测结构物的地基变形发展、应力分布、孔隙水压力变化等项目。

国内一些大型土坝及水闸工程，已经埋设量测仪器，进行长期观测，为这类工程的设计施工使用积累了经验。

9.2　桩基础概述

9.2.1　概述

桩基础是实际工程中最常见的一种深基础。桩基础由埋设在地基中的若干根细长具有一定刚性的单桩（统称桩群）和承接上部结构的承台两个部分组成，如图 9-2-1 所示。通过它们与地基的相互作用，把桩基础所承担的荷载传递给地基。在建筑物荷载巨大，地基上部软弱而在桩端可达深度处埋藏有坚实土层时，最宜采用桩基础。随着承台与地面的相对位置的不同，有低承台桩基（见图 9-2-1(a)）和高承台桩基（见图 9-2-1(b)）之分。前者的承台底面位于地面以下；而后者则高出地面以上，且常处于水下。在一般房屋建筑和水工建筑物中最常用的都是低承台桩基，高承台桩基则常用于港口、码头、海洋工程。

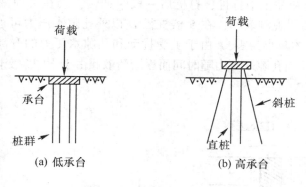

图 9-2-1　桩基础示意图

桩的种类很多，实际工程中常用的桩如表 9-2-1所示。

表 9-2-1　　　　　　　　　　　　　　桩 的 种 类

分类依据	桩　　名
承载性状	摩擦型桩：摩擦桩、端承摩擦桩 端承型桩：端承桩、摩擦端承桩
使用功能	抗压桩、抗拔桩、水平受荷桩、复合受荷桩

续表

分类依据	桩 名
桩身材料	混凝土桩、钢桩、组合材料桩
成桩方法	非挤土桩:干作业法、泥浆护壁法、套筒护壁法 部分挤土桩:部分挤土灌注桩、预钻孔打入式预制桩、打入式敞口桩 挤土桩:挤土灌注桩、挤土预制桩(打入或静压)
桩径大小	小桩、中等直径桩、大直径桩

9.2.2 单桩与地基的作用

单根桩的轴向承载力是设计桩基础的依据,要确定单桩的轴向承载力,就得对桩土相互作用和荷载是如何通过桩-土的相互作用传递给地基的情况有所理解。

1. 桩土相互作用

研究桩土相互作用的主要目的,是了解埋桩对土的性质的影响,以及桩对土的作用和土对桩的反作用情况,据此判定地基土是否有足够支承能力而不致产生剪切破坏和过大的沉降量(确定桩的允许承载力)。

在黏土中打入预制桩时,土就被挤向四侧排开,这时土受到的影响如图 9-2-2 所示。紧贴在桩周围的土受到剪切,形成了剪切带。较远处的土则被挤密而形成扰动带。打桩入土时,桩尖(桩脚)以下有一部分土中出现连续的冲剪破坏,桩把周围的土排向四周,如图 9-2-3 所示。在饱和黏土中打桩,打桩后一段时期内,会在桩周围基土中引起很高的孔隙水压力(有一实例观测表明,在 5 倍桩径 D 以外孔隙水压力可达上覆土重的 80% ~ 100%,直到 15D 处才减小为零)。由于土受扰动和孔隙水压力的升高,土的强度大受削弱。打桩过后,则又因孔隙水压力随时间而逐渐消散和由于土的触变恢复作用,土的强度

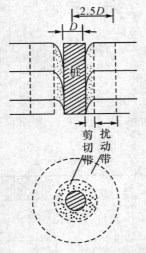

图 9-2-2 打桩对土的影响示意图

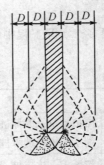

图 9-2-3 桩尖的冲剪破坏示意图

可能恢复到甚至超过土的原有强度。灌注桩由于施工工艺的不同(上述现象也不同)，如采用沉管工艺施工的灌注桩，在沉管过程中，也可能出现类似上述情况的挤土效应。

一般来说，桩打入中密或松砂地基时，周围的砂会被挤密，越靠近桩的表面压得越紧，至约 $3D$ 处压实作用就不明显了。受到压密的土其内摩擦角也会增大。但如在紧密的砂土中打桩时，靠近桩周的砂反会因受剪而变松，内摩擦角也会有所变小。

钻(挖)孔桩是先在桩位处钻(挖)出桩孔，然后灌入混凝土(有时也加入钢筋)成桩，其情况和打入桩不同。钻(挖)孔后周围的土会向孔内挤入而受到扰动，灌入混凝土时又将土向外挤开，土又受扰动，但扰动的程度远小于打入桩的情况。

2. 荷载传递情况

桩把荷载传递给地基，是通过桩端把一部分荷载传递给基土，基土对桩端的反力称为桩端阻力。其余荷载则通过桩侧表面与土相互摩擦而传递给基土，其反力称为桩侧摩阻力，如图9-2-4所示。如果荷载主要是靠前一种反力支承的桩，例如穿过软弱土层而插入硬土层的桩，称为端承型桩。主要是靠后一种力支承的桩，例如插入均匀土层的桩，称为摩擦型桩。实际上任何一根桩都受两种反力作用，只不过以何者为主而已。

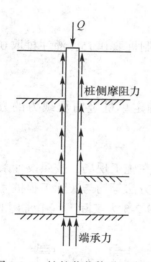

图 9-2-4　桩的荷载传递示意图

桩侧摩阻力和桩端阻力的发挥程度和桩土之间的相对位移大小有关。相关研究结果指出，要使桩侧摩阻力全部发挥出来，即达到桩侧摩阻力极限值，桩土相对位移为 4~6mm (对黏性土)或 6~10mm(对砂类土)。这一位移量基本只与土的类别有关，而与桩径大小无关。单桩受荷过程中桩端阻力的发挥不仅滞后于桩侧摩阻力，而且其充分发挥所需的桩土相对位移量比桩侧摩阻力达到极限值所需桩土相对位移大得多。根据小型桩试验，对于砂类土，桩土相对位移值为$(1/12 ~ 1/10)D$；对黏性土，该值为$(1/10 ~ 1/4)D$(其中，D 为桩径)。

9.2.3　单桩竖向承载力特征值的确定

单桩的竖向承载力取决于地基土对桩的支承能力和桩身材料的强度。一般说来，桩的承载力主要由前者决定;材料强度往往不能充分利用,只有对端承桩、超长桩以及桩身质量有缺陷的桩,才可能由桩身材料强度控制桩的承载能力。

1. 按材料强度确定

桩身混凝土强度应满足承载力设计要求。通常桩同时受到轴力、弯矩和剪力的作用,桩必须满足桩身结构强度的验算。低承台桩基,当作用在单桩上的弯矩、剪力不大时,桩身结构强度满足轴压验算即可。对全埋入土中的桩,除穿过超软土层的端承桩外,一般不考虑桩的纵向弯曲。由于灌注桩在成孔和混凝土水下浇筑时质量较难以保证,预制桩在运输及沉桩过程中受震动和锤击的影响,因此,根据上述桩的施工条件,计算中应按桩的类型和成桩工艺的不同将混凝土的轴心抗压强度设计值乘以工作条件系数,桩身强度应符合下列要求:

轴心受压时:

$$Q \leqslant A_p f_c \psi_c \qquad (9\text{-}2\text{-}1)$$

式中:Q ——荷载效应基本组合时的单桩竖向力设计值,kN;

f_c ——混凝土轴心抗压强度设计值,kPa,按《混凝土结构规范》(GB50010—2002)取值;

A_p ——桩身横截面积,m^2;

ψ_c ——工作条件系数,预制桩取 0.75,灌注桩取 0.6~0.7(水下灌注桩或长桩取低值)。

2. 按桩周土的支承能力确定

根据地基土的变形和强度确定单桩竖向承载力的方法很多。现介绍几种常用方法如下:

1)静载荷试验法

桩的静载荷试验方法,就是在施工现场,按照设计条件就地制作或打入试验桩,桩的材料、长度、断面形状以及施工方法等均与实际工程桩完全一致。试验的数量不少于总桩数的 1%,且不应少于 3 根。图 9-2-5 为实际工程中常用的千斤顶加荷装置示意图。

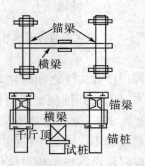

图 9-2-5　桩的静载荷试验装置示意图

试验时,在桩顶部逐级加荷载,记录每级荷载 Q 下桩的下沉量 s,直到破坏时为止。由试验结果绘出荷载与桩的沉降的 $Q\text{-}s$ 关系曲线,据此可以确定单桩竖向极限承载力。有关试验方法和如何利用 $Q\text{-}s$ 曲线确定桩的极限承载力的具体问题,可以参阅《建筑地基基础设计规范》(GB50007—2002)中的有关规定。

静载荷试验最接近桩的实际工作情况，是一种最可靠的确定桩承载力的方法，但耗费大，不能普遍采用，一般用于设计等级为甲级的建筑物和部分为乙级的建筑物。

2）静力触探法

静力触探与桩的静载荷试验虽有很大区别，但与桩打入土中的过程基本相似，所以可以把静力触探近似看成是小尺寸压入桩的现场模拟试验，且由于静力触探法具有设备简单、自动化程度高等优点，故被认为是一种很有发展前途的确定单桩承载力的方法，国外已广泛应用。对于地基基础设计等级为丙级的建筑物，可以采用静力触探及标贯试验参数确定单桩竖向承载力特征值，具体取值需参考地方规范。

3）经验公式法

单桩竖向承载力特征值可以按下列经验公式估算：

$$R_a = q_{pa}A_p + u_p \sum q_{sia}l_i \tag{9-2-2}$$

式中：R_a——单桩竖向承载力特征值，kN；

　　　q_{pa}、q_{sia}——桩端阻力、桩侧摩阻力特征值，由当地静载荷试验结果统计分析计算得，kPa；

　　　A_p——桩底端横截面面积，m^2；

　　　u_p——桩身周边长度，m；

　　　l_i——第 i 层岩土的厚度，m。

当桩端嵌入完整或较完整的硬质岩石中时，可以按下式估算单桩竖向承载力特征值：

$$R_a = q_{pa}A_p \tag{9-2-3}$$

式中：q_{pa}——桩端岩石承载力特征值。当桩端无沉渣时，应根据岩石饱和单轴抗压强度标准值按相关规范确定或按岩基静载荷试验确定。

用经验公式法确定单桩承载力，无疑要比静载荷试验法简便得多，但关键问题是各土层的端阻力和侧摩阻力特征值不一定能如实提供，因此通常只用于初步设计时估算或等级较低的建筑物桩基设计中。

4）动力分析法

桩的承载力还可以根据打桩过程中土的动态阻力来分析确定，即常说的"动测法"确定承载力。

已经使用了上百年的动力打桩公式，是一种最原始的动力分析法，也是人们最早用来估算桩承载力的一种方法。打桩公式是以碰撞理论和能量守恒定律作为依据的，又假定桩是刚性体，且认为贯入阻力是瞬时出现在桩身全长上，这都与实际不符。打桩时的动力性能与桩在工作时的静力性能有很大差异，尤其是对黏土地基中的摩擦桩，差异更大。事实上，打桩公式只反映打桩时土对桩的贯入阻力，而不是桩的极限承载力。因为桩打入后，经过一段间歇，其承载力往往会有变化。故目前这些公式已很少被采用。但在同一地质条件下，用来比较各桩的动态阻力，据此判断地基土层的均匀性，或作为终止打桩的一个控制标准，还是可用的。

近二三十年来，随着测试技术和计算机技术的进步，国内外开展的用波动理论分析打桩时的动力现象的研究，并用以解决桩的设计和施工问题，已在桩基工程实践中得到广泛应用。我国自 1978 年开始，将波动方程法用于近海石油平台桩基工程，取得成功，引起工程界的高度重视。我国在桩基动测技术上近年来已有很大的进步。

9.2.4 负摩阻力

在一般情况下,桩在荷载作用下产生沉降,桩相对于土发生向下移动,使土对桩侧产生向上的摩阻力,即为正摩阻力。如果土对桩发生向下运动,则土对桩侧产生向下的摩阻力称为负摩阻力。产生负摩阻力的情况有多种,例如:桩周欠固结的软黏土或新填土在自重作用下随时间逐渐固结;大面积堆载使桩周土层压密;由于地下水位全面下降,使土中有效应力增加;自重湿陷性黄土浸水下沉和冻土融陷;打桩使已设置的邻桩抬升等。

图9-2-6(a)表示一根承受竖向荷载的桩,桩身穿过正在固结中的土层,而达到坚实土层。在图9-2-6(b)中,曲线1表示不同深度土层的位移;曲线2表示该桩的截面位移。曲线2与曲线1的交点(O_1)为桩土之间不发生相对位移的截面位置,称为中性点。图9-2-6(c)和(d)分别为桩侧摩阻力和桩身轴力曲线,其中N_{nf}为负摩阻力引起的桩身最大轴力,又称下拉荷载;N_f为总的正摩阻力。从图中可知,在中性点处桩身轴力达到最大值$N+N_f$。

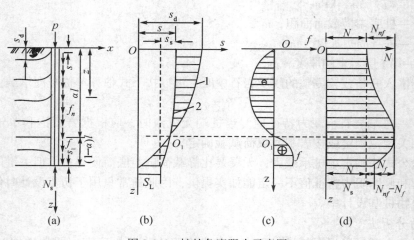

图 9-2-6   桩的负摩阻力示意图

一些桩的摩阻力实测资料表明:当桩侧主要为欠固结的土层时,中性点的位置到桩顶的距离大多为桩长的70%~75%;支承在岩层上的桩,中性点接近岩层顶面。当有地面堆载时,中性点的深度取决于堆载的大小,堆载越大则中性点越深。

当无实测资料时,负摩阻力的计算可以按《建筑桩基技术规范》(JGJ94—2008)的有效应力法进行。其公式为

$$q_{si}^n = \xi_n \sigma_i' \qquad (9\text{-}2\text{-}4)$$

当桩段处于地下水位以下时

$$\sigma_i' = \gamma_i' \cdot z_i \qquad (9\text{-}2\text{-}5)$$

当地面有满布荷载时

$$\sigma_i' = p + \gamma_i' \cdot z_i \qquad (9\text{-}2\text{-}6)$$

式中:q_{si}^n——地层土桩侧负摩阻力标准值,kPa;

ξ_n——桩周土负摩阻力系数，可以按表 9-2-2 取值；

σ'_i——桩周各层土平均竖向有效应力，kPa；

γ'_i——第 i 层土层底以上桩周土按厚度计算的加权平均有效重度，kN/m^3；

z_i——自地面起算的第 i 层土中点深度，m；

p——地面均布荷载，kPa。

表 9-2-2　　　　　　　　　　　　　　负摩阻力系数 ξ_n

土　类	ξ_n
饱和软土	0.15~0.25
黏性土、粉土	0.25~0.40
砂土	0.35~0.50
自重湿陷性黄土	0.20~0.35

对于砂类土，也可以用标准贯入击数 $N_{63.5}$ 按下式计算：

$$q_{si}^n = \frac{N_{63.5}}{5} + 3 \tag{9-2-7}$$

在桩基设计中可以采取一些措施以避免或减小负摩阻力的发生。国内外相关经验证明，在桩身涂敷一层具有适当粘度的沥青滑动层是一种十分有效的方法。

9.2.5　群桩的竖向承载力及沉降验算

实际工程中的桩基础都是由多根桩(群桩)组成的。对于端承桩基，荷载主要通过桩尖传递，由于桩尖下的压力分布面很小，各桩的压力叠加作用小，可以认为群桩承载力等于各单桩承载力之和，如图 9-2-7 所示，其沉降也几乎与单桩相同，一般都能满足建筑物的要求。对于摩擦桩来说，由于荷载主要通过桩的侧面与土的摩阻力来传递，而桩侧阻力是按一定形式向下扩散的，如图 9-2-8 所示。若邻近两桩间距小至某一距离时，桩尖以下地基中的附加应力相互叠加，并使群桩的沉降比同荷载作用下的单桩的沉降大。因而若要群桩中各桩沉降相同，则群桩中的每根桩的平均承载力应小于单桩承载力。

影响群桩承载力和沉降的因素很复杂，与土的性质、桩长、桩距、桩数、群桩的平面形状和大小等因素有关。其中，桩距是主要的。设计桩基础时，应合理选择桩距，桩距不宜过密，过密使桩间土随群桩一起下移，土对桩的摩阻力不能充分发挥，桩尖下土中应力过分重叠。但桩距也不宜过大，过大使承台尺寸过大而造成不经济。一般摩擦型桩基的中心距不宜小于桩身直径的 3 倍；扩底灌注桩的中心距不宜小于扩底直径的 1.5 倍，当扩底直径大于 2 倍时，桩端净距不宜小于 1m。

群桩基础的验算，主要包括承载力和变形(沉降)两方面。

1. **地基承载力验算**

群桩地基承载力验算是指验算桩端平面处的地基承载力是否满足要求。下面介绍采用应力扩散角的实体深基础算法。

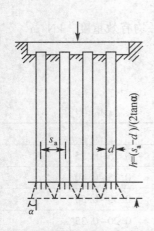

图 9-2-7 端承型群桩基础示意图

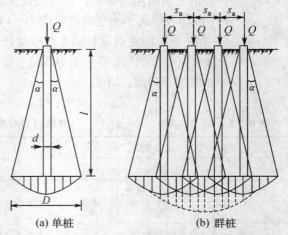

(a) 单桩   (b) 群桩

图 9-2-8 摩擦型桩的桩顶荷载通过侧阻扩散
形成的桩端平面压力分布示意图

将桩与桩间土一起作为一个实体深基础，假定荷载从桩群边缘以 $\dfrac{\varphi_0}{4}$ 的倾角向下扩散，如图 9-2-9 所示，此时，满足中心荷载时

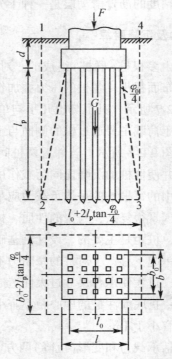

图 9-2-9 群桩地基承载力验算示意图

$$\frac{F+G}{A} \leqslant f_a \tag{9-2-8}$$

偏心荷载时

$$\frac{F+G}{A}+\frac{M_x}{W_x}+\frac{M_y}{W_y} \leqslant 1.2 f_a \tag{9-2-9}$$

其中

$$A = \left(l_0+2l_p\tan\frac{\varphi_0}{4}\right)\left(b_0+2l_p\tan\frac{\varphi_0}{4}\right) \tag{9-2-10}$$

式中：F ——相应于荷载效应标准组合时作用于桩基承台顶面的竖向力，kN；

　　　G ——实体基础自重，包括承台自重和承台上回填土的重量，即图 9-2-9 中 1234 范围内的土重及桩重标准值，kN；

　　　A ——实体基础的底面积，m²；

　　　φ_0 ——桩长 l_p 范围内各土层土的内摩擦角的加权平均值，°；

　　　M_x、M_y ——相应于荷载效应标准组合时，作用于桩尖平面处实体基础底面上对 x 轴、y 轴的力矩；

　　　W_x、W_y ——桩尖平面处实体基础底面对 x 轴、y 轴的截面抵抗矩，m⁴；

　　　f_a ——桩端平面处修正后的地基承载力特征值，kPa。

2. 沉降验算

《建筑地基基础设计规范》（GB50007–2011）中指出，对以下建筑物的桩基应进行沉降验算：

（1）地基基础设计等级为甲级的建筑物桩基；

（2）体形复杂、荷载不均匀或桩端以下存在软弱土层的设计等级为乙级的建筑物桩基；

（3）摩擦型桩基。

嵌岩桩、设计等级为丙级的建筑物桩基、对沉降无特殊要求的条形基础下不超过两排桩的桩基、吊车工作级别及以下的单层工业厂房桩基（桩端下为密实土层），可以不进行沉降验算。

当有可靠地区经验，地质条件不复杂、荷载均匀、对沉降无特殊要求的端承型桩基也可以不进行沉降验算。

桩基础的沉降不得超过建筑地基变形允许值，计算桩基础沉降时，最终沉降量宜按单向压缩分层总和法计算，如图 9-2-10 所示。地基内的应力分布宜采用各向同性均质线性变形体理论，按下列方法计算：

（1）实体深基础法（桩距不大于 $6d$，d 为桩的直径）：将群桩与桩间土视为一个整体，桩端处为实体基础的埋深，求出桩端平面处的基底附加应力，按单向压缩分层总和法计算桩基的最终沉降量。

（2）其他方法，包括明德林应力公式方法，详见《建筑地基基础设计规范》（GB50007—2011）。

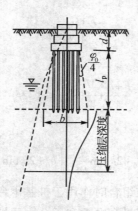

图 9-2-10 群桩沉降验算示意图

9.2.6 低承台桩基础的设计程序

低承台桩基础的大致设计内容及程序流程图如图 9-2-11 所示。

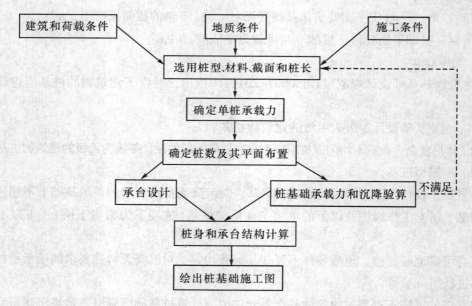

图 9-2-11 低承台桩基础设计程序框图

9.3 地 基 处 理

9.3.1 概述

建筑物若以天然地层作为地基持力层,这类地基称为天然地基。若天然土层在承载力、变形或渗透性这三个方面中有一项或几项不能满足实际工程要求，则需要采取工程措施使其性能满足工程需要，称为人工地基，对天然土层进行人工改良的过程称为地基处理。

地基处理用于新建工程时，一般在结构施工开始前进行。地基处理也可以用于已建工程的事后补救，如土坝渗透问题、建筑物建成后出现过大的变形或倾斜等。

地基处理的方法很多，水利工程中常用的地基处理方法如表 9-3-1。

表 9-3-1　　　　　　　　常用地基处理方法的分类及适用土类

类别	方 法	原 理 简 述	适 用 土 类
置换	换填	挖去浅层的软弱土，用砂、砾石、碎石或卵石等材料回填，分层夯实后作为基础的垫层	各种软弱土及湿陷性黄土地基的浅层处理
	设桩置换	用砂、砾石、碎石或卵石等材料填筑成桩群，与桩间土形成复合地基	不排水抗剪强度不小于 20kPa 的黏性土、粉土、饱和黄土和人工填土
排水固结	预压	采用预压的办法促使土层排水固结。常在土层内设置排水设施，然后预压，以加速土层排水固结	淤泥、淤泥质土和黏性冲填土
	降低地下水位	通过降低地下水位加大原水位以下部分土层的自重有效应力，使土层固结	渗透性较强的软弱土
加密	水泥土桩	灌入水泥、石灰或水泥浆，用机械搅拌的办法或利用浆液的高压脉冲射流冲击破坏土体，使胶结物与土混合，结硬后形成水泥土桩，与桩间土形成复合地基	淤泥、淤泥质土、粉土及含水量较高且承载力标准值不大于 120kPa 的黏性土
	夯压	通过机械的重复碾压或夯锤的重复夯击使土的密实度提高，压缩性趋于均匀。有低能量的一般夯压与高能量的强夯之分	杂填土、松散无黏性土、饱和度低的粉土和黏性土及湿陷性黄土，一般夯压用于浅层处理，强夯用于深层处理
	振密	借助于机械振冲使土颗粒重新排列，减小孔隙比，土变密实	黏粒含量小于 10% 的粗砂和中砂
	挤密	在地基内设置砂桩、土桩或灰土桩等桩群，挤密桩间土	砂桩可用于松散砂土、杂填土和非饱和黏性土，土桩和灰土桩可用于地下水位以上的湿陷性黄土、素填土和杂填土
加筋	加筋土	在土中铺设土工织物、土工格栅或金属条，形成加筋土	各种土
托换		对已建成的建筑物，通过加大基底面积、在原基础下设置桩基或改良原地基土性质等进行处理	
纠偏		对发生倾斜的建筑物，采用加载、顶升或掏土等方法纠正或调整地基不均匀沉降引起的建筑物倾斜	

9.3.2 换土垫层法

换土垫层法是把地基上部一定范围内不符合要求的软弱土挖去，换填成强度较大、压缩性较小的材料，如砂、碎石、矿碴或土等材料，并加工夯实做成垫层，也有用灰土、素土等作为垫层的。在水利工程中，砂垫层是最常用的一种，我国长江下游软土地区，就有用砂垫层修建水闸的经验。在用砂垫层作为挡水建筑物地基时，必须做好防止渗流破坏的措施。

建筑物浅基础在荷载作用下，如果产生基土剪切破坏或是过量的沉降，其主要部位都发生在离基础底面不深处(大致等于基础的宽度)。所以，使用砂垫层便可以起到如下作用：提高浅基础的地基承载力，减少基础的沉降量，加速基土排水固结，在寒冷地区可以防止冰胀，在胀缩土地区可以削减基土的胀缩作用。在水利、工业民用建筑、路桥等工程中都常使用该方法。

如果地下水位可以降低，使用垫层法挖除深度小于 3m 原地基软弱土是可行的，若挖土深度过大就不经济了。

1. 垫层厚度的确定

如图 9-3-1 所示，在埋深为 d 的基础下有厚为 h 的垫层。现将垫层看做基础的一部分，于是垫层底面相当于新的基础底面，而新的基底压力为垫层底面处的土层自重压力 σ_c 与附加压力 σ_z 之和，该压力不得超过垫层底面处的地基承载力特征值 f，即

$$\sigma_c + \sigma_z \leqslant f \tag{9-3-1}$$

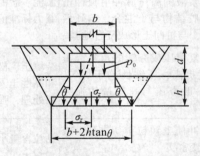

图 9-3-1 垫层的计算简图

垫层底面的附加压力 σ_z 可以按下式简化计算，即认为基底附加压力 p_0 在垫层内以 θ 角均匀地向下扩散(见图 9-3-1)，由垫层底与基底两平面上总附加压力相等的条件求 σ_z。

对底面宽度为 b 的条形基础，有

$$\sigma_z = \frac{p_0 b}{b + 2h\tan\theta} \tag{9-3-2}$$

对底面长度为 l、宽度为 b 的矩形基础，有

$$\sigma_z = \frac{p_0 l b}{(l + 2h\tan\theta)(b + 2h\tan\theta)} \tag{9-3-3}$$

式中，压力扩散角 θ 与垫层的材料及其相对厚度 $\dfrac{h}{b}$ 有关，可以由表 9-3-2 查用。

表 9-3-2　　　　　　　　　　　　压力扩散角 $\theta(°)$

换填材料　$\dfrac{h}{b}$	中砂、粗砂、砾砂、圆砾 角砾、碎石、卵石、矿渣	黏性土、粉土、 粉煤灰	灰　土
0.25	20	6	28
≥0.50	28	23	

注：①　当 $h/b<0.25$ 时，除灰土外，其余材料均取 $\theta=0°$，必要时宜由试验确定；

　　②　当 $0.25<h/b<0.50$ 时，θ 值可以内插求得；

　　③　土工合成材料加筋垫层的压力扩散角宜由现场静载荷试验确定。

垫层底面处自重应力用第 3 章中关于自重应力的公式计算，地基承载力计算公式见第 7 章。由于 σ_z、σ_c 的计算式中均含有垫层厚度 h，因此，h 的确定要用迭代法计算。

2. 垫层底面尺寸的确定

有了垫层的厚度和压力扩散角，要求垫层宽度 b' 满足

$$b' \geqslant b+2h \cdot \tan\theta \tag{9-3-4}$$

式中 θ 与计算垫层厚度时取相同值，但当 $\dfrac{h}{b}<0.25$ 时，采用 $\dfrac{h}{b}=0.25$ 时的 θ 值。

9.3.3　重锤夯实法

把夯锤（重量常为 15~30kN）提升至一定高度（常为 2.5~4.5m）后，让锤自由下落，利用重锤自由下落时的冲击能来夯实浅层地基。

该方法的工作原理即第 1 章所述土的击实机理。某一夯击能量之下，若基土的含水率接近最优含水率 ω_{op}，则夯实效果最好。含水率太大或太小，土体均不易达到最佳夯击效果。当夯实到一定程度后再继续夯击，土的密实度不再因夯击能量的增大而增加。因此，重锤夯实法应从两个方面来设计：（1）某夯击能量（遍数）下的最优含水率；（2）在保证土的密实度符合要求的前提下的最少夯击遍数。

9.3.4　强夯法

强夯是用起重设备将很重的夯锤提升到高处，让其自由下落，使地基在高能量的冲击和震动下得到加固。目前常用夯锤的重量为 100~600kN，落距为 6~40m 不等，原则上锤的重量大则落距小，反之则落距大。夯锤最好是铸钢制造，也可以用钢板焊制外壳，内灌混凝土而成。为防止夯击时夯锤嵌入土层，锤底面积不宜过小，一般可以根据地基土质采用 2~6m² 。

自从 20 世纪 60 年代强夯法问世以来，已成功应用于一千多项地基处理工程中，对其作用机理的研究也在不断深入。根据多位学者研究总结，强夯机理分为宏观机理和微观机理，对于饱和土和非饱和土，其作用机理不同。在饱和土中，强夯对黏性土和无黏性土的作用机理也不相同。强夯的加固作用可以分为三种：（1）加密作用，是指土中气体的排出；（2）固结作用，是指土中水的排出；（3）预加变形作用，是指各种颗粒成分在结构上

的重新排列，包括颗粒结构和形态的改变。强夯对这三种加固作用的机理是不同的。概括来说，强夯时地基在极短的时间内受到夯锤的高能量冲击，激发压缩波、剪切波和瑞利波等应力波传向地基深处和夯点周围。其中压缩波使土瞬间的孔隙水压力集聚，导致土的抗剪强度大为降低；紧随其后的剪切波进而使土的结构受到破坏，当土中孔隙水压力消散后，土颗粒重新排列，土体结构更加稳定，密实度明显提高。限于篇幅，关于强夯对不同土的具体作用机理，可以参阅《地基处理手册》。

强夯的有效加固深度 D 主要取决于单击夯击能 WH，也与地基土的性质及其在夯实过程中的变化有关。其中 W 和 H 分别为夯锤的重量和落距。D 与 WH 之间有如下的经验关系：

$$D = \alpha \sqrt{\frac{WH}{10}} \tag{9-3-5}$$

式中 α 为经验系数，与地基土性质有关，一般大于 0.35 而小于 1.0；W 以 kN 计；H 和 D 均以 m 计。

按上式计算 D，能否得到符合实际情况的计算结果，取决于采用的 α 值，故最好通过现场试夯或根据当地经验确定该系数。我国相关行业标准规定，当缺少试验资料或经验时，可以按表 9-3-3 预估有效加固深度。

表 9-3-3　　　　　　　　　　　　　强夯的有效加固深度

单击夯击能(kN·m)	碎石土、砂土等(m)	粉土、黏性土、湿陷性黄土等(m)
1000	5.0~6.0	4.0~5.0
2000	6.0~7.0	5.0~6.0
3000	7.0~8.0	6.0~7.0
4000	8.0~9.0	7.0~8.0
5000	9.0~9.5	8.0~8.5
6000	9.5~10.0	8.5~9.0

注：有效加固深度自起夯面起算。

迄今为止，强夯法还没有形成成熟的理论和设计方法，因此，应用该方法要进行现场试验确定施工方案，并利用原位测试手段(如静力触探试验)来检验强夯效果。

9.3.5　振冲法

应用振冲法加固地基时，先用吊车将振冲器吊立在加固点地面，开动马达使振冲器发生振动，同时向下方喷水(或气)，振冲器在自重作用下，借助于振动和喷水下沉，沉至预定深度后便停止下沉喷水，逐级提升振冲器并打开上孔喷水，同时向孔内填入砂石使振冲器周围的土得以振密。施工程序如图 9-3-2 所示。

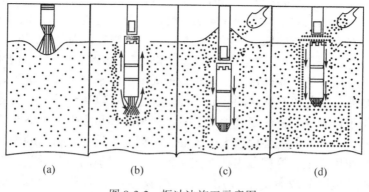

图 9-3-2　振冲法施工示意图

利用振冲器加固地基的方法有两种：一是振密法，适用于无黏性土地基；二是碎石桩法，适用于黏性土地基。这两种方法适用的土类范围，如图 9-3-3 所示。

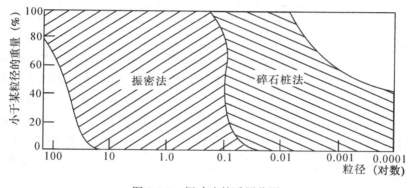

图 9-3-3　振冲法的适用范围

1. 振密法

振密法主要用于松砂地基，施工方法如上述，其作用是破坏砂土的原有疏松结构，使土粒重新排列而成较密实的结构。如果是饱和砂土，则振动使砂土发生液化而变密，经用该方法处理的砂土体积，可以减少 10%，因而地面常会出现明显的塌落。若要维持地面原有高程，则可以从振冲孔投入砂砾料，使其在振冲器作用下与地基土混为一体并受到压密。

地基中振冲孔的布置多成正方形或三角形，孔距大小取决于处理后基土所要达到的密实度和基土的种类。一般来说，加固极细砂地基时，孔距为 1.5m 左右。振冲器的下沉速度，通常每分钟为 1~2m，提升和振密的速度，每分钟约 0.3m。

2. 碎石桩法

碎石桩法的主要工具也为振冲器，施工方法也与振密法相似。地基为饱和黏性土时，常用压力水喷冲。地基为部分饱和土时，则多用压缩空气喷冲。在饱和的极细砂或粉土中，采用该方法时必须保证孔内水位要高于(至少要等于)静止地下水位，以免孔壁塌落。

分级提升振冲器时，势必留下直径略大于器身的孔洞，这时从地面将碎石投入孔内，并再沉下振冲器把已填入的石料振密并向四周挤出。分级重复上述操作，可以形成一根碎石桩。桩的直径取决于基土的原有强度、用水还是用气喷冲以及振冲历时。一般桩径可达0.6~1m。在地基中碎石桩的平面布置也常呈正方形或三角形，孔距常用1~3m。

由于黏性土对振动的衰减作用大，故碎石桩周围的原来基土被振实的效果很小。该方法的主要作用是使基土与碎石桩共同构成一种复合地基，以达到处理的目的。

当荷载作用于设有碎石桩的复合地基上时，如果基础是刚性的，则在地面处桩与土的下沉量是相等的。由于桩的弹性模量大于土的，根据虎克定律，荷载的大部分就会由桩承担，只有小部分作用于土，这就是为什么使用碎石桩可以提高地基承载能力的道理。

设作用于桩的极限荷载为 p_{pu}，作用于土的荷载为 p_{su}，而平均作用于复合地基上的荷载为 p_u。又设一根桩所负担加固的面积为 A，其中包括桩占的面积为 A_p，土占的面积为 A_s（即 $A = A_s + A_p$），则按力的平衡可知

$$p_u = \frac{p_{pu}A_p + p_{su}A_s}{A} \tag{9-3-6}$$

式中，p_{pu} 值可以通过对碎石桩进行载荷试验求得。p_{su} 可以按本章所述的方法确定。A、A_p、A_s 均为设计值。故可以求得复合地基的极限承载力。求复合地基的承载力时，常用安全系数2去除 p_u 而得。

也有对复合地基进行载荷试验以确定 p_u 的方法。但这时的试验工作就很费事。也有按理论计算 p_u 的，但计算使用的参数很难定。因此上述方法经过实际工程检验，是可行的。

复合地基的沉降，主要由桩长深度以内复合地基的沉降和桩尖以下地基的沉降两部分组成。沉降计算的方法已在第4章中介绍。计算时，复合地基的变形模量可以按下述方法确定。在面积 A 内，E 由桩的变形模量 E_p 与土的变形模量 E_s 两者组成。如图9-3-4所示。

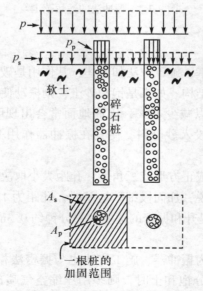

图 9-3-4　碎石桩的复合地基示意图

当 A 为一定时，A_p 增大，A_s 就减小，于是 E 就必定变大。反之则变小，因此，可以用下式关系计算 E 值

$$E = \frac{E_p A_p + E_s A_s}{A} \tag{9-3-7}$$

越来越多的实验资料指出，经过强夯法或振冲法处理地基后，随着时间的增长，土的强度会有所增大，压缩性有所减小。这一效应可以持续数周甚至数月之久，这自然就不能用很快就有可能消散的孔隙水压力作用来解释。虽然也有人用触变硬化、化学胶结、溶解气体等因素的影响来解释，但对这一效应的机理，至今还没有全面了解。从实用上看，使用刚处理后测得的效果来评价地基，是偏于安全的。

9.3.6　预压法

预压法适用于软弱的正常固结或轻度超固结的粉土、黏土或有机土等地基。该方法是在修造建筑物之前，在建筑场地上堆放土或石等预压荷载(若地质条件适合时，也可以用降低地下水位的办法)以使地基固结。待地基固结达到要求的程度后，卸除预压荷载再修造建筑物。这样，就可以消除或大大减小建筑物建成后的沉降。

我国早就在水利工程中采用的"刨堤建闸"，正是这一方法的具体运用。

1. 预压地基的固结过程

相关经验证明，当预压荷载能在较短的时间内加完，这样地基的固结过程可以作为瞬时加荷的情况，按照第 4 章中介绍的方法进行计算。如果荷载是分级施加且施加的历时较长，便应另作考虑。

2. 排水井的利用

如图 9-3-5 所示，为了加速预压地基的固结，缩短预压工期，常有在地基中埋设排水井，使土中水既能在铅直向流动，也能作水平辐射向流动，流入排水井排出。

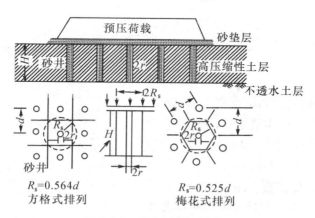

图 9-3-5　砂井预压法简图

按多维渗透固结理论(见第 4 章)，有排水井的预压地基的平均固结度可按下式确定：

$$U_{rz} = 1 - (1 - U_{tr})(1 - U_{tz}) \tag{9-3-8}$$

式中：U_{rz}——有排水井的地基平均固结度；

U_{tz}——竖向固结度；

U_{tr}——水平辐射向固结度，为 n、T_r 的函数，可以用图 9-3-6 加以确定。

$$n = \frac{R_s}{r} \qquad (9\text{-}3\text{-}9)$$

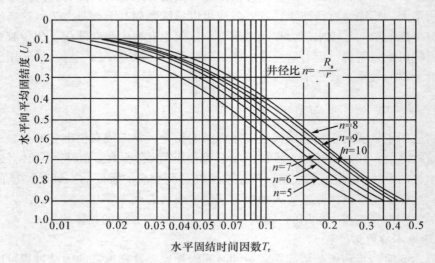

图 9-3-6　水平向固结度计算表图

式中：R_s——一个井的影响半径，m（见图 9-3-5）；

r——井的半径，m；

n——井径比；

T_r——水平辐射向固结时间因数。

$$T_r = \frac{C_{vr}}{4R_s^2}t \qquad (9\text{-}3\text{-}10)$$

$$C_{vr} = \frac{k_r(1+e)}{a_v \gamma_w} \qquad (9\text{-}3\text{-}11)$$

式中：C_{vr}——水平辐射向固结系数，cm^2/yr；

k_r——水平辐射向渗透系数，cm/s；

e——基土的孔隙比，无因次；

γ_w——水的重度，kN/cm^3；

a_v——竖向压缩系数，cm^2/kN。

竖向排水通道可以采用砂井或塑料排水带。

早期的砂井是就地打孔灌砂填筑而成的，称普通砂井或就地灌注砂井。若预先用强度足够且韧性和透水性良好的织物缝制成管状袋，在袋内灌满砂，将其埋入钻孔，即成袋装砂井。两种砂井的砂料均宜采用中粗砂，其含泥量应小于 3%。

砂井的截面积只要能够满足地基土及时排水固结即可，理论上其直径 d_w 可以很小（有的研究者认为可以小到 30mm）。但直径太小的砂井不容易施工，质量也难以保证。从工程实用情况来看，普通砂井可以取 $d_w = 300 \sim 500\text{mm}$，大多采用 400mm；袋装砂井可以按 $d_w = 70 \sim 100\text{mm}$ 选取，多采用 70mm。

塑料排水带由塑料带芯外裹滤膜构成，在工厂制造，用机械插入土中，渗流水透过滤膜经由带芯上贯通全长的许多沟槽或孔洞排出。设计时把塑料排水带看成具有当量换算直径 d_p 的圆柱形排水通道，同砂井一样进行设计和计算。直径 d_p 可以按下面的经验公式计算

$$d_p = \alpha \frac{2(b+\delta)}{\pi} \tag{9-3-12}$$

式中，α——换算系数，可以采用 $0.75 \sim 1.0$；

b 和 δ——分别为塑料排水带带芯的宽度和厚度。国内外塑料排水带的 $b \approx 90 \sim 100\text{mm}$，$\delta \approx 3 \sim 6\text{mm}$，按上式计算的 $d_p \approx 45 \sim 68\text{mm}$。

袋装砂井和塑料排水带的效果与普通砂井基本相同，但其施工则要比普通砂井方便得多，也较为经济。

为了避免堆卸土石等笨重预压荷载，也有用图 9-3-7 所示利用大气压力作为预压荷载的真空预压法。同时，若地质条件合适，也可以在场地埋设井点系统以降低地下水，一方面加速排水，另一方面使土的自重增大起到预压作用。

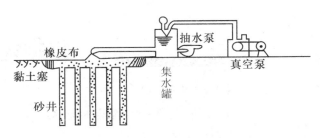

图 9-3-7　真空预压法简图

9.3.7　水泥土桩

在土中掺入水泥并拌和均匀即成水泥土，由于土与水泥之间的物理化学作用，经过一定时间，会形成具有一定强度的水泥土固结体。水泥土桩即是利用水泥土的这种性质，通过特制的设备把水泥浆或水泥粉灌入土中，就地拌和后结硬而成。其施工方法有高压喷射注浆法和深层搅拌法。

1. 高压喷射注浆法

高压喷射注浆法是用钻机在预定的处理地点钻孔，再把带有特制喷嘴的注浆管放至钻孔底，用高压泵(压力大于 20MPa)将浆液从喷嘴中高速射出，连续和集中地作用于土体，充分混合，同时逐渐提升注浆管(或边旋转边提升)，如图 9-3-8 所示，从而形成壁状(或圆柱状)的浆土混合物，凝固后成为具有一定强度的固结体，可以作为复合地基或加固原有建筑物的地基(基础托换)和构筑地下防渗帷幕。

高压注浆喷射流的能量大、速度快，几乎对各种土质，无论其软硬，均具有巨大的冲击破坏和搅动作用，实践表明，该方法对淤泥、淤泥质土、黏性土、粉土、黄土、砂土、

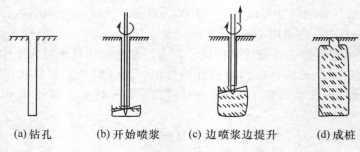

（a）钻孔　　　　（b）开始喷浆　　　（c）边喷浆边提升　　　（d）成桩

图 9-3-8　高压喷射注浆法施工示意图

碎石土和人工填土都有良好的处理效果。目前处理的深度已达 30m 以上，但对于含有较大粒径块石或有大量植物根茎的地基，因喷射流可能受到阻挡或削弱，会影响处理效果；对含有机质过多的土层，则处理效果受固结体化学稳定性的影响，应根据现场试验确定适用程度。

高压喷射注浆法的注浆形式有三种类别：旋转喷射，其固结体为圆柱状（旋喷桩）或圆盘状；定喷注浆，固结体为壁状；摆喷注浆，固结体为扇状，如图 9-3-9 所示。根据实际工程需要和机具设备条件，这三种类别均可以用下列方法实现：

（a）旋喷体（桩）　　　　（b）定喷体（板墙）　　　　（c）摆喷体（板墙）

图 9-3-9　旋喷、定喷和摆喷混合体截面图

（1）单管法：喷射高压水泥浆液一种介质；

（2）二重管法：二重管分别喷射高压水泥浆液和气流复合流，或者分别喷射高压水流和灌注水泥浆液，均为两种介质；

（3）三重管法：分别喷射高压水流、气流复合流和灌注水泥浆液三种介质。

相关试验表明若在高压喷射的浆液流周围同时喷射高速空气流，则浆液的动力衰减大为降低，喷射距离增大，因此，有效处理长度以三重管最长，二重管次之，单管法最短。实践表明，定喷和摆喷注浆宜采用三重管法，而旋喷注浆形式可以采用单管法、二重管法和三重管法中的任一种方法。

高压喷射注浆法的定喷与摆喷的有效长度和旋喷桩的直径、加固土层的性质及喷射压力有关。根据实际工程经验，旋喷桩的设计直径可以选用表 9-3-4 中的值，而定喷与摆喷（三重管法）的有效长度为旋喷桩直径的 1.0~1.5 倍。

2. 深层搅拌法

用特制的机械，就地强制使水泥浆或水泥粉与土拌和，上下反复搅拌，结硬后形成的水泥土柱状固结体，即为深层搅拌的水泥土桩。直接用水泥粉或其他粉状固化剂与土拌和者，常称为粉体喷射搅拌桩，或简称粉喷桩。

表 9-3-4　　　　　　　　　　　　旋喷桩的设计直径　　　　　　　　　　　　（单位：m）

方法 土质		单管法	二重管法	三重管法
黏性土	$0<N_{63.5}\leqslant5$	0.5~0.8	0.8~1.2	1.2~1.8
	$6<N_{63.5}\leqslant10$	0.4~0.7	0.7~1.1	1.0~1.6
	$11<N_{63.5}\leqslant20$	0.3~0.5	0.6~0.9	0.7~1.2
砂土	$0<N_{63.5}\leqslant10$	0.6~1.0	1.0~1.4	1.5~2.0
	$11<N_{63.5}\leqslant20$	0.5~0.9	0.9~1.3	1.2~1.8
	$21<N_{63.5}\leqslant30$	0.4~0.8	0.8~1.2	0.9~1.5

注：N 值为标准贯入击数。

如图 9-3-10 所示为以水泥浆作为固化剂的深层搅拌桩施工流程。图中所用深层搅拌机械为双轴式，该机械有两根搅拌轴，各连接一个装有叶片的搅拌头。水泥浆用灰浆泵压入输浆管，从其下端压入土中，通过搅拌头的旋转和升降使其与土拌和均匀。深层搅拌机还有单轴式的，该机械只有一根搅拌轴，连接一个搅拌头，水泥浆经由搅拌轴内的输浆管从搅拌头上中空的叶片内压出。两种深层搅拌机的主要技术参数如表 9-3-5 所示。

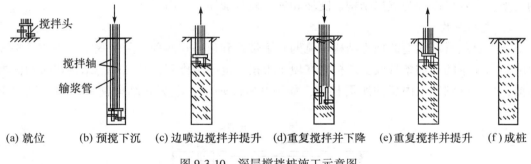

搅拌头					
搅拌轴					
输浆管					
(a) 就位	(b) 预搅下沉	(c) 边喷边搅拌并提升	(d) 重复搅拌并下降	(e) 重复搅拌并提升	(f) 成桩

图 9-3-10　深层搅拌桩施工示意图

表 9-3-5　　　　　　　　　　　深层搅拌机的主要技术参数

型号	搅拌叶片外径(mm)	最大加固深度(m)	一次加固面积(m²)	桩截面形状
SJB—1(双轴)	700~800	10	0.71~0.88	⬯
GZB—600(单轴)	600	10~15	0.28	圆形

在深层搅拌法中，水泥的掺入量常用掺入比 a_w 控制。a_w 定义为掺入的水泥重量与被加固的土重的百分比，实际工程中常取为 7%~25%。外加剂可以根据实际工程需要选用具有早强、缓凝、减水或节省水泥等作用的材料，但应避免污染环境。

深层搅拌桩可以用于处理淤泥、淤泥质土、粉土及含水量较高且承载力标准值不大于

120kPa 的黏性土等地基。因搅拌头动力较小，较硬土层及砂层不易下沉。若用于防渗处理，要注意搭接性，最好通过试验确定其适用性。

粉喷桩采用粉体喷射搅拌钻机施工，该机械具有正转钻进、反转提升的功能。水泥粉用空气压缩机压入空心钻杆，从钻头喷入土中。国内生产的这种钻机钻头直径一般为500mm，加固深度可达 15~18m。

9.3.8 加筋土

土具有一定的抗压和抗剪强度，但几乎不能承受拉力。将抗拉材料布置在土的拉伸变形区域，构成一种混合材料，像钢筋放在混凝土中的作用一样，可以增强土的强度和稳定性(特别是使土体具有一定的抗拉强度)，这样形成的结构称为加筋土。

应用加筋土结构主要有以下优点：

(1) 可以使用工程性质较差的现场土，或形成较陡的边坡以减少方量，节省投资；

(2) 不需要笨重的施工机械，施工方便；

(3) 结构整体性好，且具有柔性，允许大的变形而不失稳；

(4) 便于和其他地基处理措施结合使用；

(5) 具有良好的抗震性能。

土工合成材料加筋技术在水利、铁路、公路、港口和建筑工程中已得到大量应用。归纳起来，大致可以分为支挡结构、陡坡和软土地基加筋三方面。

1. 支挡结构

土工合成材料建造的挡土结构常见的有条带式和包裹式两种。条带式结构一般是将高强度、高模量的加筋条带或土工格栅在填土中按一定间距排列，其一端与结构边缘的面板连接，另一端则往土内延伸所需长度，如图 9-3-11 所示。包裹式结构常采用扁丝机织土

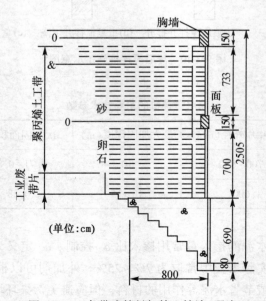

图 9-3-11 条带式筋材加筋土挡墙(码头)

工织物在土内满铺，每铺一层再在其上填土压实，将外端部织物卷回一定长度，然后再在其上铺放一层织物，每层填土厚常为 0.3~0.5m，按前述方法填土压实，逐层增高，直至达到要求的高度，如图 9-3-12 所示，填筑后，外侧设置壁面。为了保护土工合成材料和美化外观，常采用各种不同材料和外形的结构，面板可与加筋土体以一定的形式连接或自立保持稳定。

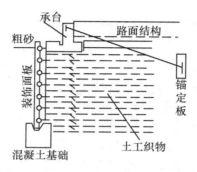

图 9-3-12　土工合成材料包裹式加筋土桥台

2. 陡坡工程

无论是天然土坡，或是人工填筑的铁路、公路路堤及挡水土坝、土堤，其边坡常因边界条件限制而需要做成较陡的边坡。对天然坡，陡坡可以让出更多空间供工程建设；对于人工坡，陡坡一方面减小填土方量，同时可以节约占地。如图 9-3-13 所示。

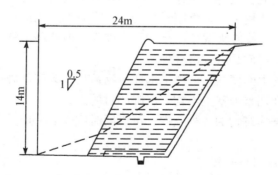

图 9-3-13　加筋陡坡示意图

3. 软土地基上筑堤

要在软基上筑造路堤或堤坝时，由于填土中的侧向土压力，使地基承受水平剪应力，导致堤身向两侧位移，很容易造成堤身失稳。利用土工合成材料加筋地基一般是在堤身底部铺放单层或多层高模量土工织物或土工格栅，来限制基土的侧位移，如图 9-3-14 所示。

软土地基加筋不会减少长期固结和次固结沉降，但可以保持堤坝的抗滑稳定性。

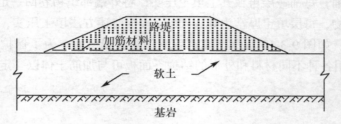

图 9-3-14　极软饱和黏土上筑堤示意图

9.3.9　建筑物纠偏

当建筑物的倾斜量达到一定数值后，不仅影响到外观或正常使用，而且使结构产生次应力，严重时会使承重构件开裂，甚至使建筑物发生局部或整幢倒塌。因此，当建筑物的倾斜值超过相关规范允许值时，就必须加以纠偏处理（有时需结构补强）甚至拆除重建。当然拆除是万不得已的事，所以倾斜楼房的纠偏处理成为比拆除重建优先考虑的可行方案。

1.　纠偏方法分类

（1）地基土促沉。对建筑物沉降较小一侧的地基采取工程措施促使其沉降，使建筑物两侧的沉降差降低到允许范围内。

（2）地基土限沉。对建筑物沉降较大一侧的地基采取措施限制其沉降。若处理前地基沉降或倾斜仍在发展，这种方法可以通过原沉降较小一侧的自主沉降达到平衡；而若建筑物的总体沉降已基本完成，这种方法存在怎样使倾斜结构复位的问题。

（3）结构物顶升。使用千斤顶将倾斜建筑物沉降较大一侧顶升复位。这种方法的最大优点是能尽量使建筑物沉降较大部位恢复到原来高程，但若用于整体纠偏，风险较大，费用开支较大，因而需要考虑是否经济合理。

（4）基础减压和加强刚度法。调整上部建筑物荷载或改变基础尺寸，减小和调整基底压力，从而达到控制和调整地基土不均匀沉降的目的。

（5）综合法。根据建筑物的各种条件，可以同时或先后采用一种或多种纠偏措施，以达到纠偏目的。

2.　地基应力解除法纠偏介绍

地基应力解除法是促沉纠偏法的一种，适用于地基中存在软土的倾斜建筑物的纠偏，由武汉大学 刘祖德 教授首创，并经受了众多实践的验证。

如图 9-3-15 所示，在倾斜建筑物原沉降较小一侧布设密集的大直径钻孔排，有计划、有次序、分期分批地在适当的钻孔内、适当的深度处掏出适量的软弱淤泥，并配合以各种促沉措施，使地基应力局部范围内得到解除，促使软土向该侧移动，从而增大该侧地基沉降量。与此同时，在原沉降较大一侧则严格保护基土不受扰动，避免纠偏施工中发生较大的附加沉降，最终达到纠编的预期目标，并兼收限沉效果。

应力解除孔的孔位根据楼房的平面形状、倾斜方向、结构特点、土质埋藏条件、各种管道位置以及应力解除孔的孔径而定，宜尽量靠近基础边缘，孔径适中，以 400mm 为佳，

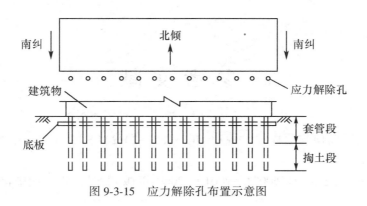

图 9-3-15 应力解除孔布置示意图

孔距以 2~2.5m 为宜(当孔径为 400mm 时)。根据场地条件作等距或不等距排列。孔深依宜掏软土层的埋藏深度而定,不宜过深或过浅。过深(对于多层楼房深达 11m 以上时)不利于保护原沉降较大侧的基土,纠偏效果差;而过浅可能会损坏基础或上部结构。

纠偏必须采用"信息法施工",即在纠偏施工的同时,应观测建筑物的沉降、倾斜和位移,根据观测成果及时调整纠偏施工的顺序与进度,以确保建筑物的安全。

参 考 文 献

[1]建筑工程地质勘探与取样技术规程（JGJ/T87—2012）[S]．北京：中国建筑工业出版社，2012．

[2]岩土工程勘察规范（GB50021—2001）（2009年版）[S]．北京：中国建筑工业出版社，2001．

[3]地下铁道、轻轨交通岩土工程勘察规范/城市轨道交通岩土工程勘察规范（GB50307—1999/2012）[S]．北京：中国建筑工业出版社，2012．

[4]土工试验方法标准（GB/T50123—1999）[S]．北京：中国建筑工业出版社，1999．

[5]建筑地基基础设计规范（GB50007—2002/2011）[S]．北京：中国建筑工业出版社，2011．

[6]建筑桩基技术规范（JGJ94—2008）[S]．北京：中国建筑工业出版社，2008．

[7]建筑抗震设计规范（GB50011—2010）[S]．北京：中国建筑工业出版社，2010．

[8]建筑地基处理技术规范（JGJ79—2002/2012）[S]．北京：中国建筑工业出版社，2012．

[9]湿陷性黄土地区建筑规范（GB50025—2004）[S]．北京：中国建筑工业出版社，2004．

[10]膨胀土地区建筑技术规范（GB50112—2013）[S]．北京：中国建筑工业出版社，2013．

[11]建筑基坑支护技术规程（JGJ120—99/2012）[S]．北京：中国建筑工业出版社，2012．

[12]建筑边坡工程技术规范（GB50330—2002）[S]．北京：中国建筑工业出版社，2002．

[13]建筑基桩检测技术规范（JGJ106—2003）[S]．北京：中国建筑工业出版社，2003．

[14]土工合成材料应用技术规范（GB50290—98）[S]．北京：中国建筑工业出版社，1998．

[15]建筑基坑工程监测技术规范（GB50497—2009）[S]．北京：中国建筑工业出版社，2009．

[16]公路桥涵地基与基础设计规范（JTG D63—2007）[S]．北京：人民交通出版社，2007．

[17]土工试验规程（SL237—1999）[S]．北京：中国水利水电出版社，1999．

[18]李广信．高等土力学[M]．北京：清华大学出版社，2004．

[19]王成华．土力学[M]．武汉：华中科技大学出版社，2010．

[20]李广信，张丙印，于玉贞．土力学[M]．北京：清华大学出版社，2013．

[21]高大钊．土力学与基础工程[M]．北京：中国建筑工业出版社，1998．

[22]顾慰慈．挡土墙土压力计算手册[M]．北京：中国建材工业出版社，2005．

[23]殷宗泽．土工原理[M]．北京：中国水利水电出版社，2007．

[24]《工程地质手册》编写委员会．工程地质手册[M]．第四版．北京：中国建筑工业出版社，2007．

[25]《岩土工程手册》编写委员会．岩土工程手册[M]．北京：中国建筑工业出版社，1994．

[26]［日］松冈元．土力学［M］．罗汀，姚仰平，编译．北京：中国建筑工业出版社，1987.

[27]周景星，李广信，虞石民，等．基础工程［M］．北京：清华大学出版社，2006.

[28]谢定义．土动力学［M］．北京：高等教育出版社，2011.

[29]侍倩，等．土力学［M］．第二版．武汉：武汉大学出版社，2012.

[30]东南大学等．土力学［M］．北京：中国建筑工业出版社，2006.

[31]侍倩，曾亚武．岩土力学实验［M］．武汉：武汉大学出版社，2006.

[32]侍倩．基础工程［M］．武汉：武汉大学出版社，2011.

[33]J K Michell. Foundation of Soil Behayior［M］. 2nd Edition. John Wiley & Sons，1993.

[34]H Y Fang，J L Danniels. Introductory Geotechnical Engineering ［M］. Taylor & Francis，2002.

[35]V N S Murthy，Geotechnical Engineering：Principles and Practices of Soil Mechanics and Foundation Engineering［M］. Taylor & Francis，2002.

[36]R D Holtz，W D Kovacs. An Introduction to Geotechnical Engineering ［M］. Prentice Hall，1981.

[37]K Terzaghi，R B Peck，G Mesri. Soil Mechanics in Engineering Practice ［M］. 3rd Edition. John Wiley & Sons，1996.

[38]Braja M. Das. Advanced soil mechanics［M］. 3rd Edition. Taylor & Francis，2008.